普通高等教育"十三五"规划教材

环境保护概论

李廷友　胡志强　何清明　主编

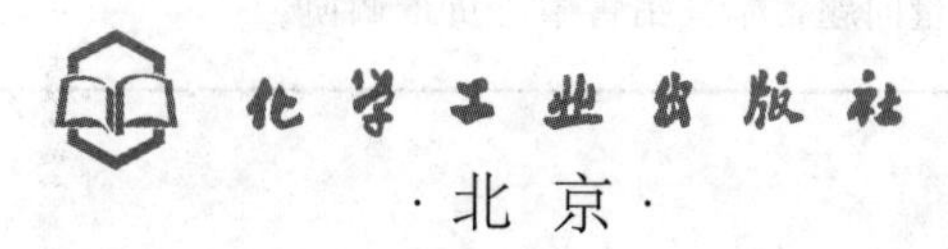

·北京·

内容简介

《环境保护概论》全书共分为12章，其中：第1章简要介绍环境问题的产生及环境保护的发展历程；第2章论述生态学的基础知识；第3～7章系统阐述水、大气、土壤、固体废物污染和物理性污染的基本概念、基本原理、控制技术；第8章专题讲解化工和制药行业典型污染物及控制技术；第9～12章讲述环境监测技术、环境质量评价、环境管理和可持续发展战略等环境保护核心知识。本书以实用和适度为原则，注重学生对实际问题的分析能力，每章前置了“导读”“提要”和“要求”，便于老师教学与学生自学。此外，每章后置环境保护相关联的阅读材料，以增强本书的知识性和趣味性。

《环境保护概论》可作为高等院校非环境专业的通识课教材，也可作为环境相关专业本科生的专业入门教材，还可作为环保技术人员和管理人员的参考用书。

图书在版编目（CIP）数据

环境保护概论/李廷友，胡志强，何清明主编. —北京：化学工业出版社，2020.11（2024.5重印）

ISBN 978-7-122-38002-9

Ⅰ. ①环…　Ⅱ. ①李…②胡…③何…　Ⅲ. ①环境保护-教材　Ⅳ. ①X

中国版本图书馆CIP数据核字（2020）第228608号

责任编辑：褚红喜　　　　文字编辑：丁海蓉

责任校对：王鹏飞　　　　装帧设计：张　辉

出版发行：化学工业出版社（北京市东城区青年湖南街13号　邮政编码100011）

印　　装：三河市双峰印刷装订有限公司

787mm×1092mm　1/16　印张14½　字数349千字　2024年5月北京第1版第6次印刷

购书咨询：010-64518888　　　　售后服务：010-64518899

网　　址：http：//www.cip.com.cn

凡购买本书，如有缺损质量问题，本社销售中心负责调换。

定　　价：39.80元

《环境保护概论》编写组

主　　编：李廷友　胡志强　何清明

副 主 编：吕　华　朱文菲　程　曼

编写人员：李廷友　胡志强　何清明

吕　华　朱文菲　程　曼

朱　禹　朱年青　董好岩

前言

环境保护是我国的基本国策，可持续发展和生态文明建设是我国的发展战略。我国快速发展过程中生态环境问题的特殊性和解决环境问题的紧迫性，对环境保护提出了更高的要求，赋予了环境保护更深层次的内容。党的十八大做出了“大力推进生态文明建设”的战略部署，首次明确“美丽中国”是生态文明建设的总体目标；十九大则进一步将“美丽”二字写入社会主义现代化强国目标，提出“坚持人与自然和谐共生”的基本方略，要求“加快生态文明体制改革，建设美丽中国”。因此，教育部要求将生态文明教育融入育人全过程，将生态文明理念植入本科人才培养的各类课程和教材中。在大学各专业中设置环境保护方面的课程，可以拓展学生的知识结构、进一步培养学生参与生态文明建设的行动能力，使高等学校培养出来的人才更能适应新世纪社会的需求。

全书以生态学基本知识为依据，系统论述了各环境要素在人类活动影响下产生的主要污染问题、污染物对人体健康的危害以及防治措施，涵盖了环境、环境问题的相关知识及生态学的基本知识，水、大气、土壤、固体废物及物理性污染的过程、现状及控制措施，以及环境监测、环境质量评价、环境管理和可持续发展战略的相关知识。此外，书中介绍了最新的环境污染现状及环境保护发展前沿，并对化工和制药行业的环境污染和控制技术进行了专门介绍；每章后附有拓展性阅读材料。本书作为高等院校环境专业入门教材和非环境专业通识课程教材，以实用和适度为原则，力求体现知识性、系统性、可参考性和科普性，并在列举部分实际案例中融入课程思政元素，以加深读者对环保的认识与理解。

本书列入泰州学院重点资助出版教材，由泰州学院组织相关教师编写，各章节编写分工如下：第 1 章、第 7 章、第 12 章由李廷友、董好岩负责编写；第 2 章由程曼、李廷友负责编写；第 3 章由朱文菲负责编写；第 4 章、第 8 章由吕华、朱禹负责编写；第 5 章、第 6 章由何清明、朱年青负责编写；第 9 章、第 11 章由胡志强负责编写；第 10 章由朱文菲、吕华负责编写。李廷友负责全书统稿，胡志强、何清明协助统稿。

本书在编写过程中，引用了大量的国内外文献和资料，编者在此向这些文献和资料的作者表示衷心感谢！

由于环境保护涉及的学科范围非常广泛、交叉性强，加之社会对环境保护认识的不断深入和科技水平的不断提高，新理念、新方法、新技术不断涌现，限于编者的水平，书中难免有疏漏和不妥之处，敬请读者批评指正。

编者

2020 年 5 月

目录

第1章 绪论

第2章 生态学基础知识

第3章 水体污染及其控制技术

第4章 大气污染及其控制技术

第5章 土壤污染及其修复技术

第6章 固体废物污染及其控制技术

第7章 物理性污染及其控制技术

第8章 化工和制药行业典型污染物及控制技术

第9章 环境监测技术

第10章 环境质量评价

第 11 章　环境管理

第 12 章　可持续发展战略

第1章 绪 论

【导读】 人类赖以生存和发展的环境是一个大系统，它既为人类活动提供空间和载体，又为人类活动提供资源并容纳废弃物。由于环境系统的组成物质在数量上有一定的比例关系、在空间上具有一定的分布规律，所以它对人类活动的支持能力有一定的限度。当人类社会活动对环境的影响超过了环境所能支持的极限，即外界的“刺激”超过了环境系统维护其动态平衡与抗干扰的能力，也就是人类社会行为对环境的作用力超过了环境承载力时，就会产生环境问题。通过对环境问题产生的根源进行分析，给出解决环境问题的途径和方法并付诸行动，这就是环境保护。环境保护已成为当今世界各国在经济发展的同时必须做的重点工作。

【提要】 本章1.1节主要介绍了环境的概念、环境的分类、环境的功能、环境的基本特性和环境承载力；1.2节介绍了环境问题的概念及其分类、环境问题的产生与发展、全球环境问题及危害；1.3节介绍了解决环境问题的途径是环境保护，并详细介绍了国内外环境保护的发展历程。

【要求】 学习掌握环境的基本概念和分类、环境问题产生的原因、环境保护的概念；通过环境的特性—环境问题—环境保护这条主线引领本课程的学习。

1.1 环境概述

1.1.1 环境的概念

“**环境**”是一个抽象的、相对的概念，它的含义和内容极其丰富，又因各种具体状况而不同。从哲学上来说，环境是一个相对于主体而言的客体，它与其主体相互依存，它的内容随着主体的不同而不同。在不同的学科中，环境一词的定义也不尽相同，其差异源于主体的界定。

对于环境科学而言，“**环境**”的定义应是“以人类社会为主体的外部世界的总体”。这里所说的**外部世界**，主要指人类已经认识到的，直接或间接影响人类生存与社会发展的周围事物。它既包括未经人类改造过的自然界众多要素，如阳光、空气、陆地（山地、平原等）、土壤、水体（河流、湖泊、海洋等）、天然森林和草原野生生物等，又包括经过人类社会加工改造的自然界，如城市、村落、水库、港口、公路、铁路、空港、园林等。它既包括这些物质性的要素，又包括由这些要素所构成的系统及其所呈现出的状态。

从环境保护角度而言，《中华人民共和国环境保护法》中明确规定：“本法所称环境，是指影响人类生存和发展的各种天然的和经过人工改造的自然因素的总体，包括大气、水、海洋、土地、矿藏、森林、草原、野生生物、自然遗迹、人文遗迹、自然保护区、风景名胜区、城市和乡村等。”这里把环境中应当保护的要素或对象界定为环境，从法学的角度对环境概念进行了定义。从实际工作层面来看，不同国家和地区颁布的环境保护法规中，对环境的定义有所不同，这反映了一个国家和地区改造和利用环境的水平。

1.1.2 环境的分类

环境是一个复杂的体系，根据研究对象、研究目的和研究方法的不同，分类方法也有所不同。一般按照**环境的主体、环境的范围、环境要素**或**人类对环境的利用及环境的功能**进行分类。

(1) 按照环境的主体分类

一种是以人或人类作为主体，其他的生命物质和非生命物质都被视为环境要素，即环境指人类生存的环境，或称人类环境，在环境科学中通常采用这种分类法。另一种是以生物体或生物群体作为环境的主体，即环境指围绕生物体或生物群体的一切事物的总和，在生态学中往往采用这种分类法。

(2) 按照环境的范围分类

此种分类比较简单，如把环境分为特定空间环境（如航空、航天的密封舱环境）、车间环境（劳动环境）、生活区环境（如居室环境、院落环境等）、城市环境、区域环境（如流域环境、行政区域环境等）、全球环境和星际环境等。

(3) 按照环境要素分类

按环境要素的属性，环境可分成自然环境和社会环境两类。

自然环境，指人类生存和发展所依赖的各种自然条件的总称。它是包括阳光、温度、气候、地磁、空气、水、岩石、土壤、动植物、微生物以及地壳的稳定性等自然因素的总和。自然环境是人类赖以生存和发展的物质基础。目前地球上的自然环境由于人类活动而产生了巨大变化，但仍按自然的规律发展着。自然环境按其主要的环境组成要素，可再分为大气环境、水环境（如海洋环境、湖泊环境等）、土壤环境、生物环境（如森林环境、草原环境等）、地质环境等；按自然地理学则划分为大气圈、水圈、生物圈、土壤圈和岩石圈五个自然圈。

社会环境，指人类在自然环境的基础上，为不断提高物质和精神生活水平，通过长期有计划、有目的地发展，逐步创造和建立起来的一种人工环境。社会环境是人类物质文明和精神文明发展的标志，它随着经济和科学技术的发展而不断地变化。社会环境的发展受到自然规律、经济规律和社会发展规律的支配和制约。社会环境的质量对人类的生活和工作，对社会的进步都有极大的影响。社会环境常按人类对环境的利用或环境的功能再进行下一级的分类，分为聚落环境（如院落环境、村落环境、城市环境）、生产环境（如工厂环境、矿山环境、农场环境、林场环境、果园环境等）、交通环境（如机场环境、港口环境）、文化环境（如学校及文化教育区、文物古迹保护区、风景游览区和自然保护区）等。

1.1.3 环境的功能

环境的功能是指环境各要素构成的环境对人类的社会活动所承担的职能或所起的作用。环境最基本的功能有四个：**空间功能**、**服务功能**、**调节功能**、**文化功能**。

（1）空间功能

空间功能通常指环境提供了人类和其他生物栖息、生长、繁衍的场所，且这种场所是适合其生存发展要求的。

（2）服务功能

服务功能通常指环境提供了人类及其他生物生长繁衍所必需的各类营养物质、各类资源、能源等。自然生态环境的具体体现形式是各类生态系统，所以，它们都是生命的支持系统，如森林、草地、海洋、河流、湖泊等。它们对人类的贡献不仅仅是提供大量的食物、药材、各类生产和生活资料，而且还为人类提供许多服务，如调节气候、净化环境、减缓灾害、为人们提供休闲娱乐的场所等。生态系统的这些服务功能是人类自身所不能替代的。美国“生物圈二号”的科学实验也证明，在现有的技术条件下还无法模拟出一个可供人类生存的生态系统。

（3）调节功能

调节功能通常指环境对各种生物及相关物质发挥调节功能。自然环境的各个要素中，无论生物圈、水圈还是大气圈或岩石圈，都是变化着的动态系统和开放系统，各系统间都存在着物质和能量的交换及流动，在一定的时空尺度内，环境在自然状态下通过调节作用，使系统的输入和输出相等，这时就出现一种动态的平衡过程，人们称之为环境平衡或生态平衡。当外部干扰影响了环境系统的输入和输出时，如环境系统中能量的输出大于输入，就会造成环境系统的失衡，相应地会引起环境问题。

（4）文化功能

文化功能指物质文明与精神文明的统一，同时也是人与自然和谐的统一。人类的文化、艺术素质是对自然环境生态美的感受和反应。从时间序列看，自然美比人类存在更早，它是自然界长期协同进化的结果。秀丽的名山大川、众多的物种及其和谐而奇妙的内在联系，使人类领悟到自然界中充满着美的艺术和无限的科学规律。自古以来，对自然美的创造和欣赏，一直是人类生活的重要内容，是自然使人类在整体和人格上得到发展与升华。而各地独特的自然环境塑造了各民族的特定性格、习俗和民族文化。优美的自然环境又是艺术家们艺术创作的源泉，蕴含着科学和艺术的真谛，奉献给人类无穷无尽的文化艺术和科学知识。

1.1.4 环境的基本特性

（1）环境的整体性

自然环境的各要素间存在着紧密的相互联系、相互制约的关系。局部地区的污染或破坏，总会对其他地区造成影响和危害。所以人类的生存环境及其保护，从整体上看是没有地区界线、省界和国界的。

（2）环境资源的有限性

环境是资源，但这种资源不是无限的。环境中的自然资源可分为**非再生资源**和**可再生资源**两大类。前者指一些矿产资源，如铁矿、煤炭等。这类资源随着人类的开采其储量不断减少。生物属可再生资源，如森林生态系统的树木被砍伐后还可以再生。水域生态系统中只要捕获量适度并保证生存环境不被破坏，就可以源源不断地为人类提供鱼类等各种水产品。但由于受各种因素（如生存条件、繁衍速度、人类获取的强度等）所制约，在具体时空范围内，对人类来说，各类资源都不可能是无限的。水是可以循环的，也属可再生资源。但因其大部分的循环更替周期长，加之区域分布不均匀和季节降水差异性大，淡水资源已出现危机。即使是洁净的新鲜空气也并非是取之不尽的。据美国公共卫生局统计，为解决空气污染所付出的总开支大约每人每年 60 美元，这意味着在许多大气污染比较严重的地区，为了健康，有的人不得不为净化空气付出成本。

(3) 环境的区域性

这是自然环境的基本特征。由于纬度的差异，地球接受的太阳辐射能不同，热量从赤道向两极递减，形成了不同的气候带。即便是同一纬度，因地形高度的不同，也会出现地带性差异。一般说来，距海平面一定高度内，地形每升高 100m，气温下降 0.5～0.6℃。经度也有地带性差异，这是由地球内在因素造成的。如受海、陆分布格局和大气环流特点的影响，我国形成了自东南沿海的湿润地区向西北内陆的半湿润地区、半干旱和干旱地区的有规律的变化。不同区域自然环境的这种多样性和差异性具有特别重要的生态学意义，这是自然资源多样性的基础和保证。因此，保护生态环境的多样性不仅保护了自然环境的整体性，同时为自然资源的永续利用提供了基本的物质保证。

(4) 环境的变动性和稳定性

环境的变动性是指环境要素的状态和功能始终处于不断变化中。如从大的时间尺度看，今天人类的生存环境与早期人类的生存环境有很大差别。从小的时间尺度看，我们生活的区域环境的变化更是显而易见。因此，环境的变动性就是自然作用、人为作用或两者共同作用的结果。但在一定的时间尺度或条件下，环境又有相对稳定的特性。所谓**稳定性**，其实质就是环境系统对超出一定强度的干扰的自我调节，使环境在结构或功能上基本无变化或变化后得以恢复。环境的稳定性和变动性是相辅相成的，即变动性是绝对的，稳定性是相对的。没有变动性，环境系统的功能就无法实现，生物的进化和生物的多样性就不会存在，社会的进步就不能实现。但没有环境的稳定性，环境的结构和功能就不会存在，环境的整体功能就无法实现。

(5) 环境的时滞性

环境的时滞性体现在环境遭受破坏时的反应。自然环境一旦被破坏或被污染，许多影响造成的后果是潜在的、深刻的和长期的。例如，一片森林被砍伐后，对区域气候的明显影响能被人们立即和直接感受到。而对于由此而引发的许多其他影响：一是不能很快反映出来，如水土流失将会加剧；二是对其影响的范围和放大程度还很难认识清楚，如生物多样性的改变等；三是恢复时间较长。污染的危害也是如此，如日本汞污染引发的水俣病是污染排放后 20 年才显现出来的。污染危害的这种时滞性：一是由于污染物在生态系统各类生物中的吸收、转化、迁移和积累需要时间；二是与污染物的化学性质有关，如半衰期的长短、化学物质的寿命等，例如人类合成的用作制冷剂的氟氯碳化物（CFCs）类化学物质，是能破坏臭氧层的化学制剂，它们的存留期平均在 90 年左右。这意味着即使人类现在停止使用，这些污染物还将在大气层中存在很长一段时间，并将继续对臭氧层造成破坏。

20 世纪 80 年代开始，人们对环境的资源功能的认识有了很大进步，开始认识到环境价值的存在。到 20 世纪 90 年代，环境资源价值性的研究成为环境科学的热点，是现代环境科学的一个重要标志。它的意义首先在于，人们承认了环境资源并非是取之不尽、用之不竭的，树立了珍惜资源的意识，促进了环境科学技术的发展；其次，认识到了良好的生态环境条件是社会经济可持续发展的必要条件，增强了环境保护的意识。

1.1.5 环境承载力

环境承载力又称环境承受力或环境忍耐力，它是指在某一时期，某种环境状态下，某一区域环境对人类社会、经济活动的支持能力的限度。环境承载力是在维持人与自然环境之间和谐的前提下，环境能够承受的人类活动的阈值。

人类赖以生存和发展的环境是一个大系统，它既为人类活动提供空间和载体，又为人类活动提供资源并容纳废弃物。对于人类活动来说，环境系统的价值体现在它能为人类社会生存发展活动的需要提供支持。由于环境系统的组成物质在数量上有一定的比例关系、在空间上具有一定的分布规律，所以它对人类活动的支持能力有一定的限度。当人类社会经济活动对环境的影响超过了环境所能支持的极限，即外界的“刺激”超过了环境系统维护其动态平衡与抗干扰的能力，也就是人类社会行为对环境的作用力超过了环境承载力时，就会产生环境问题。因此，人们用环境承载力作为衡量人类社会经济与环境协调程度的标尺。

1.2 环境问题

1.2.1 环境问题的概念及其分类

环境问题是指人类为了自身的生存和发展，在利用和改造自然界的过程中，对自然环境破坏和污染所产生的危害生物资源、危害人类生存的各种负反馈效应。

环境问题按成因不同，可分为两大类：一类是由自然原因引起的，称为**原生环境问题**或**第一环境问题**，即由自然演变和自然灾害引起的原生环境问题，如火山爆发、地震、台风、海啸、洪水、旱灾、沙尘暴、虫灾等；另一类是由人类不恰当的生产活动所造成的环境污染、生态破坏、人口急剧增加和资源的破坏与枯竭等问题，这类问题称为**次生环境问题**或**第二环境问题**，它又分为**环境污染**和**生态环境破坏**两类。

环境污染是指人类活动产生并排入环境的污染物或污染因素超过了环境容量和环境自净能力，使环境的组成或状态发生了改变，环境质量恶化，从而影响和破坏了人类正常的生产和生活。例如工业“三废”排放引起的大气污染、水体污染、土壤污染。

生态环境破坏是指人类开发利用自然环境和自然资源的活动超过了环境的自我调节能力，使环境质量恶化或自然资源枯竭，影响和破坏了生物正常的发育和演化，以及可更新自然资源的持续利用。例如砍伐森林引起的土地沙漠化、水土流失、一些动植物物种灭绝等。

环境问题的分类如图 1-1 所示。

环境问题
- 原生：地震、海啸、干旱、洪涝、虫灾等
- 次生
  - 环境污染：水体污染、大气污染、土壤污染、固废、噪声等
  - 生态环境破坏：森林滥伐、草场退化、沙漠化、盐碱化、水土流失、物种灭绝等

图 1-1 环境问题的分类

环境保护着重研究的不是原生环境问题，而是人为的环境问题即次生环境问题。人类的

生产和生活活动作用于环境，会对环境产生有利或不利的影响，引起环境质量的变化；反过来，变化了的环境也会对人类的身心健康和经济发展产生有利或不利的影响。人类活动所产生的次生环境问题往往加剧了原生环境问题的危害，原生环境问题的加剧又导致了次生环境问题的进一步恶化。人类与环境是一个相互作用、相互影响、相互依存的对立统一体。

1.2.2 环境问题的产生与发展

环境问题是伴随着人类的出现、生产力的发展和人类文明进步而产生的，并从小范围、低程度危害，发展到大范围、对人类生存和发展造成不容忽视的危害，即由轻度污染、轻度破坏、轻度危害向重度污染、重度破坏、重度危害方向发展。依据环境问题产生的先后和轻重程度，环境问题的产生和发展大致可以分为以下四个阶段。

(1) 环境问题的萌芽阶段（工业革命以前）

人类诞生后，在很漫长的岁月里，只是天然食物的采集者和捕食者，那时人类主要是利用环境，而很少有意识地改造环境。原始社会时期人类的过度采集和狩猎就曾对许多物种的生存造成了一定的破坏。新石器时期产生了原始农业、牧业，人类进入了“刀耕火种”的时代，进一步加速了对森林、草原等植被的破坏，但对环境的影响不大。随后，人类学会了培育植物和驯化动物，开始发展农业和畜牧业，这在生产发展史上是一次大革命，人类改造环境的作用也越来越明显地显示出来，与此同时也产生了相应的环境问题，如：大量开发森林、破坏草原、盲目开荒，往往引起严重的水土流失、水旱灾害频繁和沙漠化；兴修水利，不合理灌溉，往往引起土壤的盐渍化、沼泽化，以及引起某些传染病的流行。在工业革命以前虽然已出现了城市化和手工业作坊（或工厂），但工业生产并不发达，由此引起的环境污染问题并不突出。

(2) 环境问题的恶化阶段（工业革命至20世纪30年代前）

18世纪后半叶开始，由于蒸汽机广泛应用，人类进入蒸汽机时代，称之为第一次产业革命。这个阶段，生产力获得了飞跃的发展，从而增强了人类利用和改造自然的能力，同时大规模地改变了环境的组成和结构，也改变了环境中的物质循环系统，与此同时也带来了新的环境问题。纺织、化工、铸造等行业飞速兴起，煤炭成为工业和交通的主要能源。煤的大量燃烧使大气遭到了严重的污染。如1873～1892年期间，英国伦敦多次发生严重的煤烟污染事件，夺去了上千人的生命。与工业化过程伴生的“城市化”，对水源的污染也相当惊人，“把一切水都变成了臭气冲天的污水”（引自恩格斯《反杜林论》）。矿山的开采把大地挖得满目疮痍，由于当时的危害是局部或者区域产生的，加上有些污染和生态危害在时间上有时滞效应，当时在全球还没有引起大多数人的注意和重视。

(3) 环境问题的严峻阶段（20世纪30年代至80年代前）

19世纪30年代以后，电机的产生、电能的利用以及汽车和飞机相继问世，形成了第二次产业革命，人类进入了电气时代。人类对自然资源的利用和开发因能源的大量消耗而达到了空前程度。20世纪30年代后，化学工业，尤其是有机化学工业的迅速崛起，人类合成了大量的化学物质以替代某些天然物质，其中不少化学物质对人类及生物资源具有直接的或潜在的危害，成为这个时期主要环境问题的根源。环境问题开始出现新的特点并日益复杂化和全球化。这一阶段的环境问题与工业化和城市化同步发展，同时伴随着严重的生态破坏。世界著名的“八大公害事件”就发生在本阶段（见表1-1）。

表 1-1 世界著名的“八大公害事件”

公害名称	主要污染物	发生时间	发生地点	成因及危害
马斯河谷事件	二氧化硫与三氧化硫混合物	1930 年 12 月 1～5 日	比利时马斯河谷工作区	河谷工业区聚集炼焦、炼钢、电力、玻璃、炼锌、硫酸、化肥等工厂，由于存在逆温层，致使烟囱排出的烟尘无法扩散，积累在近地大气层，对人体呼吸道造成严重伤害，死亡 60 多人
多诺拉烟雾事件	二氧化硫气体及金属微粒	1948 年 10 月 26～31 日	美国多诺拉镇	受反常的反气旋逆温控制，工厂排放的含有二氧化硫等有毒有害物质的气体及金属微粒聚集在山谷中积存不散，4 天内死亡 7 人，病 5900 人
洛杉矶光化学烟雾事件	臭氧、氧化氮、乙醛以及其他氧化物	1946～1955 年	美国洛杉矶市	汽车尾气和工业废气排放的烯烃类碳氢化合物和二氧化氮(NO_2)在强阳光紫外线照射下发生光化学反应，其产物为有剧毒的光化学烟雾，刺激眼睛，损害呼吸系统，造成 400 多位 65 岁老人死亡
伦敦烟雾事件	二氧化碳、一氧化碳、二氧化硫、粉尘等	1952 年 12 月 4～9 日	英国伦敦市	燃煤产生的二氧化硫和粉尘因逆温层蓄积而产生凝聚核，从而形成了浓雾。另外燃煤粉尘中含有三氧化二铁，催化燃煤中的二氧化硫氧化生成三氧化硫，进而与水反应生成硫酸雾滴，对呼吸系统产生强烈的刺激作用，3 天内死亡 4000 人
四日市哮喘事件	二氧化硫，铅、锰、钴等金属粉尘	1961～1972 年	日本四日市	石油冶炼和工业燃油产生的废气造成二氧化硫浓度高，重金属微粒与二氧化硫形成硫酸烟雾，造成哮喘病事件，患者 800 多人
米糠油事件	多氯联苯	1968 年 3 月	日本九州、四国等地区	九州一个食用油厂在生产米糠油时混入作为热载体的多氯联苯，被污染了的米糠油中的黑油被用作了饲料，造成数十万只家禽死亡、1680 多人患病
水俣病事件	甲基汞	1956 年	日本熊本县水俣市	化工厂排放大量的含汞废水，汞在水中被水生物食用后，转化成有剧毒的甲基汞(CH_3HgCl)，使水俣湾的甲基汞含量严重超标，造成 40 余人死亡、300 多人患病
痛痛病事件	金属镉	1955～1977 年	日本富山县神通川流域	锌、铅冶炼厂等排放的含镉废水污染了水体，使稻米含镉。当地居民长期饮用受镉污染的河水、食用含镉稻米，使镉在体内蓄积造成骨损害和肾脏损害，疼痛，死亡 81 人，病 130 多人

(4) 环境问题的全球化阶段（20 世纪 80 年代后）

从 20 世纪 80 年代初开始，伴随着环境污染和大范围生态破坏，环境问题呈现全球化趋势。主要集中在三个方面：一是全球性的大气污染，如温室效应、臭氧层破坏和酸雨；二是大面积生态破坏，如大面积森林被毁、草场退化、土壤侵蚀和荒漠化；三是突发性的污染事件迭起，如印度博帕尔农药泄漏事件（1984 年 12 月）、苏联切尔诺贝利核电站泄漏事件（1986 年 4 月）、莱茵河污染事件（1986 年 11 月）等，在 1979～1988 年间这类突发性的严重污染事故频发。

这些环境问题不仅对某个国家、某个地区造成危害，而且对人类赖以生存的整个地球环境造成危害，已威胁到全人类的生存与发展，阻碍经济的可持续发展。解决这些环境问题只靠一个国家的努力很难奏效，要靠众多国家甚至全人类的共同努力才行，这就极大地增加了解决问题的难度。

可见，环境问题是自人类出现而产生的，又伴随人类社会的发展而发展，老的问题解决了，新的问题又出现了。人与环境的矛盾在不断运动、变化和发展。

1.2.3 全球环境问题及危害

世界经济与发展委员会在《我们共同的未来》报告中，列出了当今世界面临的16个严重的环境问题，这些问题可概括为全球性环境污染，生态破坏，资源、能源短缺和人口急剧增长。它们之间相互影响、相互关联，成为当今世界环境科学所关注的主要问题。

(1) 全球性环境污染

环境污染作为全球性的重要环境问题，主要指的是温室气体过量排放造成的气候变化、大气污染和酸雨、臭氧层破坏、有毒有害化学物质的污染危害及其越境转移、海洋污染、垃圾围城等。

人类活动产生大量的温室气体（二氧化碳、甲烷、一氧化二氮、六氟化硫、氢氟碳化物、全氟化碳等），在大气中的浓度不断增加，导致全球气候变化，形成**温室效应**（greenhouse effect）。温室效应严重威胁着人类的生存，据预测，到21世纪中叶，大气中的二氧化碳含量将由0.028%增加到0.056%，是工业革命前的2倍，全球气温将上升1.5～4℃，海平面将升高0.3～0.5m，许多沿海人口密集地区（如孟加拉国以及太平洋和印度洋上的多数岛屿）将被海水淹没。气温的升高还将对农业和生态系统产生严重影响。

处于大气平流层中的臭氧层是地球的一个保护层，它能阻止过量的紫外线到达地球表面，以保护地球生命免遭过量紫外线的伤害。然而，自1958年以来，发现高空臭氧有减少趋势，20世纪70年代以来，这种趋势更为明显。1985年在南极上空首次观察到臭氧减少现象，并称其为“臭氧空洞”（见图1-2）。后来又报道在北极上空也出现了臭氧空洞。多年来的研究表明，平流层臭氧浓度减少10%，地球表面的紫外线强度将增加20%，这将对人类

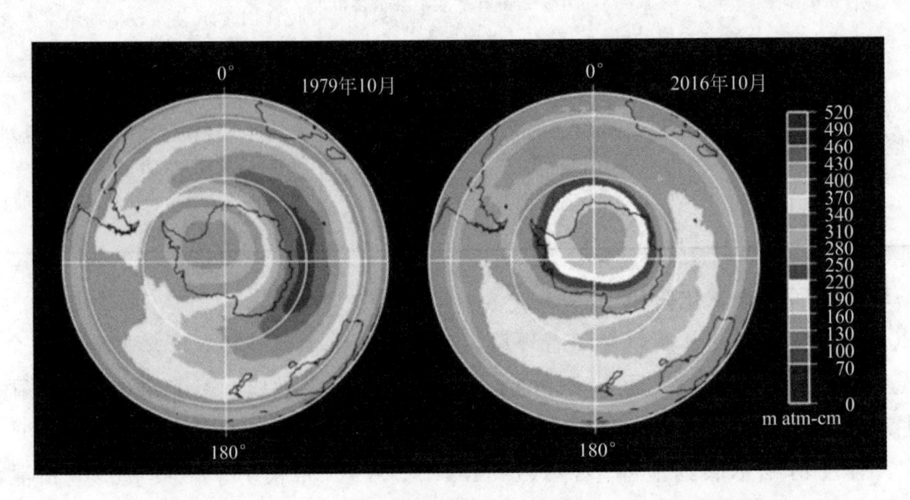

图1-2 1979～2016年南极臭氧总量分布图（引自日本气象厅）

和生物产生严重危害，如皮肤癌和白内障发病率增高，植物的光合作用受到抑制，海洋中的浮游生物减少，进而影响水生生物的食物链乃至整个生态系统。造成臭氧层破坏的主要原因是人类向大气中排放的某些痕量气体（如氯化亚氮、四氯化碳、甲烷和氯氟烷烃等）能与臭氧起化学反应，以致消耗臭氧层中的臭氧。

酸雨导致的环境酸化是20世纪最大的环境污染问题之一。随着人口的快速增长和工业化进程的加速，酸雨和环境酸化问题一直呈发展趋势，影响地域逐渐扩大，由局部问题发展为跨国问题，由工业化国家扩大到发展中国家。现在，世界酸雨主要集中在欧洲、北美和中国西南部三个地区，造成了土壤和湖泊酸化，植被和生态系统破坏，建筑物、金属材料和文物被侵蚀等一系列环境问题（见图1-3）。酸雨的形成主要是由人类排入大气中的氮氧化物和二氧化硫所致。

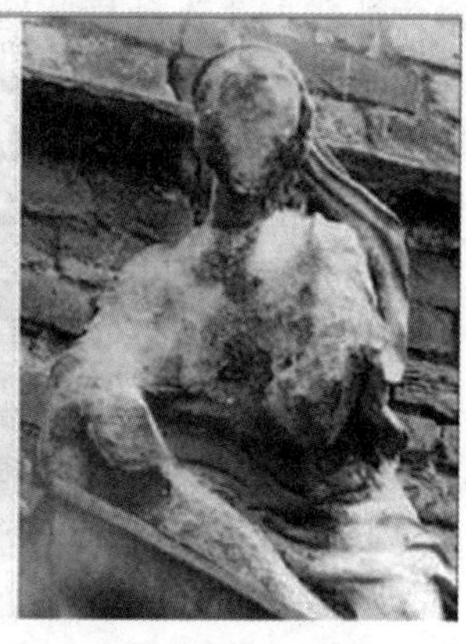

图1-3　德国的一座被酸雨毁坏的雕像

工业技术带来的数百万种有毒有害化合物存在于空气、土壤、水、植物、动物和人体中，甚至作为地球上最后的大型天然生态系统的冰盖也受到了污染。有机化合物、重金属、有毒产品，通过各种方式进入食物链中，威胁动植物及人体的健康，最终影响人类的生存。大气污染物经高烟囱排放及大气环流的影响，使大气污染物远距离传送，越界进入邻近（邻国甚至跨洲）地区，造成异地环境污染。

海洋污染是目前海洋环境面临的最重大问题。海洋污染主要发生在受人类活动影响广泛的沿岸海域，全世界有60%的人口挤在离大海不到100km的地区。据估计，输入海洋的污染物，有40%通过河流输入，30%由空气输入，海运和海上倾倒各占10%左右。海洋污染引起浅海或半封闭海域中氮、磷等营养物聚集，促使浮游生物过量繁殖，以致发生赤潮（见图1-4）。因此，赤潮的广泛发生可以看作世界海洋污染广泛、污染加重和海洋环境质量退化的一个突出特征。

垃圾围城成为全球趋势，垃圾是城市发展的附属物，城市和人的运转，每年产生上亿吨的垃圾（见图1-5）。据世界银行《垃圾何其多2.0：到2050年全球固体废物管理一览》报告，在快速城市化和人口增长的推动下，预计未来30年全球每年产生的垃圾量将从2016年的20.1亿吨增加到34亿吨。而处理垃圾的能力还远远赶不上垃圾增加的速度。垃圾除了占用大量土地外，在分解与填埋过程中对当地环境造成破坏，且越来越难以回避。危险垃圾，特别是有毒、有害垃圾的处置（包括运输和存放），造成的危害更严重，成为当今世界各国面临的一个十分棘手的环境问题。

图 1-4 海洋赤潮

图 1-5 垃圾围城

(2) 生态破坏

全球性的生态环境破坏主要包括土地退化、水土流失、土地沙漠化、生物物种消失等。

土地退化是当代最为严重的生态环境问题之一，它正在削弱人类赖以生存和发展的基础。土地退化的根本原因在于人口增长、农业生产规模扩大和强度增加、过度放牧及人为破坏植被，从而导致水土流失、沙漠化、土地贫瘠化和土地盐碱化。

水土流失是当今世界上普遍存在的一个生态环境问题。据最新估计，全世界现有水土流失面积 $2.5\times10^7km^2$，占全球陆地面积的 16.8%，每年流失的土壤高达 $2.57\times10^{10}t$。目前，世界水土流失区主要分布于干旱、半干旱和半湿润地区。

土地沙漠化是指非沙漠地区出现的以风沙活动、沙丘起伏为主要标志的沙漠景观的环境退化过程。目前全球有 $3.6\times10^7km^2$ 干旱土地受到沙漠化的直接危害，占全球干旱土地的 70%。沙漠化的扩展使可利用土地面积缩小，土地产出减少，降低了土地养育人口的能力，成为影响全球生态环境的重大问题。

生物物种消失是全球普遍关注的重大生态环境问题。物种濒危和灭绝一直呈发展趋势，而且越到近代，物种灭绝的速度越快。据统计，全世界每天有 75 个物种灭绝，每小时有 3 个物种灭绝。

(3) 资源、能源短缺

资源、能源短缺是当今人类发展所面临的另一个主要问题。众所周知，自然资源是人类生存发展所不可缺少的物质依托和条件。然而，随着全球人口的增长和经济的发展，对资源的需求与日俱增，人类正受到某些资源短缺或耗竭的严重挑战，主要表现在：土地资源在不断减少和退化，森林面积在不断缩小，淡水资源出现严重不足，生物物种在减少，某些矿产资源濒临枯竭等。

土地资源不断减少和退化已成为全球性的问题，发展中国家尤为严重。目前，人类开发利用的耕地和牧场，由于各种原因正在不断减少或退化，而全球可供开发利用的后备资源已很少，许多地区已经近于枯竭。随着世界人口的快速增长，人均占有的土地资源在迅速下降，这对人类的生存构成了严重威胁。据联合国环境规划署的资料统计，1975～2000 年，全球有 $3\times10^6km^2$ 耕地被侵蚀，另有 $3.1\times10^7km^2$ 被新的城镇和公路占用。由此可见土地资源问题的严重性。我国在土地资源管控上实行土地用途管制制度，严格控制农用地转为建设用地，土地红线是对基本农田实施特殊保护的政策之一，“18 亿亩耕地”作为一条不可逾越的红线为确保我国的粮食安全发挥了不可替代的重大作用。

世界森林资源的总量在减少。由于世界人口的增长，对耕地、牧场、木材的需求量日益增加，导致对森林的过度采伐和开垦，使森林受到前所未有的破坏。地球上曾经有 76 亿公顷的森林，到 20 世纪初下降为 55 亿公顷，而到 1976 年已经减少到 28 亿公顷。据统计，

1900～1981年全世界每年平均损失森林面积达$1.69\times10^5km^2$，而每年再植森林约$1.05\times10^5km^2$，所以森林资源减少的形势严峻，损害了地球的“呼吸作用”，也扰乱了全球的“水循环”。

全球人均水资源总量虽然丰富，但可获得的水资源却不足。人均水资源量不到$2000m^3$的国家有40个，人口比例占12%，这还不包括像中国这样的地区性缺水严重的国家。据估计，从21世纪开始，世界上有1/4的地方长期缺水。工业和城市生活污水处理不当，使河流、湖泊、地下水受到污染，进一步加剧了水资源短缺程度。在农业开发程度比较高的国家，由于过多使用农药和化肥，地表水和地下水都受到了严重污染。水资源短缺已成为许多国家经济发展的障碍和全世界普遍关注的问题。当前，水资源正面临着水资源短缺和用水量持续增长的双重矛盾。正如联合国早在1977年所发出的警告：“水不久将成为一项严重的社会危机，石油危机之后下一个危机是水。”

20世纪90年代初全世界消耗能源总数约100亿吨标准煤，2005年全球范围的能源消耗量已达到153亿吨标准煤，国际能源机构在《2007年世界能源展望》报告中指出未来20多年内世界能源消耗量将剧增55%。从目前石油、煤、水利和核能发展的情况来看，要满足这种需求是十分困难的。因此，在新能源（如太阳能、风能、核能等）开发利用尚未取得较大突破之前，世界能源供应将日趋紧张。此外，其他不可再生性矿产资源的储量也在日益减少，这些资源终究会被消耗殆尽。

(4) 人口急剧增长

人口问题和环境问题有着密切的互为因果的联系，在一定的社会发展阶段，一定的地理环境和生产力水平下，人口增长应该保持在适当的比例内。有限的全球环境及有限的资源，必将限定地球上的人口数量。如果人口急剧增加，超过了地球环境的合理承载能力，则必将造成生态破坏和环境污染。所以，从保护环境、合理利用环境及持续发展的角度来看，根据人类各个阶段的科学技术水平，计划和控制相应的人口数量，是保护环境持续发展的主要措施。近百年来，世界人口的增长速度达到了人类历史上的最高峰。联合国统计显示，世界人口从10亿增长到20亿用了一个多世纪，从20亿增长到30亿用了32年，而从1987年开始，每12年就增长10亿。预计世界人口将在2030年从目前的77亿增加至85亿，2050年达到97亿。人类生产消费活动需要大量的自然资源来支持，随着人口增加、生产生活规模的扩大，一方面所需要的资源急剧增多，另一方面排出的废弃物也相应剧增，因而加重了环境污染。

1.3 环境保护

环境问题使人们得到许多启示。例如：环境是人类生存所依赖的资源库；环境问题的产生是人类发展的产物；人类面临的环境问题是相互联系、相互制约的；环境问题发展和变化的关键是人类的行为等。可以肯定，只要全人类重视现实，积极采取措施，全球环境问题的逐渐改善和解决是大有希望的。人类破坏了自身生存的环境，也同样有责任努力去恢复和重建它。

20世纪60年代后，西方工业发达国家的人民群众首先发出了“保护环境，防治污染”的强烈呼声，掀起了声势浩大的“环境运动”。在“环境运动”的推动下，促使“联合国人类环境会议”的召开和“联合国环境规划署”的成立，各国环境保护机构也相继成立。“地球的危机就是人类自身的危机”“保护全球生态环境是全人类的共同责任”，已成为世界各国人民的共识。“在不危害后代人满足其需要的前提下，寻求满足当代人需要和愿望”的“可持续发展（sustained development）”的新观念已被普遍接受。

1.3.1 世界环境保护发展历程

世界各国，主要是发达国家的环境保护工作，大致经历了四个发展阶段。

(1) 限制阶段

环境污染早在19世纪就已发生，如英国泰晤士河的污染、日本足尾铜矿的污染事件等。20世纪50年代前后，相继发生了“八大公害事件”。由于当时尚未搞清这些公害事件产生的原因和机理，所以一般只是采取限制措施。如英国伦敦发生烟雾事件后，制定了法律，限制燃料使用量和污染物排放时间。

(2)“三废”治理阶段

20世纪50年代末至60年代初，发达国家环境污染问题日益突出，1962年美国生物学家雷切尔·卡森所著《寂静的春天》一书，用大量事实描述了有机氯农药对人类和生物界所造成的影响，唤醒了世人的环境保护意识，于是各发达国家相继成立了环境保护专门机构，但因当时的环境问题还只是被看作工业污染问题，所以环境保护工作主要就是治理污染源、减少排污量。在法律措施上，颁布了一系列环境保护的法规和标准，加强了法治。在经济方面，采取给工厂企业补助资金、帮助工厂企业建设净化设施的措施，并通过征收排污费或实行“谁污染、谁治理”策略，解决环境污染的治理费用问题。在这个阶段，投入了大量资金，尽管环境污染有所控制，环境质量有所改善，但所采取的“末端治理”措施，从根本上来说是被动的，因而收效并不显著。

(3) 综合防治阶段

1972年6月5日在瑞典首都斯德哥尔摩召开“联合国人类环境会议”，提出了“只有一个地球”的口号，并通过了《人类环境宣言》，提出将每年的6月5日定为“世界环境日”。这次会议成为人类环境保护工作的历史转折点，它加深了人们对环境问题的认识，扩大了环境问题的范围。宣言指出，环境问题不仅仅是环境污染问题，还应该包括生态破坏问题。另外，它冲破了以环境论环境的狭隘观点，把环境与人口、资源和发展联系在一起，从整体上来解决环境问题。环境污染的治理也从“末端治理”向“全过程控制”和“综合治理”发展。1973年1月，联合国大会决定成立联合国环境规划署，负责处理联合国在环境方面的日常事务工作。

(4) 可持续发展阶段

20世纪80年代以来，人们开始重新审视传统思维和价值观念，认识到人类再也不能为所欲为地成为大自然的主人，人类必须与大自然和谐相处，成为大自然的朋友。1987年由挪威首相布伦特兰夫人在《我们共同的未来》中提出了可持续发展的思想。1992年6月在巴西里约热内卢召开了第二次人类环境大会，通过了《里约环境与发展宣言》和《21世纪议程》两个纲领性文件。各国普遍认识到：人类社会要生存下去，必须彻底改变靠无限制地消耗自然资源同时又破坏生态环境而维持发展的传统生产方式，人类必须走经济效益、社会效益和环境效益融洽和谐的可持续发展的道路。在这样的大背景下，“污染预防”成为新的指导思想，环境标志认证、ISO 14001环境管理体系认证推动的“绿色潮流”席卷全球，深刻地影响着世界各国的社会和经济活动。

1.3.2 中国环境保护发展历程

新中国成立以来，我国的环境保护事业经历了从无到有、从小到大、先发展经济后环保、先污染后治理，到经济与环保同步发展，从科学发展观出发，走可持续发展道路，建设资源节约型、环境友好型社会，到用新时代中国特色社会主义思想指导建设美丽中国的历程（见图 1-6）。

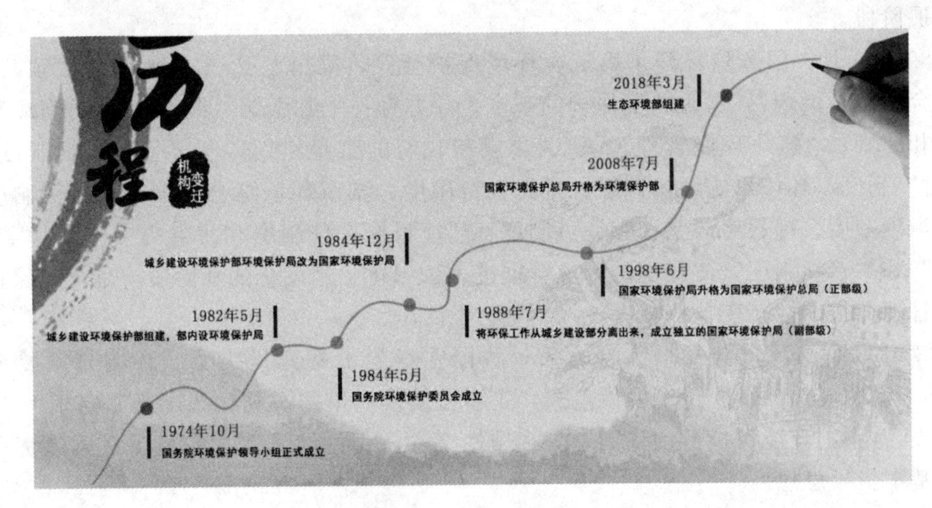

图 1-6 中国国家环保机构的历史变迁（摘自生态环境部网站）

（1）萌芽阶段（1949～1973 年）

新中国成立初期，由于当时人口相对较少，生产规模不大，所产生的环境问题大多是局部性的生态破坏和环境污染。经济建设与环境保护之间的矛盾尚不突出。

在 20 世纪 50 年代末至 60 年代初，特别是全民大炼钢铁和国家大办重工业时，造成了比较严重的环境污染和生态破坏。为了解决吃饭问题，一些地区片面强调“以粮为纲”，毁林毁草、围湖围海造田等问题相当突出。

1972 年 6 月，我国政府派代表团参加了联合国在瑞典首都斯德哥尔摩召开的第一次人类环境会议。通过这次会议，我国开始与世界环境保护接轨，开始认识到中国存在的环境问题并着手解决。

（2）起步阶段（1973～1983 年）

1973 年 8 月，国务院召开第一次全国环境保护会议，审议通过了“全面规划、合理布局、综合利用、化害为利、依靠群众、大家动手、保护环境、造福人民”的 32 字环境保护工作方针和我国第一个环境保护文件——《关于保护和改善环境的若干规定》。至此，我国环境保护事业开始起步。

1974 年 10 月，国务院环境保护领导小组正式成立。各省、自治区、直辖市和国务院有关部门也陆续建立起环境管理机构和环保科研、监测机构，在全国逐步开展了以“三废”治理和综合利用为主要内容的污染防治工作。在此阶段我国颁布了第一个环境标准《工业“三废”排放试行标准》，并下发了《关于治理工业“三废”，开展综合利用的几项规定》的通知，标志着中国以治理“三废”和综合利用为特色的污染防治进入新的阶段。1979 年 9 月，通过新中国的第一部环境保护基本法——《中华人民共和国环境保护法（试行）》，我国的环境保护工作开始走上法制化轨道。

（3）发展阶段（1983～1995年）

1983年12月，国务院召开第二次全国环境保护会议，明确提出保护环境是我国一项基本国策；制定了我国环境保护事业的战略方针，即“经济建设、城乡建设、环境建设同步规划、同步实施、同步发展”（“三同步”），实现“经济效益、环境效益、社会效益的统一”（“三统一”）。这次会议在我国环境保护发展史上具有重大意义，标志着中国环境保护工作进入发展阶段。

1989年4月，国务院召开了第三次环境保护会议，推出了“三大政策”：“预防为主、防治结合、综合治理”，作为环境保护的基本指导方针；“谁污染、谁治理”，明确环境治理的责任和原则；“强化环境管理”，强调法规和政府的监督作用。制定了“八项制度”，即“三同时”制度、环境影响评价制度、排污收费制度、城市环境综合整治定量考核制度、污染限期治理制度、排污申请登记和许可制度、环境目标责任制度和污染集中控制制度。“三大政策”和“八项制度”使我国的环境管理进入法制化、制度化的新阶段，是环境保护特别是环境管理的根本性转变。

1992年联合国环境与发展大会之后，我国在世界上率先提出了《环境与发展十大对策》，第一次明确提出转变传统发展模式，走可持续发展道路。随后我国又制定了《中国21世纪议程》《中国环境保护行动计划》等纲领性文件，可持续发展战略成为我国经济和社会发展的基本指导思想。

1993年10月召开了全国第二次工业污染防治工作会议，总结了工业污染防治工作的经验教训，提出了工业污染防治必须实行清洁生产，实行三个转变，即由末端治理向生产全过程控制转变、由浓度控制向浓度与总量控制相结合转变、由分散治理向分散与集中控制相结合转变。这标志着我国工业污染防治工作指导方针发生了新的转变。

（4）深化阶段（1995年至今）

1996年7月，国务院召开第四次全国环境保护会议，提出保护环境是实施可持续发展战略的关键，保护环境就是保护生产力，明确了跨世纪环境保护工作的目标、任务和措施；确定了坚持污染防治和生态保护并重的方针，实施《污染物排放总量控制计划》和《跨世纪绿色工程规划》两大举措。环境保护工作进入了崭新的阶段。

1997～1999年，中央连续3年就人口、环境和资源问题召开座谈会，党和国家领导人直接听取环保工作汇报，指出：环保工作必须党政一把手“亲自抓、负总责”，做到责任到位，投入到位，措施到位；要求建立和完善环境与发展综合决策、统一监管和分工负责、环保投入、公众参与四项制度，把环保工作纳入制度化、法制化的轨道；要求各级领导干部要注意算大账，对环境保护工作要长期不懈地抓紧抓好。党和国家领导人从经济社会发展的全局出发，进一步明确了环境保护是可持续发展的关键，为环境保护开拓了一个更为广阔的天地。

2002年1月，第五次全国环境保护会议提出环境保护是政府的一项重要职能，要按照社会主义市场经济的要求，动员全社会的力量做好这项工作。2006年4月，第六次全国环境保护会议的主题以“邓小平理论、三个代表”重要思想和“科学发展观”为指导，坚持保护环境的基本国策，深入实施可持续发展战略；坚持预防为主、综合治理，全面推进、重点突破，着力解决危害人民群众健康的突出环境问题；经过长期不懈地努力，使生态环境得到改善，资源利用效率显著提高，可持续发展能力不断增强，人与自然和谐相处，建设环境友好型社会。

2011 年 12 月，第七次全国环境保护大会指出环境是重要的发展资源，良好环境本身就是稀缺资源，坚持在发展中保护、在保护中发展，推动经济转型，提升生活质量，为经济长期平稳较快发展固本强基，为人民群众提供水清天蓝地干净的宜居安康环境。

2018 年 5 月全国生态环境保护大会指出要以习近平新时代中国特色社会主义思想为指导，着力构建生态文明体系，加强制度和法治建设，持之以恒抓紧抓好生态文明建设和生态环境保护，坚决打好污染防治攻坚战，确保 2035 年美丽中国目标基本实现。

【阅读材料】 世界环境日及主题

20 世纪 60 年代以来，世界范围内的环境污染与生态破坏日益严重，环境问题和环境保护逐渐为国际社会所关注。1972 年 6 月 5 日，联合国在瑞典首都斯德哥尔摩举行第一次人类环境会议，通过了著名的《人类环境宣言》及保护全球环境的行动计划，提出“为了这一代和将来世世代代保护和改善环境”的口号。这是人类历史上第一次在全世界范围内研究保护人类环境的会议。出席会议的 113 个国家和地区的 1300 名代表建议将大会开幕日定为“世界环境日”。

1972 年 10 月，第 27 届联合国大会通过了联合国人类环境会议的建议，规定每年的 6 月 5 日为“世界环境日”，让世界各国人民永远纪念它。联合国系统和各国政府要在每年的这一天开展各种活动，提醒全世界注意全球环境状况和人类活动对环境的危害，强调保护和改善人类环境的重要性。

联合国环境规划署在每年 6 月 5 日选择一个成员国举行“世界环境日”纪念活动，发表《环境现状的年度报告书》及表彰“全球 500 佳”，并根据当年的世界主要环境问题及环境热点，有针对性地制定“世界环境日”主题。

我国从 1985 年 6 月 5 日开始举办纪念世界环境日的活动。从此之后，我国每年的 6 月 5 日都要举办纪念活动，并根据世界环境日主题，确定中国环境日主题。

附：自 2005 年以来的世界环境日主题和中国环境日主题如下。

2005 年：“营造绿色城市，呵护地球家园!”(Green Cities——Plan for the Planet)

中国主题：“人人参与创建绿色家园”

2006 年：“莫使旱地变为沙漠”(Deserts and Desertification——Don't Desert Dry Lands!)

中国主题：“生态安全与环境友好型社会”

2007 年：“冰川消融，后果堪忧”(Melting Ice——a Hot Topic?)

中国主题：“污染减排与环境友好型社会”

2008 年：“促进低碳经济”(Kick the Habit! Towards a Low Carbon Economy)

中国主题：“绿色奥运与环境友好型社会”

2009 年：“地球需要你：团结起来应对气候变化”(Your Planet Needs You——Unite to Combat Climate Change)

中国主题：“减少污染——行动起来”

2010 年：“多样的物种，唯一的地球，共同的未来”(Many Species, One Planet, One Future)

中国主题："低碳减排·绿色生活"
2011 年："森林：大自然为您效劳"（Forests：Nature at Your Service）
中国主题："共建生态文明，共享绿色未来"
2012 年："绿色经济：你参与了吗?"（Green Economy：Does it include you?）
中国主题："绿色消费，你行动了吗?"
2013 年："思前，食后，厉行节约"（Think Eat Save）
中国主题："同呼吸，共奋斗"
2014 年："提高你的呼声，而不是海平面"（Raise Your Voice Not the Sea Level）
中国主题："向污染宣战"
2015 年："可持续的消费和生产"（Sustainable Consumption and Production）
中国主题："践行绿色生活"
2016 年："为生命呐喊"（Go Wild for Life）
中国主题："改善环境质量，推动绿色发展"
2017 年："人与自然，相联相生"（Connecting People to Nature）
中国主题："绿水青山就是金山银山"
2018 年："塑战速决"（Beat Plastic Pollution）
中国主题："美丽中国，我是行动者"
2019 年："聚焦空气污染"（Beat Air Pollution）
中国主题："蓝天保卫战，我是行动者"
2020 年："关爱自然，刻不容缓"（Time for Nature）
中国主题："美丽中国，我是行动者"

复习思考题

1. 什么是环境？环境是如何分类的？
2. 环境问题是如何产生和发展的？
3. 当前世界关注的环境问题有哪些？
4. 如何理解中国环境保护的"三大政策"和"八项制度"？

第2章 生态学基础知识

【导读】 随着科学技术的发展，人类赖以生存的地球家园出现了严重问题：环境污染严重，生态环境恶化，地球生态系统失去平衡，直接威胁到人类的生存和发展。生态学作为研究有机体与环境相互关系的学科，逐渐和环境科学融合，生态学中生态系统的组成、功能和调节机制，很好地阐明了人类对环境的影响，提供了解决环境问题的方法，成为研究环境科学和环境保护的基础学科。

【提要】 本章主要讲述生态学的基本概念和分类；重点讲述生态系统的类型、特性、组成、结构和功能，生态平衡的概念、调节机制、破坏因素，生态学在环境保护中的应用等。

【要求】 掌握生态学、生态系统、生态平衡的概念；掌握生态系统的结构和功能及生态平衡的调节机制，从而理解生态平衡及生态学在环境保护中的应用。

2.1 生态学概述

2.1.1 生态学的概念

生态学（ecology）一词由德国学者赫克尔（E. Haeckel）于1866年提出，ecology一词源于希腊文，由词根“oikos”和“logos”演化而来，其中“oikos”表示住所，“logos”表示学问。因此，从原意上讲，生态学是研究生物“住所”的科学。赫克尔把生态学定义为“研究动物与其有机及无机环境之间相互关系的科学”。随着生态学的发展，不同学者对生态学有不同的定义。著名生态学家奥德姆（E. Odum）把生态学定义为“研究生态系统结构和功能的学科”。我国著名生态学家马世骏把生态学定义为“研究生物与环境之间相互关系及其作用机理的科学”。

生态学是研究生物有机体与其周围环境（包括生物环境和非生物环境）相互关系的一门学科。这种关系是彼此相互影响、相互制约的一种辩证关系，包括环境对生物的作用和生物对环境的反作用，其实质是彼此间通过物质、能量、信息等产生联系。

生态学发展历程经历了三个阶段：第一阶段，从定性探索生物与环境的相互作用到定量研究；第二阶段，从个体生态系统到复合生态系统，由单一到综合、由静态到动态地认识自然界的物质循环与转化规律；第三阶段，与基础科学和应用科学相结合，发展和扩大了生态学的领域。

2.1.2 生态学的研究对象

根据生物组织层次，生物有机体从生物大分子→基因→细胞→个体→种群→群落→生态系统→景观，直到生物圈。而环境也非常复杂，从无机环境（岩石圈、大气圈、水圈）、生物环境（植物、动物、微生物）到人与人类社会，以及由人类活动所导致的环境问题。

因此，生态学研究的范围非常广，研究对象包括了生物分子、个体、种群、群落、生态系统直到生物圈，研究的环境从无机环境、生物环境到人与人类社会，以及由人类活动所导致的环境问题。

可见，从分子到生物圈都是生态学研究的对象。以下为几个有关生态学的基本概念：

① **种群**。种群是一个生物物种在一定范围内所有个体的总和。生物只有形成一个群体，才能繁衍和发展。群体是个体发展的必然结果。

② **群落**。群落是一定自然区域中许多不同种生物的总和。各种群落的范围有大有小，有的边界明显，有的边界难以划分，大的如一个热带雨林，小的如一洼积水、一块农田。

③ **生态系统**。生态系统是任何一个生物群落与周围非生物环境的综合体，是自然界一定空间内的生物与环境之间相互作用、相互制约、不断演变而达到动态平衡的相对稳定的统一体。

④ **生物圈**。生物圈是地球表面全部有机体及与之发生作用的物理环境的总称。

2.1.3 生态学的分类

随着社会经济的快速发展，人与自然的关系日益密切，生态学成为最活跃的前沿学科之一，具有广泛的包容性和强烈的渗透性。目前，生态学已形成一门内容广泛、综合性很强的学科。

生态学一般分为**理论生态学**（theoretical ecology）和**应用生态学**（applied ecology）两大类。

普通生态学（general ecology）是理论生态学中概括性最强的一门。按研究对象的生物组织层次，普通生态学可以划分为分子生态学、个体生态学、种群生态学、群落生态学、生态系统生态学、景观生态学。以生物不同分类类别为研究对象，普通生态学可分为动物生态学、植物生态学、微生物生态学。其中动物生态学又可进一步划分为昆虫生态学、鱼类生态学、鸟类生态学及兽类生态学等。还可按栖息地类别划分为陆地生态学和水域生态学两大类，其中前者包括森林生态学、草原生态学、荒漠生态学、冻原生态学等，后者包括海洋生态学、淡水生态学、河口生态学等。此外尚有湿地生态学、太空生态学等。以上均属理论生态学范畴。

生态学的许多原理和原则在人类生产活动诸多方面得到应用，产生了一系列应用生态学的分支，包括农业生态学、林业生态学、渔业生态学、污染生态学、放射生态学、热生态学、自然资源生态学、人类生态学、经济生态学、城市生态学及生态工程学等。生态学与其他学科相互渗透产生系列边缘学科，如行为生态学、化学生态学、数学生态学、物理生态学、进化生态学、生态遗传学和环境生态学等。

生态学是一门新兴的渗透性很强的交叉学科，起初是作为生物学的一个分支，现在已成为独立的学科，与环境科学和其他生物科学有着非常密切的关系。生物的生存环境十分广泛而复杂，地球及其周围的一切自然现象都可能成为生物生存的环境因子，因此，深入学习生态学必然会涉及其他生物学科，以及数学、化学、环境科学、物理学、自然地理学、气象学、地质学、古生物学、海洋学、湖泊学等自然科学和经济学、社会学等人文科学。

2.2 生态系统

2.2.1 生态系统的概念

生态系统是指一定空间区域内生物与非生物环境之间通过不断地进行物质循环、能量流动和信息传递过程而形成的相互作用和相互依存的统一整体。生态系统是生态学中最重要的一个概念，也是自然界最重要的功能单位，但不是生物学中的分类单位。生态系统思想的产生不是偶然的，而是有其历史沿革和社会背景的。

生态系统的概念，最早由英国著名生态学家坦斯利（A. G. Tansley）于 1935 年提出，他指出“整个系统包括了有机体的复杂组成，以及我们称之为环境的物理要素的复杂组成，以这些复杂组成共同形成一个物理的系统……我们可以称其为生态系统。”

苏联学者苏卡乔夫于 1940 年提出了“生物地理群落”的概念。他把生物地理群落概括为一个简单而明确的公式：**生物地理群落＝生物群落＋生境**。生物群落包括植物群落、动物群落和微生物群落。生境包括气候和土壤。生物地理群落是自然界的基本单位。1965 年在丹麦哥本哈根召开的国际学术会议上，生物地理群落和生态系统被认定为是同义语。

对生态系统理论的建立起重大作用的学者还有林德曼（Lindemn），他提出了著名的“百分之十定律”，标志着生态学从定性阶段走向定量阶段。当代生态学家奥德姆兄弟（E. P. Odum 和 H. T. Odum）创造性地提出了生态系统发展中结构和功能特征的变化规律，他们共同出版的《生态学基础》一书，是一部以生态系统为框架的极富新意的著作。

生态系统可大可小，小至一滴水、一抔土、一片草地、一个湖泊、一片森林，大至一个城市、一个地区、一个流域、一个国家乃至整个生物圈。例如一个池塘生态系统，其中有许多种类的水生动物、植物和微生物，浮游动物以浮游植物为食，鱼类以浮游植物和浮游动物为食，鱼类和其他水生生物死亡后，在微生物参与下被分解成二氧化碳、含氮、含磷等基本物质，而这些物质又是水中浮游植物的基本营养物，微生物在分解过程中要消耗水中的氧，被消耗的氧通过浮游植物光合作用所产生的氧来补充。水中各种生物与环境、生物与生物之间相互联系、相互制约，构成了一个处于相对稳定状态的池塘生态系统。

2.2.2 生态系统的类型

按照形成的原动力和影响力，生态系统可以分为**自然生态系统**和**人工生态系统**。

按照环境性质和形态特征，生态系统可以分为**陆地生态系统**和**水生生态系统**。水生生态系统又可以分为淡水生态系统和海洋生态系统。陆地生态系统又可以分为森林生态系统、草原生态系统、荒漠生态系统、冻原生态系统、农田生态系统、城市生态系统等。

2.2.3 生态系统的特性

地球上有无数个大大小小的生态系统，不论是自然的还是人工的，都具有一些共同特性。

① 在生态系统中，各种生物彼此间以及生物和非生物间相互作用，不断进行着物质循

环、能量流动和信息传递。能量流动是单方向的，物质流动是循环式的，信息传递则包括营养信息、化学信息、物理信息和行为信息，构成了信息网。

② 生态系统具有自我调节能力。系统内物种数目越多，结构越复杂，自我调节能力越强。但生态系统的自我调节能力是有限度的，超过了这个限度，调节也就失去了作用。

③ 生态系统中营养级数目受限于生产者所固定的最大能值和这些能量在流动过程中的巨大损失。因此，生态系统营养级的数目通常不会超过5～6个。

④ 生态系统是一种动态系统，任何生态系统都有其发生和发展的过程，经历着由简单到复杂、由幼年到成熟的进化阶段。

2.2.4 生态系统的组成

生态系统的组成可分为**非生物成分**和**生物成分**，生物成分又分为**生产者**、**消费者**和**分解者**，具体见图2-1。

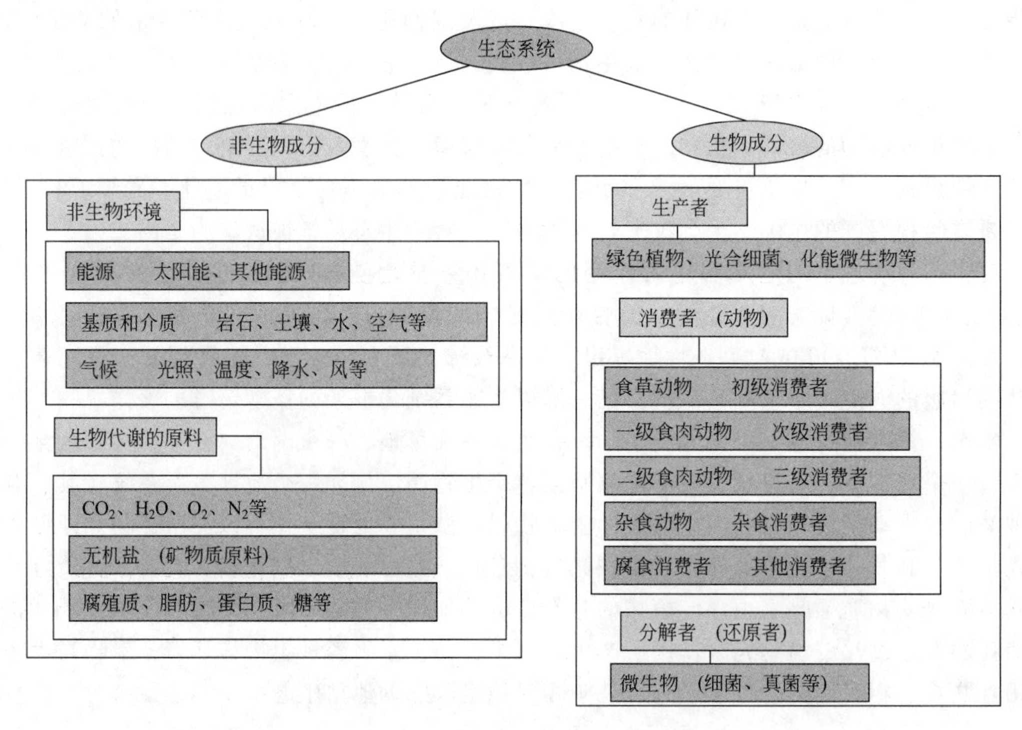

图2-1　生态系统的组成成分

(1) 非生物成分

生态系统中的非生物成分包括生物代谢的能源（如太阳能、化石能源），生物代谢的原料（如二氧化碳、水、氧、氮、无机盐、有机质等），温度、降水、光照、风等气候条件（见图2-1）。在生态系统中，非生物成分一方面为各种生物提供必要的生存环境，另一方面为各种生物提供生长发育所必需的营养元素。

(2) 生物成分

生态系统中的生物成分即生物群落。尽管地球上的生物种类有数百万种，但根据它们获取营养和能量的方式以及在能量流动和物质循环中所发挥的作用，可以概括为生产者、消费者、分解者三大群。

① 生产者：包括所有能进行光合作用的绿色植物以及光能自养型微生物和化能自养型微生物。生产者是生态系统中最活跃的因素。绿色植物具有叶绿素，能利用太阳辐射能，通过光合作用，把吸收来的二氧化碳、水和无机盐类制造成初级产品——碳水化合物，并同时将太阳能以化学能的形式固定、储藏在碳水化合物中，碳水化合物可进一步合成转化为脂肪、蛋白质等其他有机物，这些有机物便成为地球上一切生物（包括人类在内）赖以生存的食物来源。除绿色植物外，化能自养型微生物和光能自养型微生物也能分别利用化学能和太阳能合成有机物，如氮化细菌能将氨氧化成亚硝酸和硝酸，并利用这一氧化过程中产生的能量把二氧化碳和水合成碳水化合物。生产者在生态系统中的作用主要是生产各种有机物，一方面供自身生长发育所需，另一方面为其他生物提供食物来源。

② 消费者：主要指动物。消费者均属于异养生物，即只能依赖生产者生产的有机物来维持自己的生命活动。其中，以植物的叶、枝、果实及凋落物为食的叫食草动物（又称初级消费者），如陆地生态系统中的蝗虫、野兔、梅花鹿、牛、马、羊等，淡水生态系统中的浮游动物、螺蛳、虾等；以食草动物（初级消费者）为食的叫食肉动物，属于次级消费者或一级食肉动物，如狐狸、黄鼠狼、青蛙；以次级消费者为食的叫三级消费者或二级食肉动物，如老鹰、金钱豹、狮子等；依此类推。消费者在生态系统中的作用：一是物质与能量的传递，如在草原生态系统中，野兔就起着把青草中的有机物和储存在有机物中的能量传递给食肉动物的作用；二是物质的再生产，如食草动物山羊可以把草本植物的植物性蛋白通过再生产转变成动物性蛋白。

③ 分解者：主要指细菌、真菌等微生物，也包括一些小型动物。细菌和真菌能分泌消化酶，把动植物残体中的有机物变成可溶状态，然后加以吸收。通过这一消化过程，有机物被分解成无机养分，返回到环境之中。一些土壤中的小型动物，如线虫、蚯蚓、蜈蚣等，在动植物残体分解过程中也起着重要作用，它们与细菌、真菌共同活动，加速了生物残体的分解与转化。在生态系统中，分解者是重要的生物群落之一，其数量十分惊人。据估算，在农田生态系统中的细菌重量，每公顷平均在500公斤以上，至于细菌总数则是一个天文数字。分解者在生态系统中的作用，在于把生产者和消费者的残体分解成简单的物质，再供给生产者需要，以保证生态系统的物质循环。

生物成分和非生物成分在同一个时间和空间中，共同构成一个有机的统一体，在这个有机整体中，能量和物质在不断地流动，并在一定条件下保持着相对平衡。当然，不同类型生态系统其具体的组成成分各不相同。例如，陆生生态系统中生产者是各种陆生植物，消费者是各种陆生动物，分解者主要是土壤微生物；而水生生态系统中生产者是各种浮游植物和水生植物，包括沉水植物、浮水植物、挺水植物，消费者是各种水生动物，包括浮游动物和底栖动物，分解者则是各种水生微生物。不同类型生态系统的无生命成分，也存在较大的差异。

2.2.5 生态系统的结构

构成生态系统的各组成部分，各种生物的种类、数量和空间配置，在一定时期内均处于相对稳定的状态，使生态系统能够各自保持一个相对稳定的结构。生态系统的结构主要有形态结构和营养结构。**形态结构**指生物的种类、种群数量、种的空间配置（水平分布、垂直分布）、种的时间变化。**营养结构**指生态系统各组成部分之间建立起来的营养关系，是生态系统能量流动和物质循环的基础。

(1) 生态系统的形态结构

生态系统的生物种类、种群数量、种的空间配置（水平分布、垂直分布）以及时间变化（发育、季相）等构成了生态系统的形态结构。例如：在森林生态系统中，有各种乔木、灌木和草本植物，有各种动物和复杂的微生物种群，它们各自的数量、空间的分布和种的时间变化就构成了森林生态系统特有的形态结构。

① 空间结构。在生态系统中，各种动物、植物和微生物的种类和数量在空间上的分布构成**垂直结构**和**水平结构**。在各种类型的生态系统中，森林生态系统的垂直结构最为典型，具有明显的成层现象。在地上部分，自上而下有乔木层、灌木层、草本植物层和苔藓地衣层。水平分布构成生态系统的水平结构。由于光照、土壤、水分、地形等生态因子的不均匀及生物间生物学特性的差异，各种生物在水平方向上呈镶嵌分布。如森林生态系统中，森林边缘与森林内部分布着明显不同的动植物种类。

② 时间结构。群落的**时间结构**是指群落的组成和外貌随时间而发生有规律的变化。群落物种组成的昼夜变化是明显的。白天在开阔地有各种蝶类、蜂类和蝇类活动，而一到晚上，便只能看到夜蛾类和螟蛾类昆虫了。白天在森林里可以见到很多种鸟类，但猫头鹰和夜鹰只能在夜里见到。群落的季节变化也很明显。在温带地区，草原和森林的外貌在春、夏、秋、冬有很大不同，这就是群落的季节性。群落的季节性也取决于植物与传粉动物之间的协同进化。植物的开花时间是在各种植物争夺传粉动物的自然选择压力下形成的。

(2) 生态系统的营养结构

生态系统的营养结构是生态系统的各组成成分以营养为纽带，通过营养联系构成的，生产者向消费者和分解者分别提供营养，消费者也可向分解者提供营养，分解者分解生物残体把营养物质输送给环境，由环境再供给生产者吸收利用。它是生态系统中能量流动和物质循环的基础。不同生态系统组成成分不同，其营养结构的具体表现形式也不尽相同。

① 食物链。生态系统中，由食物关系把多种生物连接起来，一种生物以另一种生物为食，第三种生物再以另一种生物为食……彼此形成一个由食物连接起来的链锁关系，称为**食物链**。由于受能量传递效率的限制，食物链的长度不可能太长，一般食物链都是由4～5个环节构成的。例如浮游植物→浮游动物→小鱼→大鱼，树叶→蚜虫→瓢虫→食虫鸟→猛禽等食物链。中国有句古话，“螳螂捕蝉，黄雀在后”，从生态学角度来看，实际上就是一条食物链，即树（汁）→蝉→螳螂→黄雀。

任何生态系统中都存在着两类最主要的食物链，即**捕食食物链**和**碎屑食物链**。前者是以活的动植物为起点的食物链，后者是以死的生物或腐朽的碎屑为起点的食物链。

a. 捕食食物链。直接以生产者为基础，继之以食草动物和食肉动物，能量沿着太阳→生产者→食草动物→食肉动物的途径流动。例如：

在草原上：青草→野兔→狐→狼。

在湖泊中：藻类→甲壳类→小鱼→大鱼。

b. 碎屑食物链。以碎屑为基础，高等植物的枯枝落叶被分解者利用，分解成碎屑，然后再被多种动物所食。其构成为：枯枝落叶→分解者或碎屑→食碎屑动物→小型食肉动物→大型食肉动物。

除了以上两种食物链外，还有**寄生性食物链**，由一些寄生性生物构成的。它们是与其“捕获物”建立起一种紧密的联系，长期地以“捕获物”为生。例如：动物肠内的绦虫，寄生在动物体外的蜱、虱、七鳃鳗，一些植物如菟丝子、槲寄生等。

② 食物网。生态系统中生物之间实际的营养关系并不像食物链所表达的那么简单，而是存在着错综复杂的联系。许多食物链彼此交错连接，形成一个网状结构，这就是**食物网**。

食物网的复杂程度与生态系统的稳定性直接相关。生态系统中的食物网越复杂，生态系统抵抗外力干扰的能力就越强；反之，生态系统的食物网越简单，生态系统就越容易发生波动和毁灭。

③ 营养级。食物链上的各个环节叫**营养级**。在生态系统中，生产者为第一营养级，初级消费者为第二营养级，次级消费者为第三营养级……依此类推。

各营养级上的生物一般不只一种，凡在同一层次上的生物都属于同一营养级。并且，由于食物链关系复杂，同一种生物也可能隶属于不同的营养级。

通常一个食物链由4～5个营养级组成，最多不超过6级。因为能量沿食物链流动时不断流失；食物链越长，最后营养级位所获得的能量也越少。低位营养级的能量仅有10%（水生系统）被上一个营养级利用。不同生态系统的能量转化效率差别很大，森林约为5%，草地是25%左右，浮游生物占优势的群落可达50%。在数量上，第一营养级就必须大大超过第二营养级，逐渐递减，就造成了生物数目金字塔、生物量金字塔、生产率金字塔。

2.2.6 生态系统的功能

地球上生命的存在与发展完全依赖于生态系统的能量流动、物质循环和信息传递，三者不可分割，紧密结合为一个整体，成为生态系统的动力中心。能量流动、物质循环和信息传递是一切生命活动的齿轮，也是生态系统的三大基本功能。因为生态系统功能的实现主要是通过食物链（网）和营养级来实现的。

(1) 能量流动

能量是生态系统的动力基础，一切生命活动过程中都存在着能量的流动和转化。生态系统中全部生命活动所需要的能量都直接或间接地来自太阳，并在流动过程中服从热力学第一定律和第二定律，因为热力学就是能量形式变换规律的科学。

热力学第一定律指出：能量可由一种形式转变为另一种形式，在转换过程中不会消失，也不会增加，即能量守恒。**热力学第二定律**指出：能量总是沿着从集中到分散、从能量高到能量低的方向传递，在传递过程中总会有一部分成为无用的而散失到环境中。

能量在生态系统中的流动是从绿色植物开始，通过食物链的营养级逐级向前传递的，最后以做功或散热的形式消散。在光合作用过程中，绿色植物吸收二氧化碳和水，合成碳水化合物，同时把吸收的太阳光能以化学能形式固定储存在碳水化合物分子的化学键上。这种化学储存能，再通过食物链，于传递营养物质的同时，依次传递给食草动物和食肉动物。动植物残体被分解者分解时，又把能量传给了分解者。分解者把复杂的有机物分解成简单的无机物，归还给土壤。无机物中已不再储存有化学能，因此这里已不再有能量的传递。生产者、消费者和分解者的呼吸作用都会消耗一部分能量，消耗的能量散失到环境中去。这就是能量在生态系统中的流动。

低位营养级生物是高位营养级生物的营养与能量的供应者。第一营养级生物（生产者）获得的能量，在自身的呼吸和代谢过程中要消耗很大一部分，余下的作为生物量积累，而后者又不能全部被第二营养级生物（食草动物）所利用。因此，在数量上第一营养级必然大大超过第二营养级，第二营养级必然大大超过第三营养级……依此类推。生物量和能量的转移情况亦与此相似。美国生态学家林德曼提出，同一条食物链上各营养级之间能量的转化效率平均大约为10%，这就是所谓“十分之一定律”，也叫“能量利用的百分之十定律”。倘若以第一营养级为基底，逐营养级向上描绘直至最高营养级，用图形表示就会形成一个金字塔形状，即所谓的“生态金字塔”。根据表示方法，生态金字塔分为三种类型，即数量金字塔、生物量金字塔和能量金字塔。数量金字塔以单位面积上各营养级的个体数量表示，生物量金字塔以单位面积上各营养级的总生物量或重量表示，能量金字塔以各营养级的能量来表示。

一般说来，能量金字塔最能保持金字塔形，而生物量金字塔有时有倒置的情况。例如，海洋生态系统中，生产者（浮游植物）的个体很小，生活史很短，根据某一时刻调查的生物量，常低于浮游动物的生物量。这样，生物量金字塔就倒置过来。当然，这并不是说流过的能量在生产者的环节要比消费者的环节低，而是由于浮游植物个体小，代谢快，生命短，某一时刻的现存量反而比浮游动物少，但一年中的总能流量还是较浮游动物多。数量金字塔倒置的情况就更多一些，如果消费者个体小而生产者个体大，如昆虫与树木，昆虫的个体数量就多于树木。同样，对于寄生者来说，寄生者的数量也往往多于宿主，这样，就会使数量金字塔的这些环节倒置过来。

(2) 物质循环

生态系统中物质循环在不断地进行着。碳、氢、氧、氮、磷、硫是构成有机体的主要元素，因而这些物质的循环是生态系统的基本物质循环。另外，还有几十种微量元素也是生命活动必不可少的。各元素（物质）在生态系统中也构成了各自的循环，与环境污染密切相关的主要有水、碳、氮、硫、磷和有毒有害物质的循环。

物质循环包括三种类型：**水循环、气体型循环**和**沉积型循环**。气体型循环是循环的物质常以气态形式参与循环过程，如氧、二氧化碳、氮等，主要储库是大气和海洋，该循环把大气和水紧密地联结起来，具有明显的全球性循环特点。沉积型循环主要是经过岩石的风化作用和沉积物的分解作用，将储库中的物质转变成生态系统中生物成分可以利用的营养物质，这种转变过程是相当缓慢的，可能在较长时间内不参与各储库之间的循环。沉积型循环的主要储库与岩石、土壤和水相联系，如磷循环、硫循环。

① 水循环。在生态系统中，水是所有营养物质的介质，也是良好的溶剂，是地质变化的动因之一。地球上的水以液态、固态和气态三种状态存在，主要分布于海洋、冰川、地下水、内陆湖泊、大气五大水“库”中。海洋持水量（咸水）约占水量的97%，余下的3%是淡水，其中3/4以固体状态固着在两极冰盖和冰川中，只有余下不到1%的水，才是供人类使用的液态淡水。全世界淡水资源总量并不缺乏。但是降水量在空间和时间上分布不均匀，造成有些地区或某些时间仍然严重缺水。我国水资源分布也很不平衡，南方水资源较丰富，北方水资源不足，西北内陆荒漠盆地，水资源更贫乏。

生态系统的水循环简言之就是降水与地表蒸发作用的往复运动。地球上的水循环通过三条主要途径完成，即**降水**、**蒸发**和**水蒸气输送**。

水循环的动力是太阳辐射。水循环主要是在地表水的蒸发与大气降水之间进行的。海洋、湖泊、河流等地表水通过蒸发，进入大气；植物吸收到体内的大部分水分通过蒸腾作用，也进入大气。大气中的水分遇冷，形成雨、雪、冰雹，重新返回地面，一部分直接落入海洋、河流和湖泊等水域中，另一部分落到陆地表面，渗入地下，形成地下水，供植物根系吸收，未渗入地下的在地表形成径流，流入河流、湖泊和海洋。水循环如图2-2所示。

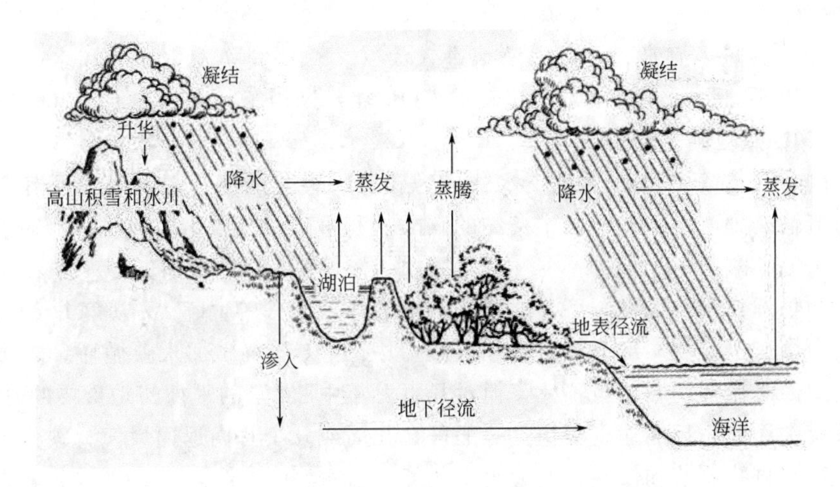

图 2-2　水循环示意图

生态系统的水循环只是全球水循环的很小部分，但是由于它和人类的紧密联系而显得更为重要。人类的活动深刻地改变了生态系统的水循环。同时水循环也对人类的生活产生了极大的影响。当大气中的水分以降水的形式落到地面后，一部分渗入地下，一部分成为地表径流，还有一部分为地表植被所截取。在降水不多的地区，植物截取的水分有时非常可观。例如：降水偏多的季节，大量的植被可以减少地表径流水量，避免或减少洪涝的灾害。而降水减少的季节，植被又可以保持土壤的湿润。

② 碳循环。碳是构成有机体的必需元素，约占生物体干重的 49%。碳主要以 CO_2、碳酸盐和有机化合物的形式存在。碳循环过程包括生物的同化和异化过程、大气和海洋间的 CO_2 交换、碳酸盐的沉淀作用，见图 2-3。

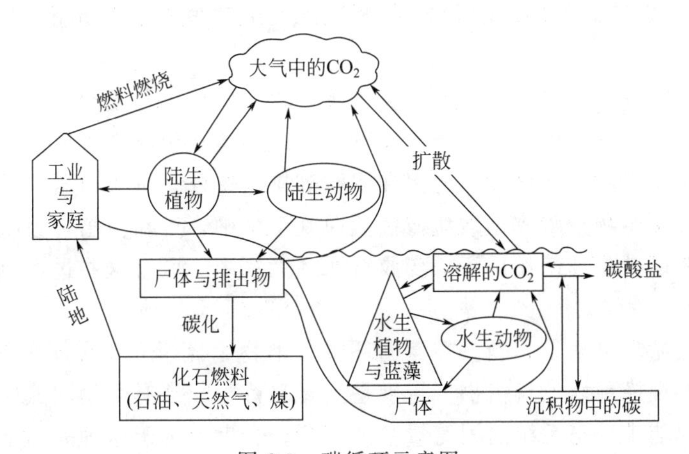

图 2-3　碳循环示意图

碳在无机环境与生物群落间以 CO_2 的形式进行循环。大气中的 CO_2 进入生物群落，主要依赖于绿色植物的光合作用，使 CO_2 中的“C”变成有机物中的“C”，再通过食物链进入动物和其他生物体中，可见绿色植物是生态系统的基石。此外，化能合成作用的微生物也能把 CO_2 合成为有机物，然后通过生物呼吸作用和细菌分解动植物残体又从有机物质转换为 CO_2 而进入大气。还有一部分生物遗体没有被分解者分解，被沉积物所掩埋而成为有机沉积物，最终转变为化石燃料，这部分“C”暂时脱离循环，一经开采运到地面燃烧，仍可

产生 CO_2 再返回碳循环。

CO_2 可由大气进入海水，也可由海水进入大气。这种交换发生在气和水的界面处，随风和波浪的作用而加强。这两个方向流动的 CO_2 量大致相等，大气中 CO_2 量增多或减少，海洋吸收的 CO_2 量也随之增多或减少。

大气中的 CO_2 溶解在雨水和地下水中成为碳酸，碳酸能把石灰岩变为可溶态的重碳酸盐，并被河流输送到海洋中，海水中接纳的碳酸盐和重碳酸盐含量饱和时，新输入多少碳酸盐，便有等量的碳酸盐沉积下来。通过不同的成岩过程，又形成石灰岩、白云石和碳质页岩。在化学和物理作用（风化）下，这些岩石被破坏，所含的“C”又以 CO_2 的形式释放入大气中。火山爆发也可使一部分有机碳和碳酸盐中的“C”再次加入碳循环。碳质岩石的破坏，在短时期内对循环的影响虽不大，但对几百万年中“C”的平衡却是重要的。

生态系统中，碳循环的速度很快，一般可在几周或几个月内返回大气。碳在生态系统中的含量能够得到自我调节和恢复，使大气中的 CO_2 含量相对稳定在 0.03%。全球的植被和海洋是大气中 CO_2 的重要调节器。大气中 CO_2 浓度增加时，会有更多气体溶于海水；相反，大气中 CO_2 减少，海水中 CO_2 又返回大气。然而由于人类活动大量排放 CO_2，森林植被的严重破坏和减少，大气中 CO_2 浓度正逐步提高，并产生“温室效应”。

③ 氮循环。氮是生物的必需元素，是各种蛋白质和核酸的构成元素之一。虽然大气中 78%（体积分数）为分子态氮，但绝大多数生物无法直接利用。氮只有从游离态氮变为含氮化合物，才能成为生物的营养物质。

氮循环主要在大气、生物、土壤和海洋之间进行。大气中的氮进入生物有机体，主要有四种途径：一是生物固氮，一些与豆科植物共生的根瘤菌和蓝藻、褐藻等可以把空气中的氮转变为硝态氮，供植物利用；二是工业固氮，如化肥厂，用高温、高压和化学催化的方法，将氮转化成氨；三是雷电等高能固氮，把大气中的氮氧化成硝酸盐及其他含氮的氧化物，再由降水带入土壤，参与氮循环；四是岩浆固氮，火山喷发时，喷出的岩浆可以固定一部分氮。

植物从土壤中吸收铵盐或硝酸盐等含氮离子，在植物体内与复杂的含碳分子结合成各种氨基酸和核酸，氨基酸进而构成蛋白质。动物直接或间接从植物中摄取蛋白质，并在新陈代谢过程中将一部分蛋白质分解成氨、尿素和尿酸等排出体外，进入土壤。动植物死后，体内的蛋白质和核酸被微生物分解成硝酸盐或铵盐回到土壤中，重新被植物吸收利用。土壤中的一部分硝酸盐，在反硝化细菌作用下，变成氮回到大气中。所有这些过程总合起来构成氮循环（图 2-4）。

人类活动使氮循环出现了问题。在氮循环中，生物固氮量和工业固氮量已占很大比例。生物固氮主要是大规模种植豆科植物（特别是大豆和苜蓿）等有生物固氮能力的作物。工业固氮总量已与全部陆生生态系统的固氮量基本相等。全世界由于这种人为干扰，使氮循环的平衡被破坏，每年被固定的氮超过了返回大气的氮。大量的化合态氮进入江河、湖泊和海洋，使水体出现富营养化，使藻类和其他浮游生物极度增殖，鱼类等难以生存，这种现象在淡水中称为**水华**，在海洋中称为**赤潮**。另外，大气中被固定的氮，不能以相应数量的分子氮返回大气，却形成部分氮氧化物进入大气，是造成现在大气污染的主要原因之一。

④ 硫循环。硫是生物体构成氨基酸和蛋白质的基本成分，对蛋白质的构型起着重要作用。硫循环兼有气相循环和固相循环的双重特征。SO_2 和 H_2S 是硫循环中的重要组成部分，属气相循环；硫酸盐被长期束缚在无机沉积物中，释放速度十分缓慢，属于固相循环。

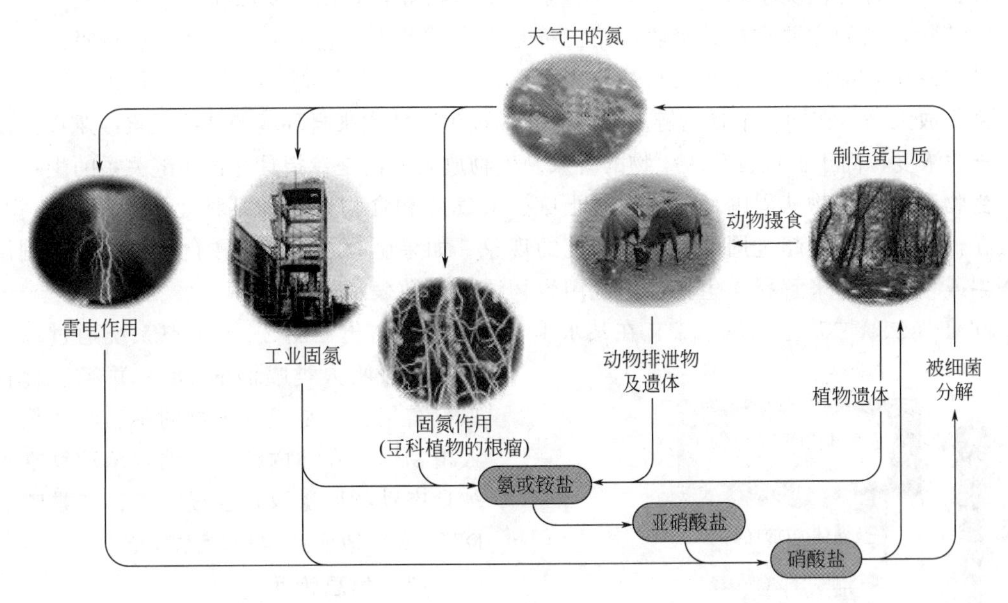

图 2-4　氮循环示意图

大气中的硫主要以 SO_2 和 H_2S 形式存在，产生于化石燃料的燃烧和火山喷发及细菌对有机物的还原分解。大气中的 SO_2 和 H_2S 很快氧化成亚硫酸盐和硫酸盐，被雨水带回土壤。土壤中的硫酸盐一部分被淋溶掉或被微生物还原供植物吸收利用，另一部分则沉积在海底，形成岩石。

人类对硫循环的干扰，主要是化石燃料的燃烧向大气排放大量的 SO_2，与雨水结合并氧化形成硫酸，造成酸雨危害。

⑤ 磷循环。磷是核酸、细胞膜、骨骼的主要成分，没有磷就没有生命，也就不会有生态系统中的能量流动。磷循环源于岩石的风化，终于水中的沉积。岩石经土壤风化释放的磷酸盐和农田中施用的磷肥，被植物吸收进入植物体内，沿食物链传递，并以粪便、残体或直接以枯枝落叶、秸秆归还土壤。含磷有机化合物经土壤微生物的分解，转变为可溶性的磷酸盐，可再次供给植物吸收利用，这是磷的生物小循环。大部分磷脱离生物小循环进入地质大循环。岩石和土壤中的磷酸盐由于风化和淋溶作用进入河流，然后输入海洋并沉积于海底，直到地质活动使它们暴露于水面，再次参加循环。这一循环需若干万年才能完成。

磷主要来源于磷酸盐岩石和沉积物、鸟粪、动物骨骼等。

磷在生物体中含量少，但绝不可缺少。而磷的难溶性，往往是植物生产力的主要限制因素。如果适当增加土壤中可利用的磷肥，大多数陆地生态系统的生产力便可能明显增加。

人类对磷循环的干扰主要是开采磷矿石，制造和使用磷肥、农药和洗涤剂，以及排放含磷的工业废水和生活污水，这些都对自然界中磷循环的发生产生影响。一旦江河、湖泊中磷含量提高，会引起藻类暴长，出现“富营养化”现象。

⑥ 有毒有害物质循环。它指对有机体有毒有害的物质进入生态系统后，沿着食物链在生物体内富集或被分解的过程。

生物富集作用又叫**生物浓缩**，是指生物体通过对环境中某些元素或难以分解的化合物的积累，使这些物质在生物体内的浓度超过环境中浓度的现象。生物体吸收环境中物质的情况有三种：第一种是藻类植物、原生动物和多种微生物等，它们主要靠体表直接吸收；第二种是高等植物，它们主要靠根系吸收；第三种是大多数动物，它们主要靠吞食进行吸收。在上述三种情况中，前两种属于直接从环境中摄取，后一种则需要通过食物链进行摄取。

生物放大是指在同一个食物链上，高位营养级生物体内来自环境的某些元素或难以分解的化合物的浓度，高于低位营养级生物的现象。生物放大一词是专指具有食物链关系的生物。

生物积累是生物从周围环境（水、土壤、大气）和食物链蓄积某种元素或难降解物质，使其在机体中的浓度超过周围环境中浓度的现象。如果生物之间不存在食物链关系，则用生物积累或生物浓缩来解释。生物积累也用生物浓缩系数表示。

DDT（二氯二苯基三氯乙烷）在某水生食物链中的富集见图 2-5。生态系统通过以下两个途径吸收人类喷洒的 DDT 并经过食物链加以富集：一是经过植物的茎、叶及根系进入植物体，在体内积累，被食草动物吃掉再被食肉动物所摄取，逐级浓缩；二是喷洒的 DDT 落入地面或水面，逐级浓缩。

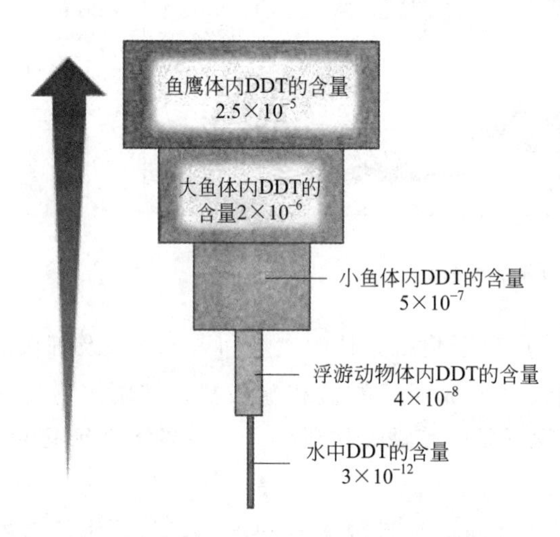

图 2-5　DDT 在某水生食物链中的富集

(3) 信息传递

信息传递是指生态系统中各生命成分之间及生命成分与环境之间的信息流动与反馈过程。信息传递过程可发生在生物种群与种群之间、种群内部个体与个体之间，及生物与环境之间。通过信息传递，使得相互联系的生物构成一个生态系统整体，并具有调节系统稳定性的作用。信息流既决定着能量流和物质流，同时，信息也寓于能量流与物质流之中。

信息传递的特点：**有来有往、双向传递**。

信息传递的方式（种类）主要有营养信息、化学信息、物理信息以及行为信息。

① 营养信息。通过营养交换把信息从一个种群传递到另一个种群，或从一个个体传递到另一个个体。食物链（网）即是一个营养信息系统，前一个营养级的生物数量反映出后一个营养级的生物数量。例如：

a. 在三叶草→牛饲料→野蜂→田鼠→猫的食物链中，通过猫的数量可判定牛饲料的丰富与否。

b. 北极兔和北极狐的营养信息。据科学家观察，生活在北极地区的北极狐是以北极兔为食的。北极狐一胎可以怀单胎，也可以怀双胎。而这是取决于北极兔的多少。北极兔的数量多，则北极狐怀双胎；数量少则怀单胎。这对于维持生态系统的平衡是至关重要的。这是生态系统中某些类似物理、化学等信息在起作用。

② 化学信息。生物分解出某些特殊的化学物质，这些分泌物在生物的个体或种群之间起着各种信息传递作用。蚂蚁爬行留下的化学痕迹吸引同类跟随；当七星瓢虫捕食蚜虫时，被捕食的蚜虫会立即释放警报信息素，于是周围的蚜虫纷纷跌落。昆虫学家发现，一只雄飞蛾能够接收到数公里外雌飞蛾发出的性激素信号，从而赶去相会。

③ 物理信息。鸟鸣、兽吼、颜色、光等构成了生态系统的物理信息。例如：虫叫、兽

吼通过声音传递安全、惊惶、恐吓、警告、求偶、觅食等信息；以浮游藻类为食的鱼类，根据光线获得食物的信息；候鸟、信鸽以磁力线导航等。

④ 行为信息。有些动物可以通过自己的各种行为方式向同伴发出识别、威吓、求偶和挑战等信息。如丹顶鹤求偶，雌雄双双起舞。

(4) 生物生产

生态系统最显著的特征之一是生产力，生产者为地球上一切的异养生物提供营养物质，它们是全球生物资源的营造者。而异养生物对初级生产的物质进行取食加工和再生产而形成次级生产。初级生产和次级生产为人类提供几乎全部的食品和工农业生产的原料。

初级生产又称植物性生产，是生产者把太阳能转变为化学能的过程。初级生产把简单的无机物转化为复杂的有机物，是有机物数量（生物量）的积累过程。总初级生产量包括：净初级生产量和自身呼吸作用（内源呼吸）过程中的消耗量。

次级生产是指消费者和分解者利用初级生产物质进行同化作用建造自身和繁衍后代的过程，次级生产形成的有机物叫作次级生产量。被食草动物摄食利用的初级生产量（少部分）称为消耗量，其中大部分被消化吸收（同化量），剩余部分未被消化吸收称为粪尿量。同化量中一部分形成活的有机体（用于生长繁殖），另一部分用于内源呼吸被消耗掉（耗散掉）。

生态系统为人类提供几乎全部的食品、工农业生产的原料。据统计，已知约有8万种植物可食用，而人类历史上仅使用了7000种植物。生态系统中许多植物是重要的药物来源。

2.3 生态平衡

2.3.1 生态平衡的概念及特点

生态平衡是指在一定时间内生态系统中的生物和环境之间、生物各个种群之间，通过能量流动、物质循环和信息传递，使它们相互之间达到高度适应、协调和统一的状态。

生态平衡是动态平衡，而不是静态平衡。生态系统的各组成成分都在按一定的规律运动着、变化着，系统中能量在不断地流动，物质在不断地运转，整个系统时刻处于动态之中。动态平衡是生态系统的一个基本特征。

生态平衡是相对的平衡。任何生态系统都不是孤立的，都会与外界发生直接或间接的联系，会经常遭到外界的干扰。尤其是近代人口大量增加，科学技术水平不断提高，人类对自然界的干预程度和范围越来越大，生态系统都在不断地受到人类的干扰和破坏。因此，生态系统的平衡是相对的，不平衡是绝对的。

2.3.2 生态平衡的调节机制

生态系统之所以能保持相对的动态的平衡状态，是因为生态系统本身具有自动调节能力，即生态系统的某一部分出现了机能异常时，就可能被其他部分的调节所抵消。生态系统的组成成分越多样，能量流动和物质循环的途径越复杂，其调节能力也越强。生态系统调节能力（自维持、自修复、自组织）的影响因素主要包括结构的多样性和功能的完整性。

(1) 结构的多样性

一般来说，生态系统的组成与结构越复杂，自动调节能力就越强；组成与结构越简单，自动调节能力就越弱。例如一个草原生态系统，若只有青草、野兔和狼构成的简单食物链，那么一旦由于某种原因野兔数量减少，狼就会因食物减少而减少，如果野兔消失，则狼也就随着消失，这个生态系统就可能崩溃。若系统中食草动物不仅仅有野兔，还有山羊和鹿，那么当野兔减少时狼可以去捕食山羊或鹿，系统还能继续维持相对平衡的状态。由此可见，生态系统自动调节能力的大小与其组成和结构的复杂程度密切相关。

(2) 功能的完整性

功能的完整性是指生态系统的能量流动和物质循环在生物控制下得到合理的运转。运转越合理，自动调节能力就越强。例如一个淡水生态系统中排入了大量的酚，如该系统生长着许多对酚有很强降解能力的水葱和微生物，酚就会很快被消除，系统的平衡便不会遭到破坏；如果该系统不具有这些能降解酚的生物，其他自然净化因素又很弱，则该系统的平衡就会失调或遭到破坏。

生态系统平衡的调节方式是反馈。所谓**反馈**，就是指系统的输出能转变成决定系统未来功能的输入。一个系统，如果其状态能决定输入，就表明它有反馈机制存在。反馈分为**正反馈**和**负反馈**。

① 正反馈。系统中某一成分的变化所引起的其他一系列变化，反过来加速最初发生变化的成分所发生的变化，使生态系统远离平衡状态或稳态。例如湖泊污染，导致鱼的数量因死亡而减少，由于鱼体腐烂，加重湖泊污染并引起更多鱼类的死亡。

② 负反馈。系统中某一成分的变化所引起的其他一系列变化，结果是抑制或减弱最初发生变化的那种成分的变化，使生态系统达到或保持平衡状态或稳态。在生态系统中，负反馈机制对系统起着有效的调节作用。例如在森林生态系统中，如果由于某种原因森林害虫大规模发生，这在一般情况下不会使森林生态系统遭到毁灭性破坏，因为当害虫大发生时，以这种害虫为食的鸟类就会因获得更多的食物而大量繁衍，鸟类增多则其捕食害虫的数量增多，加上其他负反馈作用从而抑制住害虫的大发生。

但是，生态系统的自动调节能力是有限的，当外部冲击或内部变化超过了某个限度时，生态系统的平衡就可能遭到破坏，这个限度称为**生态阈值**。生态阈值的大小取决于生态系统的成熟程度。生态系统越成熟，它的种类组成越多，营养结构越复杂，稳定性越大，对外界的压力或冲击的抵抗能力也越大，即生态阈值高；相反，一个简单的人工生态系统，则生态阈值低。

只有掌握各个生态系统的生态阈值，合理利用负反馈原理来管理生态系统，才能使自然资源被充分合理地利用。

2.3.3 生态平衡的破坏因素

生态平衡的破坏主要表现为：水土流失；沙漠化、荒漠化；森林锐减；草场退化、土地退化；湖泊富营养化；生物多样性减少。生态平衡的破坏因素分自然因素和人为因素。由自然因素引起的生态平衡破坏称为**第一环境问题**。由人为因素引起的生态平衡破坏称为**第二环境问题**。人为因素是造成生态平衡破坏的主要原因，往往出自人类过分地向自然索取，或对生态系统的复杂机理知之甚少而贸然采取行动。

(1) 自然因素

自然因素主要是指自然界发生的异常变化或自然界本来就存在的对人类和生物有害的因素，如火山爆发、山崩海啸、水旱灾害、地震、台风、流行病等自然灾害。

(2）人为因素

人为因素主要指人类对自然资源的不合理利用、工农业发展带来的环境污染等。主要有三种：

① 物种变化引起生态平衡的破坏。在生态系统中，盲目增加或减少一个物种，有可能使生态平衡遭受破坏。例如在20世纪50年代曾大量捕杀麻雀，致使一些地区虫害严重。究其原因，就是由于害虫的天敌麻雀被捕杀，害虫失去了自然抑制因素。

② 环境因素改变引起生态平衡破坏。一方面人类的生产活动和生活活动产生大量的“三废”，不断排放到环境中，使环境质量恶化，产生近期或远期效应，使生态平衡失调或破坏。另一方面是人类对自然资源不合理的利用，如盲目开荒、滥砍森林、水面过围、草原超载等。

③ 信息系统的破坏引起生态平衡破坏。生物与生物之间彼此靠信息联系，才能保持其集群性和正常的繁衍。人为向环境中施放某种物质，干扰或破坏了生物间的信息联系，就有可能使生态平衡失调或遭受破坏。例如自然界中有许多雌性昆虫靠分泌释放性外激素引诱同种雄性成虫前来交尾，如果人们向大气中排放的污染物能与之发生化学反应，则性外激素就失去了引诱雄性成虫的生理活性，结果势必影响昆虫交尾和繁殖，最后导致种群数量下降甚至消失。

2.3.4 生态平衡失调的标志

生态系统的平衡是相对的，不平衡是绝对的。掌握生态平衡失调的标志，对于防止生态平衡的严重失调、恢复和再建新的生态平衡，都具有重要的意义。生态平衡失调的标志主要有以下两方面：

(1）结构上的标志

生态平衡失调首先表现在结构上。一方面是结构缺损，即生态系统的某一个组成成分消失。如顶级消费者鹰、狼种群濒危时，导致鼠群爆发，造成生产者草的减少甚至消失，于是草原生态系统崩溃而荒漠化。另一方面是结构变化，即生态系统的组成成分内部发生了变化。如过度放牧造成草原退化、过度采伐使森林退化、过度捕捞使水域生态系统退化等。

(2）功能上的标志

一方面能量流动受阻，表现为生产者的生产力下降和能量转化效率降低或“无效能”的增加。如重金属污染抑制藻类的某些生理功能，导致藻类光合作用下降；热污染因增温，使该区域蓝藻、绿藻种类和数量增加，但鱼类因高温而回避或死亡，使该区域的鱼产量减少。

另一方面是物质循环的中断，表现为输入和输出比例的失调。如某些污染物排入系统后，未能有效地从系统输出而积累在系统中，这些积累物质危害系统的结构和功能，重金属污染就是典型的例子。

2.3.5 生态平衡的恢复与重建

在人类活动参与下，一个生态系统由于自然因素或人为因素从初始的平衡状态变成平衡失调状态以后，其发展趋势和结果因管理对策不同有四种。

第一种是**恢复**，即恢复到系统原来的状态。例如封山育林可以使山中植被得到自然恢复。又如在干旱草原地区，草原开垦成农田，经过几年种植后，在撂荒恢复阶段如果能提前播种羊草，就能大大加快恢复演替。

第二种是**重建**。通过重建，可以增加人类所期望的“人造”特点，减少人类不希望的自然特点，使生态系统进一步远离它的初始状态。例如将一些沿海滩涂改造成人工养殖场，既开发利用了滩涂资源，获得了一定的经济效益，又改善了生态环境。

第三种是**改建**，是将恢复与重建措施有机结合起来，重新获得一个既包括原有特性，又包括对人类有益的新特性的状态。

第四种是**恶化**，是人们不希望出现的、与恢复方向相反的一种结果。例如许多山区由于缺少生活能源，上山砍树，树砍光了就搂草皮，导致生态环境不断恶化。

生态系统平衡失调或遭到破坏以后，通过人类的恢复、重建和改建可以重新达到平衡状态。但是，人类的这些有目的、有计划的行动和措施必须符合生态规律，从生态系统的观点出发，否则将事与愿违。

2.4 生态学在环境保护中的应用

2.4.1 利用生态系统的整体观念

人类活动对环境的影响要从时间和空间上全盘考虑，统筹兼顾：不仅要考虑现在，还要考虑将来；不仅要考虑本地区，还要考虑有关的其他地区。如建设项目环境影响评价，通过利用生态系统的整体观念，充分考察各项活动对环境可能产生的影响，并决定对该活动应采取的对策，以防患于未然。

2.4.2 利用生态系统的调节能力

当生态系统内一部分出现了问题或发生机能异常时，能够通过其余部分的调节而得到解决或恢复正常。生态系统的结构越复杂，调节能力就越强。

例如土地处理系统（污水灌溉）：污水经过一定程度的预处理，然后有控制地放流到土地上，利用土壤-微生物-植物生态系统的自净功能和自我调控机制，通过一系列物理、化学和生物化学等过程，使污水达到预定处理效果，并对污水中的氮、磷等资源加以利用，使其成为植物自身营养成分。一般土壤及其中微生物和植物根系对污染物的综合净化能力，可以被用来处理城市污水和一些工业废水。

2.4.3 解决近代城市中的环境问题

城市存在众多的问题，目前每个城市的居民都普遍感到住房、交通、能源、资源、污染、人口方面的尖锐矛盾。因此，人们为了保护环境和减少污染，提出编制生态规划、进行城市生态系统研究。

(1) 编制生态规划（环境规划）

生态规划是按生态学原理，对某一地区的社会、经济、技术和环境制定的综合规划。目的在于科学地利用资源，促进生态系统的良性循环，使社会经济持续发展。

编制国家或地区的发展规划时，不能单纯考虑经济因素，而是要把它与地球物理因素、生态因素和社会因素等紧密结合在一起进行考虑，使国家和地区的发展能顺应环境条件，不致使当地的生态平衡遭受重大破坏。

(2) 进行城市生态系统研究

把城市作为一个特殊的、人工的生态系统进行研究。城市生态系统是人工生态系统（人工控制），是以人为主体的不完全的生态系统（生产者数量少），是高度开放的系统，有大量、高速的输入输出流，能量、物质、信息高度浓集、高速转化。如果在城市的建设和发展过程中，不能按照生态学规律发展，就很可能会破坏其他生态系统的生态平衡，并且最终会影响到城市自身的生存和发展。

2.4.4 综合利用资源和能源

工农业生产大多是单一的过程，片面强调单纯的产品最优化问题，导致环境的严重污染与破坏。运用生态系统的物质循环原理，建立闭路循环以实现资源和能源的综合利用，杜绝浪费与无谓的损耗。

生态工程是近年来新兴的一门着眼于生态系统持续发展能力的整合工程，我国著名生态学家马世骏将生态工程定义为“应用生态系统中物种共生与物质循环再生原理，结构与功能协调原则，结合系统最优化方法设计的分层多级利用物质的生产工艺系统”。生态工程的目标就是在促进自然界良性循环的前提下，充分发挥物质的生产潜能，防止环境污染，达到经济效益与生态效益同步发展。它可以是纵向的层次结构，也可以发展为几个纵向工艺连锁和横向联系而成的网状工程系统。生态农业和生态工业就是生态工程的典型代表。

2.4.5 在环境保护其他方面的应用

（1）阐明污染物质在环境中的迁移转化规律

随着生态系统的物质循环和食物链的复杂生态过程，污染物质不断迁移、转化、积累和富集。通过对污染物在生态系统中迁移和转化规律的研究，可以弄清污染物质对环境危害的范围、途径和程度。

（2）环境质量和生物监测、生物评价

生物监测也称生物学监测，是指利用生物对环境中污染物质的反应，即利用生物在各种污染环境下所发出的各种信息，来判断环境污染状况的一种手段。**生物评价**是指用生物学方法按一定标准对一定范围内的环境质量进行评定和预测。

生态指标与环境质量之间存在一定的关系，这是生物监测和生物评价的科学依据，常采用的方法有指示生物法、生物指数法和种类多样性指数法等。

一般仪器监测不能连续监测，监测结果不能反映综合污染情况。而生物长时间生活在环境中，经受环境中各种物质的影响和侵害，因此生物监测不仅反映环境中各种物质的综合影响，而且也能反映环境污染的历史状况。生物监测可以弥补仪器监测的不足。

（3）为环境标准的制定提供依据

环境标准是环境保护主管部门的执法依据，必须以环境容量为主要依据。

【阅读材料】 澳大利亚的“人兔百年战争”

20世纪，澳大利亚人“谈兔色变”，陷入了一场与兔子的百年战争之中，为什么在中国人畜无害的兔子，到了澳大利亚却变得臭名昭著了呢？

1859年，一个名叫奥斯汀的英国殖民者来到了澳大利亚，为了满足自己的狩猎爱好，带来了24只欧洲兔子，放养在了自己的农场里。然而，这位英格兰农场主不会想到的是，自己的这一举动竟然打开了潘多拉魔盒。

澳大利亚遍地青草、气候适宜，加上缺乏猛禽、黄鼠狼等兔子的天敌，兔子的繁殖速度惊人，以一只健康的母兔为例，它一年可以生下至少24只小兔，而这些小兔从出生到性成熟不过短短6个月的时间。这些逃出农场的兔子以每年130公里的迁徙速度向其他地方蔓延。到了20世纪初，澳大利亚的野兔数目就突破了令人恐怖的100亿只。

野兔贪婪地啃食青草，同时还到处挖洞筑巢，使澳大利亚植被遭到严重破坏，生态平衡逐渐被打破，澳大利亚水土保持能力急剧下降，水土流失、土地沙漠化日益加剧。澳大利亚原有的野生物种也因兔子的入侵消失了近30种，如鼠袋鼠在兔子泛滥的不到100年后，这一古老的澳大利亚土著已经于20世纪宣告灭绝。

澳大利亚的农业与畜牧业因为兔子遭受了重大损失。为了对付猖獗的兔子，澳大利亚政府曾无所不用其极。从时间上来看，澳大利亚人民与兔子进行的战争简直不亚于英法百年大战。一是重金悬赏捕杀，甚至动用军队参与灭兔，但猎杀的速度，完全赶不上兔子的繁殖速度。二是用鸡霍乱病菌消灭兔子，但遗憾的是，由于兔子在生理结构上与鸡不同，这种方法自然也没起到多大作用。三是大量引入兔子的天敌——狐狸。这种方法在一开始被证明是十分有效的，但狐狸在对付兔子的同时，也大量捕食澳大利亚本土其他动物，而且兔子行动迅速，狐狸竟然渐渐地放弃了捕食兔子，转而攻击一些小型袋鼠。为了不使这些珍稀的物种灭绝，人们不得不调转枪口去消灭狐狸。由此，这种引入天敌的方法也宣告了失败。四是修建一条纵贯澳大利亚的铁网护栏，阻止兔群侵袭西部肥沃的农业区域。但没过几年，因为自然环境的侵蚀，这几条铁网逐渐伤痕累累，再加上兔子超强的钻洞能力，很快这些费尽心血造出来的铁网护栏便在兔子们眼中形同虚设。

眼看着兔子就这样侵蚀着澳大利亚。直到20世纪50年代，饱受兔灾折磨的澳大利亚政府终于迎来了曙光。生物学家们从南美洲引进了黏液瘤病毒，这种病毒依靠蚊子进行传播，与之前的鸡霍乱病菌不同的是，它只对欧洲野兔具有致命性，对人和其他动物无害。黏液瘤病毒一经引进，便很快让澳大利亚政府看到了效果。1952年，澳大利亚的兔子有90%的种群被消灭。到了1990年的时候，兔子的数量被控制到6亿只。

这场给澳大利亚带去百年困扰的兔子灾难终于告一段落。不过，随着兔子体内抗体的产生，这种病毒对兔子的致死率已逐年下降，澳大利亚政府为此投入巨资，正在研制新型的生物方法，澳大利亚这场持续百年的“人兔大战”注定将持续下去。

近年来，“物种入侵”这个词越来越被人们所熟知，不论是横行澳大利亚的兔子，还是现在北美五大湖里令美国人苦恼不已的亚洲鲤鱼，抑或在中国河沟随处可见的水花生，都在向人类宣示着大自然生态平衡的脆弱性。

复习思考题

1. 什么是生态学？其研究的对象有哪些？
2. 生态系统有哪些功能？各功能之间的关系是怎样的？
3. 简述生态系统的调节机制。
4. 什么是生态平衡？影响和维持生态平衡的因素有哪些？
5. 简述生态学在环境保护中的应用。

第3章　水体污染及其控制技术

【导读】　2019年4月21日，受国务院委托，生态环境部部长向十三届全国人大常委会第十次会议作关于2018年度环境状况和环境保护目标完成情况报告。报告指出，全国地表水国控断面Ⅰ～Ⅲ类水体比例71%，劣Ⅴ类水体比例6.7%。地表水水质持续改善，主要指标同比向好。36个重点城市（直辖市、省会城市、计划单列市）黑臭水体治理对水环境质量改善效果明显，涉及的101个国控断面中，Ⅰ～Ⅲ类水体比例同比提高3个百分点，劣Ⅴ类水体比例同比降低4.9个百分点。重点流域水质稳中向好，部分流域有所波动。长江、黄河、珠江等十大流域Ⅰ～Ⅲ类水质断面比例同比提高2.5个百分点，劣Ⅴ类水质断面比例同比降低1.5个百分点。重点湖库水质有所好转，但水生态环境问题依然突出。总磷仍是重点湖库的首要污染物。巢湖、滇池累计水华面积同比增加。

【提要】　本章在介绍了全球和我国的水资源状况、水质指标和水质标准、水污染和水体自净的基础上，系统介绍了水体污染防治的基本途径和国内外污水处理的先进适用技术。

【要求】　了解水资源对人类的重要性、水资源在世界范围内的匮乏情况；掌握水体主要污染物的种类和危害、我国常用水质标准、水体污染的防治途径；重点掌握各种水污染控制技术，力求理论联系实际，培养分析问题和解决问题的能力。

3.1　水环境概述

3.1.1　水资源

水资源是指可利用或有可能被利用的水源，这个水源应具有足够的数量和合适的质量，并满足某一地方在一段时间内具体利用的需求。水资源主要指天然水资源，包括河流、湖泊水库、沼泽、海洋、地下水、积雪和冰川等水源。水资源按水质划分为淡水和咸水。随着科学技术的发展，可被人类所利用的淡水化技术增多，如海水淡化、人工催化降水、南极大陆冰的利用等。由于气候条件变化，各种水资源的时空分布不均，天然水资源量不等于可利用水量，往往通过修筑水库和地下水库来调蓄水源，或采用回收和处理工业和生活污水的办法，扩大水资源的利用。与其他自然资源不同，水资源是可再生的资源，可以重复多次使用，并出现年内和年际量的变化，具有一定的周期和规律，储存形式和运动过程受自然地理因素和人类活动所影响。

(1) 世界水资源概况

根据相关资料统计，地球上的总水量约为 $1.386\times10^9 km^3$，其中海洋储水约 $1.35\times10^9 km^3$，占总水量的 96.5%。在总水量中，含盐量不超过 0.1% 的淡水仅占 2.5%，而其中 68.7% 以冰川、冰帽的形式存在，很难被人类直接利用。与人类关系最密切，又较易开发利用的淡水仅占地球上总水量的 0.3%，而且这部分淡水在时空上的分布也很不均衡。目前，全世界有 1/6 的人口约 10 亿多人缺水。专家估计，到 2025 年世界缺水人口将超过 25 亿。

(2) 中国水资源概况

我国是一个缺水严重的国家。我国的淡水资源总量为 28000 亿立方米，占全球水资源的 6%，仅次于巴西、俄罗斯和加拿大，名列世界第四位。但是，我国的人均水资源量只有 2300 立方米，仅为世界平均水平的 1/4，是全球人均水资源最贫乏的国家之一。然而，我国又是世界上用水量最多的国家。仅 2002 年全国淡水取用量达到 5497 亿立方米，大约占世界年取用量的 13%。

(3) 中国水资源面临的主要问题

① 人均和亩均水量少，水资源严重短缺；

② 水资源污染、破坏严重；

③ 水资源的重复循环利用率偏低；

④ 水土流失严重，许多河流含沙量大；

⑤ 水资源时空分布不均匀，水土资源组合不平衡。

3.1.2 水循环

水循环是指地球上不同地方的水，在太阳能的推动下，通过形态的改变，不断地在地球的不同地方循环变化。例如地面的水分被太阳蒸发成为空气中的水蒸气。水在地球上的形态包括固态、液态和气态。而地球中的水多数存在于大气层、地面、地底、湖泊、河流及海洋中。水会通过一些物理作用，如蒸发、降水、渗透、表面流动和地底流动等，由一个地方移动到另一个地方。水循环可以分为自然循环和社会循环。

(1) 自然循环

在太阳能及其他自然力的作用下，通过降水、径流、渗流和蒸发等方式，构成水的自然循环（见图 2-2）。

(2) 社会循环

人类为了生活和生产，不断取用天然水体中的水，经过使用，一部分天然水被消耗，但绝大部分却变成生活污水和生产废水排放，重新进入天然水体。与水的自然循环不同，在水的社会循环中，水的性质在不断地发生变化。

(3) 水的自然循环与社会循环的关系

水的自然循环与社会循环的关系见图 3-1。

在过去的几个世纪里，人类已经有能力干预水的循环，在全球规模上影响环境。人类对水循环最重要的影响是对水的消耗性使用。人们从河流或含水层中抽取水用于工业、农业和生活。虽然其中一部分仍返回河流，但很多却被直接蒸发或被作物吸收，导致河水流量减少，从而人为地改变了水循环。

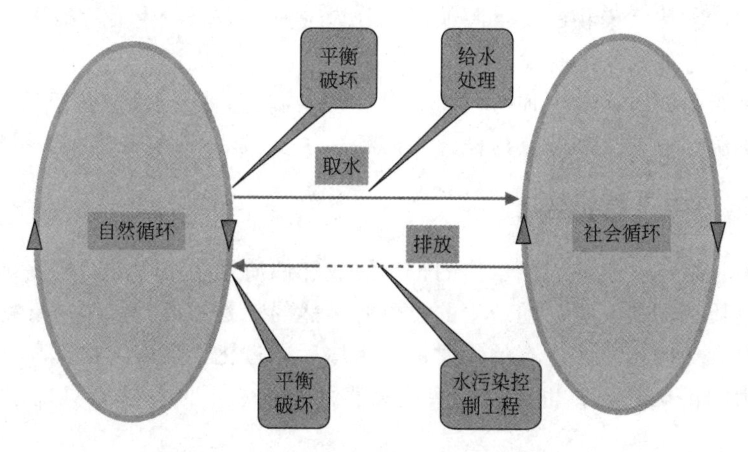

图 3-1 水的自然循环与社会循环的关系

3.2 水体污染与自净

3.2.1 水体

水体一般是指河流、湖泊、沼泽、水库、地下水、冰川、海洋等地球地面水与地下水的总称。环境学中水体指地球上的水及水中的悬浮物、溶解物质、底泥及水生生物等完整的生态系统或完整的综合自然体。

按水体所处的位置，可粗略地将其分为**地面水水体**、**地下水水体**和**海洋**三类。它们之间是可以相互转化的。在太阳能、地球表面热能的作用下，通过水的三态变化，水在不同水体之间不断地循环着。

地面水体与人们的生活和生产活动密切相关。地面水可按不同用途进行分类，如农田灌溉水、渔业用水、饮用水等。按照地面水的用途不同对水质有不同要求，同时制定了相应的水质标准，作为控制水质的依据。

3.2.2 水体污染

水体污染主要是指人类活动排放的污染物进入水体，引起水质下降、利用价值降低或丧失的现象。严格来说，造成水污染的原因有两类：一类是人为因素造成的，主要是工业排放的废水。此外，还包括生活污水、农田排水、降雨淋洗大气中的污染物以及堆积在大地上的垃圾经降雨淋洗流入水体的污染物等。另一类是自然因素造成的水体污染，诸如岩石的风化和水解、火山喷发、水流冲蚀地面、大气降尘的降水淋洗等。生物（主要是绿色植物）在地球化学循环中释放物质属于天然污染物的来源。由人为因素造成的水体污染占大多数，因此通常所说的水体污染主要是人为因素造成的污染。

3.2.3 水体污染源

水体污染源是指造成水体污染的污染物的发生源。通常是指向水体排入的污染物或对水体产生有害影响的场所、设备和装置。水体污染源按污染物的来源可分为天然污染源和人为污染源两大类。其中人为污染源是环境保护和水污染防治中的主要对象，按不同标准可以有不同的分类形式：①按污染物的发生源地，可分为工业污染源、生活污染源、农业污染源和天然污染源；②按排放污染的种类，可分为有机污染源、无机污染源、热污染源、噪声污染源、放射性污染源和同时排放多种污染物的混合污染源等；③按排放污染物空间分布方式，可以分为点污染源（点源）和非点污染源（面源），这也是一种常见的水体污染源分类方式。

3.2.4 水体污染物及其危害

水体污染物是指进入水体后使水体的正常组成和性质发生直接或间接变化从而危害人类的物质。这种物质有的是人类活动产生的，也有天然的。是否成为水体污染物，主要看其进入水体后是否对人类产生危害。有的物质进入水体后通过化学反应、物理和生物作用会转变成新的危害更大的污染物质，也可能降解成无害的物质。下面列举常见的水体污染物及其危害。

(1) 酸、碱、盐等无机物污染及危害

水体中酸、碱、盐等无机物的污染，主要来自冶金、化学纤维、造纸、印染、炼油、农药等工业废水及酸雨。水体的 pH 值小于 6.5 或大于 8.5 时，都会使水生生物受到不良影响，严重时造成鱼虾绝迹。水体含盐量增高，影响工农业及生活用水的水质，用其灌溉农田会使土地盐碱化。

(2) 重金属污染及危害

污染水体的重金属有汞、镉、铅、铬、钒、钴、钡等。其中汞的毒性最大，镉、铅、铬也有较大毒性。重金属在工厂、矿山生产过程中随废水排出，进入水体后不能被微生物降解，经食物链的富集作用，其含量逐级在较高位营养级生物体内成倍地增加，危害食物链的顶级生物和人类。

(3) 耗氧物质污染及危害

生活污水、食品加工和造纸等工业废水，含有碳水化合物、蛋白质、油脂、木质素等有机物质。这些物质悬浮或溶解于污水中，经微生物的生物化学作用而分解。在分解过程中要消耗氧气，因而被称为**耗氧污染物**。这类污染物造成水中溶解氧减少，影响鱼类和其他水生生物的生长。水中溶解氧耗尽后，有机物将进行厌氧分解，产生 H_2S、NH_3 和一些有难闻气味的有机物，使水质进一步恶化。

(4) 植物营养物质污染及危害

水体中过量的磷和氮，为水中微生物和藻类提供了营养，使得蓝绿藻和红藻迅速生长，它们的繁殖、生长、腐败，引起水中氧气大量减少，导致鱼虾等水生生物死亡，水质恶化。这种由水体中植物营养物质过多蓄积而引起的污染，叫作水体的**“富营养化”**。这种现象在海湾出现叫作“赤潮”。水体中过量的磷和氮主要来源于生活污水和某些工业废水，施用过量磷肥、氮肥的农田水以及含洗涤剂的污水等。

3.2.5 水体自净

污染物投入水体后，使水环境受到污染。污水排入水体后，一方面对水体产生污染，另一方面水体本身有一定的净化污水的能力，即经过水体的物理、化学与生物作用，使污水中污染物的浓度得以降低，经过一段时间后，水体往往能恢复到受污染前的状态，并且污染物在微生物的作用下被分解，从而使水体由不洁恢复为清洁，这一过程称为**水体的自净过程**(self-purification of water body)。

水体自净主要通过三方面作用来实现，即**物理自净**、**化学自净**和**生物自净**，使污染物浓度逐渐降低，经一段时间后恢复到受污染前的状态。

(1) 物理自净

物理自净包括可沉性固体逐渐下沉，悬浮物、胶体和溶解性污染物稀释混合，浓度逐渐降低。其中稀释作用是一项重要的物理净化过程。

(2) 化学自净

化学自净是指水体中的污染物质通过氧化、还原、中和、吸附、凝聚等反应使其浓度降低的过程。影响这种自净能力的因素有污染物质的形态和化学性质以及水体的温度、氧化还原电位、酸碱度等。水体化学自净能力的强弱，主要从以下 3 个方面反映出来。

一是反映在溶解氧（DO）的含量水平上。在化学作用过程中，作为水体氧化剂的 DO，其含量高低能够衡量水体自净能力的强弱，因为 DO 的含量不仅直接影响水生生物的新陈代谢和生长，还直接影响水体中有机物的分解速率及物质循环。若水体中的 DO 含量高，既对水生生物的生长繁殖起促进作用，又能加快有机物的分解速度，使生态中的物质循环，尤其是氮的循环达到最佳循环效果，提高水体的自净能力。

二是反映在有机污染物的氧化分解能力上。化学需氧量（COD）是反映水体有机污染程度的一个重要指标，其含量的高低能够体现水体质量的好坏。

三是反映在营养盐的形态转化和消减程度上。在化学自净过程中，无机氮（硝酸盐、亚硝酸盐和氨氮）的含量变化能够反映水体自净能力的强弱。这是因为工业废水和生活污水中含有大量的含氮有机物，在水体溶解氧充分的条件下，好氧细菌能把有机物彻底分解成二氧化碳、水及硝酸盐等稳定性化合物。但若水体中含氮有机物过量，水体没有能力把全部有机氮转化为硝酸盐，而只能转化到某一阶段，如氨或亚硝酸盐。因此硝酸盐、亚硝酸盐和氨氮的含量及比例能够很好地体现水体的自净能力。

(3) 生物自净

生物自净是指进入水体的污染物，经过水生生物的降解和吸收作用，使其浓度降低或转变为无害物质的过程。各种生物（藻类、微生物等）的活动特别是微生物对水中有机物的氧化分解作用使污染物得到降解。生物自净过程进行的快慢和程度与污染物的性质和数量、（微）生物种类及水体温度、供氧状况等条件有关。

水体中的污染物的沉淀、稀释、混合等物理过程，氧化还原、分解化合、吸附凝聚等化学和物理化学过程以及生物化学过程等，往往是同时发生，相互影响，并相互交织进行的。水体自净的结果是感官性状可基本恢复到污染前的状态，分解物稳定，水中溶解氧增加，生化需氧量降低，有害物质浓度降低，致病菌大部分被消灭，细菌总数减少等。但水体的自净作用有一定限度，超过此限度，仍可使水质进一步恶化。

3.2.6 水环境容量

水体的自净能力是有限的，如果排入水体的污染物数量超过某一界限时，将造成水体的永久性污染，这一界限称为**水体的自净容量**或**水环境容量**。经济生活中，水环境容量指在满足水环境质量的要求下，水体容纳污染物的最大负荷量，因此亦称“水体负荷量”或“纳污能力”。即在不影响某一水体正常使用的前提下，满足社会经济可持续发展和保持水生态系统健康的基础上，参照人类环境目标要求，某一水域所能容纳的某种污染物的最大负荷量或保持水体生态系统平衡的综合能力。

(1) 水环境容量的特点

① 资源性。水环境容量作为一种资源，其主要价值体现在对排入污染物的缓冲作用，即水体既能容纳一定量的污染物，又能满足人类生产、生活及环境的需要。但是，水环境容量是有限的，一旦污染负荷超过水环境容量，其恢复将十分缓慢、困难。

② 时空性。水环境容量具有明显的时空内涵。时间内涵体现在不同时间段同一水体的水环境容量是变化的，水环境容量的不同可能是由于水质环境目标、经济及技术水平等在不同时间存在差异。空间内涵体现在不同区域社会经济的发展水平、人口规模及水资源总量、生态、环境等方面的差异，使得资源总量在相同的情况下，不同区域的水体在同一时间段上的水环境容量不同。由于各区域的水文条件、经济、人口等因素的差异，不同区域在不同时段对污染物的净化能力存在差异，这导致了水环境容量具有明显的地域、时间差异的特征。

③ 系统性。水环境容量具有自然和社会属性，应将其与经济、社会、环境等看作一个整体进行系统化研究。例如，河流、湖泊等水体一般处在大的流域系统中，水域与陆域、上游与下游等构成不同尺度空间生态系统，在确定局部水体的水环境容量时，必须从流域的整体角度出发，合理协调流域内各水域水体的水环境容量，以期实现水环境容量资源的合理分配。

④ 动态发展性。水环境容量不但反映流域的自然属性（水文特性），同时也反映人类对环境的需求（水质目标），水环境容量将随着水资源情况的变化和人们环境需求的提高而不断发生变化。

(2) 水环境容量的影响因素

水环境容量大小与水体特征、水质目标、污染物特性及水环境利用方式有关。

① 水体特征。它包括一系列的自然参数如几何参数、水文参数、水化学参数以及水体的物理、化学和生物自净作用，这些参数决定了水体对污染物的稀释扩散能力，从而决定水环境容量的大小。

② 水质目标。水体对污染物的纳污能力是相对于水体满足一定的功能和用途而言的，因而不同的水质目标决定了水环境容量的大小。

③ 污染物特性。不同污染物在水体中的允许量不同，因而水环境容量也因污染物的不同而不同。

④ 水环境利用方式。水体用于生产、生活等不同方面，其对水体水质的要求也不同，因而判断水体的水环境容量还应考虑水体的利用方式。

(3) 水环境容量的应用

① 在制定地区水污染物排放标准中的应用。研究水环境容量，分析水体水质情况，可以反映出具体污染问题，为控制地区水污染物排放数量、制定相应的排放标准提供了依据。

② 在环境规划中的应用。水环境容量的研究是进行水环境规划的基础工作，只有弄清了污染物的水环境容量，才能使所制定的水环境规划真正体现出生态环境效益和经济效益，做到工业布局更加合理，污水处理设施设计更加经济有效，水环境的总体质量控制更加有效。

③ 在水资源综合开发利用规划中的应用。要想对水资源进行综合开发利用，不仅要保证它能提供足够数量且水质合格的水，而且还应考虑它接纳污染物的能力。因此，一个地区的水环境容量大小也是该地区水资源是否丰富的重要标志之一。

3.2.7 水质指标

水质指标表示水中杂质或污染物的种类和数量，它是判断水污染程度的具体衡量尺度。同时针对水中存在的具体杂质或污染物，提出了相应的最低数量或最低浓度的限制和要求。水质指标可分为**物理性指标、化学性指标、生物性指标、放射性指标**。

(1) 物理性指标

物理性指标包括温度、色度、浑浊度、透明度等。

① 温度。水的许多物理特性、物质在水中的溶解度以及水中进行的许多物理化学过程都与温度有关。地表水的温度随季节、气候条件而有不同程度的变化，一般在0.1～30℃。而地下水的温度比较稳定，在8～12℃。工业废水的温度与生产过程有关。饮用水的温度在10℃比较适宜。

② 色度。纯水是无色的，但水的颜色有真色和表色之分。真色由水中所含溶解物质或胶体物质所致，即除去水中悬浮物质后所呈现的颜色。表色包括由溶解物质、胶体物质和悬浮物质共同引起的颜色。测定水样时，将水样颜色与一系列具有不同色度的标准溶液进行比较或绘制标准曲线在仪器上进行测定。

③ 浑浊度和透明度。水中由于含有悬浮物及胶体状态的杂质而产生浑浊现象。水的浑浊程度可以用**浑浊度**来表示。浑浊度是一种光学效应，是光线透过水层时受到阻碍的程度，表示水层对光线散射和吸收的能力。浑浊度不仅与悬浮物的含量有关，而且还与水中杂质的成分、颗粒大小、形状及其表面的反射性能有关。

④ 其他物理性水质指标。包括总固体、悬浮性固体、溶解性固体、挥发性固体、固定性固体、电导率（电阻率）等。

a. 总固体。即水样在103～105℃下蒸发干燥后所残余的固体物质总量，也称蒸发残余物。

b. 悬浮性固体和溶解性固体。水样过滤后，截留物蒸馏后的残余固体称为悬浮性固体；过滤液蒸干后的残余固体称为溶解性固体。

c. 挥发性固体和固定性固体。在一定温度（600℃）下将水样中经蒸发干燥后的固体灼烧而失去的质量称为挥发性固体含量；灼烧后残余物质的质量称为固定性固体含量。

(2) 化学性指标

一般的化学性水质指标有pH值、硬度、碱度、各种离子、一般有机物质等。

① pH值。它反映水的酸碱性质。天然水体的pH值一般在6～9之间。其测定可用试纸法、比色法、电位法。试纸法简单易操作，但误差较大；比色法用不同的显色剂进行，比较不方便；电位法一般用酸度计。

② 硬度。水的总硬度指水中钙、镁离子的总浓度。其中包括碳酸盐硬度（即通过加热能以碳酸盐形式沉淀下来的钙、镁离子，故又叫暂时硬度）和非碳酸盐硬度（即加热后不能沉淀下来的那部分钙、镁离子，又称永久硬度）。

碳酸盐硬度和非碳酸盐硬度之和称为**总硬度**；水中钙离子的含量称为**钙硬度**；水中镁离子的含量称为**镁硬度**；当水的总硬度小于总碱度时，两者之差，称为**负硬度**。

③ 碱度。**碱度**是指水中能与强酸发生中和反应的全部物质，即水接受质子的能力，包括各种强碱、弱碱、强碱弱酸盐和有机碱等。工程中用得更多的是**总酸度**这个定义，一般表征为相当于碳酸钙的浓度值。

(3) 生物性指标

生物性指标一般包括细菌总数、总大肠菌群数、各种病原细菌、病毒等。

① 细菌总数。它是指1mL水样在营养琼脂培养基中，于37℃经24小时培养后所生长的细菌菌落的总数。水中含有的细菌，来源于空气、土壤、污水、垃圾和动植物的尸体，水中细菌的种类是多种多样的，其包括病原菌。

② 总大肠菌群数。大肠菌群是粪便污染的指示菌，从中检出的情况可以表示水中有否粪便污染及其污染程度。在水的净化过程中，通过消毒处理后，总大肠菌群指数如能达到饮用水标准的要求，说明其他病原菌也基本被杀灭了。

③ 耐热大肠菌群。它比大肠菌群更贴切地反映食品受人和动物粪便污染的程度，也是水体粪便污染的指示菌。

(4) 放射性指标

放射性指标包括总α放射性、总β放射性、铀（235和238）、镭（226和228）等。

水质状况的标准还有单项指标和综合指标之分。前者用表征水的物理、化学和生物特性的个别要素来指明水质状况，如金属元素的含量、溶解氧、细菌总数等；后者用来指明水在多种因素作用下的水质状况，如生物化学需氧量（简称生化需氧量）用以表征水中能被生物降解的有机物污染状况，总硬度用来指明水中含钙、镁等无机盐类的程度，生物指数则用生物群落结构表示水质。

3.2.8 水环境质量标准和水环境保护法规

水环境质量标准是为控制和消除污染物对水体的污染，根据水环境长期和近期目标而提出的质量标准。除制定全国水环境质量标准外，各地区还可参照实际水体的特点、水污染现状、经济和治理水平，按水域主要用途制定地区水环境质量标准。

水环境质量标准按水体类型划分为地表水环境质量标准、海水水质标准、地下水质量标准；按水资源用途划分为生活饮用水卫生标准、城市供水水质标准、渔业水质标准、农田灌溉水质标准、生活杂用水水质标准、景观娱乐用水水质标准、瓶装饮用纯净水卫生标准、无公害食品畜禽饮用水水质标准、各种工业用水水质标准等。

此处以地表水环境质量标准为例，介绍其主要内容。

为贯彻《环境保护法》和《水污染防治法》，加强地表水环境管理，防治水环境污染，保障人体健康，制定了《地表水环境质量标准》(GB 3838—2002)，该标准为国家强制性标准，自2002年6月1日开始实施。

《地表水环境质量标准》中规定了地面水使用目的和保护目标，中国地面水分以下五大类。

Ⅰ类：水质良好。地下水只需消毒处理，地表水经简易净化处理（如过滤）、消毒后即可供生活饮用者。主要适用于源头水、国家自然保护区。

Ⅱ类：水质受轻度污染。经常规净化处理（如絮凝、沉淀、过滤、消毒等），其水质即可供生活饮用者。主要适用于集中式生活饮用水、地表水源地一级保护区，珍稀水生生物栖息地，鱼虾类产卵场，仔稚幼鱼的索饵场等。

Ⅲ类：主要适用于集中式生活饮用水、地表水源地二级保护区，鱼虾类越冬、洄游通道，水产养殖区等渔业水域及游泳区。

Ⅳ类：主要适用于一般工业用水区及人体非直接接触的娱乐用水区。

Ⅴ类：主要适用于农业用水区及一般景观要求水域。

超过五类水质标准的水体基本上已无使用功能。

表3-1列出了五类水质的主要水质指标值。

表3-1 《地表水环境质量标准》主要水质指标值

分类项目		Ⅰ类	Ⅱ类	Ⅲ类	Ⅳ类	Ⅴ类
pH值(无量纲)		6～9				
溶解氧(DO)/(mg/L)	≥	饱和率90%(或7.5)	6	5	3	2
化学需氧量(COD_{Cr})/(mg/L)	≤	15	15	20	30	40
五日生化需氧量(BOD_5)/(mg/L)	≤	3	3	4	6	10
氨氮(NH_3-N)/(mg/L)	≤	0.15	0.5	1.0	1.5	2.0
总磷(以P计)/(mg/L)	≤	0.02(湖库0.01)	0.1(湖库0.025)	0.2(湖库0.05)	0.3(湖库0.1)	0.4(湖库0.2)
总氮(湖库,以N计)/(mg/L)	≤	0.2	0.5	1.0	1.5	2.0
汞/(mg/L)	≤	0.00005	0.00005	0.0001	0.001	0.001
挥发酚/(mg/L)	≤	0.002	0.002	0.005	0.01	0.1
粪大肠菌群/(个/L)	≤	200	2000	10000	20000	40000

3.3 污水处理技术概述

3.3.1 污水处理基本方法

污水处理的基本任务是采用各种方法将废水中的污染物分离出来，或将其转化为无害的物质，从而使废水得到净化。

根据污染物质的净化原理不同，可以将现有的污水处理技术分为物理法、化学法、生物法三类，具体见表3-2。

表3-2 污水处理的基本方法

分类	处理方法		处理对象
物理法	稀释		污染物含量高或毒性高的污水
	均衡调节		水质、水量波动大的污水
	沉淀		可沉性固体悬浮物
	离心分离法		悬浮物、污泥
	隔油		大颗粒油滴、浮油
	气浮		乳化油和相对密度接近1的悬浮物
	过滤分离法	格栅	粗大悬浮物
		筛网	较小悬浮物和纤维类悬浮物
		筛滤	细小悬浮物和乳油状物质

续表

分类	处理方法		处理对象
物理法	过滤分离法	布滤	细小悬浮物,沉渣脱水
		微孔管	极细小悬浮物
		微滤机	细小悬浮物
		超滤	分子量较大的有机物
		反渗透	盐类和有机物油类
		电渗析	可离解物质,如金属盐类
		扩散渗析	酸碱废液
	热处理法	蒸发	高浓度废液
		结晶	有回收价值的可结晶物质
		冷凝	高沸点物质
		冷却、冷冻	高温水、高浓度废液
	磁分离法		可磁化物质
化学法	投药法	混凝	胶体和乳化油
		中和	稀酸性或碱性废水
		氧化还原	溶解性有害物质,如氰化物、硫化物
		化学沉淀	溶解性重金属离子
	传质法	吸附	溶解性物质(分子)
		离子交换	溶解性物质(离子)
		萃取	溶解性物质,如酚类
		吹脱	溶解性气体,如硫化氢、二氧化碳
		蒸馏	溶解性挥发物质,如酚类
		汽提	溶解性挥发物质,如酚类、苯胺、甲醛
	水解法		重金属离子
	水质稳定法		循环冷却水
	自然衰变法		放射性物质
	消毒法		含病原微生物废水
生物法	人工	活性污泥法	胶体状和溶解性有机物、氮和磷
		生物膜法	胶体状和溶解性有机物、氮和磷
		厌氧生物处理	高浓度有机废水和有机污泥
	自然	稳定塘法	胶体状和溶解性有机物
		土地处理法	胶体状和溶解性有机物、氮和磷等

3.3.2 污水处理系统

污水中的污染物质是多种多样的，因此不可能只用一种方法就将所有的污染物都去除干净，往往需要几种处理方法组合以达到预期净化效果与排放标准。

根据处理程度不同，废水处理系统可以分为**一级处理**（物理处理，包括预处理）、**二级处理**（生物处理）和**三级处理**（深度处理）。

预处理的主要任务：针对污水某种特点而进行的污水处理，去除污水中某些特殊有害物质或降低其浓度。预处理方法有机械法、物化法、生化法（多用厌氧法，如水解酸化法）。

一级处理（物理处理）主要任务：从废水中去除漂浮物和悬浮物，调节废水 pH 值，减轻废水的腐化程度和后续处理的工艺负荷。常用一级处理方法有筛滤法、重力沉淀法、上浮法（如隔油法）、气浮法、离心分离法或通过滤池、微滤机等。

二级处理（生物处理）主要任务：大幅度地去除污水中呈胶体和溶解状态的有机物。二级处理方法以生化处理为主体工艺，包括活性污泥法和生物膜法。

三级处理（深度处理或高级处理）主要任务：防止受纳水体发生富营养化和受到难降解有毒化合物的污染。去除对象为污水中的 N、P 及难生物降解的有机物、病原菌、矿物质（盐类）等。三级处理方法有生物处理、活性炭吸附、离子交换、电渗析、反渗透、消毒等。

污泥是污水处理过程中的产物，城市污水处理产生的污泥含有大量有机物，富含肥分，可以作为农肥使用。但其又含有大量细菌、寄生虫卵以及从工业废水中带来的重金属离子等，需要做稳定与无害化处理。污泥处理的主要方法有减量处理（如浓缩、脱水等）、稳定处理（如厌氧消化、好氧消化等）、综合利用（如生物气利用、污泥农业利用等）、最终处置（如干燥焚烧、填地投海、建筑材料等）等。

污水处理方法的组合遵循**先易后难**、**先简后繁**的原则。也就是说，首先，去除大块的垃圾以及漂浮物，然后再依次去除悬浮固体、胶体物质及溶解性物质，即先物理法，再化学法和生化法。对于某种污水，采用哪几种处理方法组成系统，要根据污水的水质、水量，回收其中某种物质的可能性、经济性，受纳水体的具体条件，并结合调查研究与经济技术比较后决定，必要时还需要进行试验。图 3-2 为城市污水处理的典型流程图。

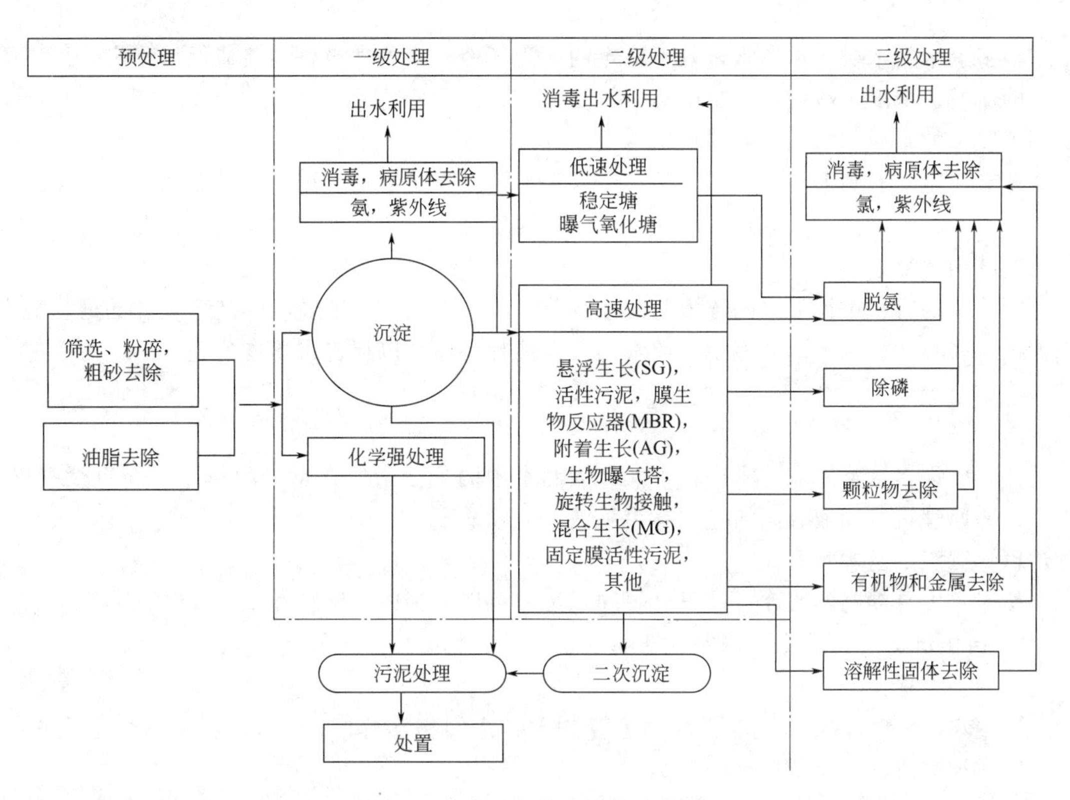

图 3-2　城市污水处理的典型流程图

3.4 污水的物理处理技术

常见的污水物理处理技术有：格栅或者筛网法、均衡与调节法、沉淀法、离心分离法、浮力固液分离法、过滤固液分离法及膜分离法等。

3.4.1 格栅（筛网）法

格栅（筛网）法是将污水中的大块污物（树枝、木塞等）拦截出来，防止其堵塞后续单元的机泵或工艺管线的物理处理方法。和筛网比较，格栅的应用更为广泛，格栅一般由平行的格栅条、格栅框、清渣耙三部分组成。

格栅一般是以栅距分类，如下。

① 粗格栅：保护型格栅（>40mm），只拦截污水中较粗大的悬浮物及杂质，可有效地保护中格栅的正常运行；

② 中格栅（15～25mm）：对栅渣的拦截发挥主要作用；

③ 细格栅（<10mm）：进一步拦截剩余的栅渣。

每个国家的栅渣大小和组成不一样，对格栅的粗细分类也不同。我国一般将格栅分为粗格栅（50～100mm）、中格栅（10～40mm）、细格栅（1.5～10mm）和超细格栅（0.5～1mm）。而美国规定，格栅栅距一般为6.4mm，细格栅栅距在2.3～6.4mm之间。

3.4.2 均衡与调节法

很多废水的水质、水量常常是不稳定的。为了使污水处理设备的负荷保持稳定，而不受污水的流量、浓度、酸碱度、温度等条件变化的影响，需在废水处理装置之前设置调节池，来调节废水的水质与水量，使其均衡地流入处理装置。

调节池主要有圆形与长方形两类，废水在池内要有足够的均衡时间，以达到调节废水的目的，同时又不希望有沉淀物下沉，否则，在池底还需增加刮泥装置及设置污泥斗等，使调节池的结构变复杂。

调节池的容积可视废水的浓度和流量变化、要求的调节程度及废水处理设备的处理能力来确定。在容积较大的调节池中，通常还设置搅拌装置，以促进水质均匀混合。

3.4.3 沉淀法

污水中许多悬浮固体的密度比水大，因此水中的悬浮物质在重力的作用下会自然沉降，利用这一原理进行固液分离的过程称为沉淀。

(1) 沉淀的基本类型

按照水中悬浮物的浓度、性质的不同，沉淀可以分为以下四种类型。

① **自由沉淀**。在沉淀的过程中悬浮物之间不互相碰撞，颗粒的形状、尺寸和密度在沉淀过程中基本保持不变。

② **絮凝沉淀**。在沉淀的过程中，悬浮物颗粒之间相互凝聚，悬浮物的形状、粒径和密度不断增加，沉降速度也不断增加。

③ **成层沉淀**。在沉淀的过程中，悬浮物各自保持自己的相对位置不变，成为一个整体

向下沉淀，悬浮物与污水之间形成一个清晰的液-固界面。

④ **压缩沉淀**。一般发生在成层沉淀后，上层颗粒在重力的作用下，把下层颗粒间隙中的游离水挤出，使颗粒间更加紧密。通过这种拥挤与自动压缩，污水中的悬浮固体浓度进一步提高。

四种沉淀的发生与水中的悬浮物浓度有关。沉砂池中砂粒的沉淀过程属于自由沉淀。活性污泥在二沉池及浓缩池中的沉淀过程，实际上都是按照以上顺序依次进行的。沉淀初期属于絮凝沉淀，中期属于成层沉淀。

(2) 重力沉淀装置

污水处理的重力沉淀装置一般分为两类：一类是以沉淀无机固体为主的，称为**沉砂池**；另一类是以沉淀有机固体为主的，称为**沉淀池**。

① 沉砂池。沉砂池的功能是去除污水中密度较大、易沉淀分离的颗粒物质。除了这些物质外，还包括这些颗粒物质表面附着的一些黏性有机物质（极易腐败的污泥），主要包括无机性的砂粒、砾石和少量较重的有机颗粒（如核皮、骨条等）。沉砂池一般设在泵站、倒虹管前，以便减轻无机颗粒对水泵、管道的磨损；也可设于初次沉淀池前，以减轻沉淀池负荷及改善污泥处理构筑物的处理条件。沉砂池分为平流沉砂池、竖流沉砂池、曝气沉砂池、旋流沉砂池（钟氏沉砂池）等。

② 沉淀池。沉淀池按工艺布置的不同，可分为初次沉淀池和二次沉淀池。初次沉淀池是一级污水处理厂的主体处理构筑物，或作为二级污水处理厂的预处理构筑物，设在生物处理构筑物之前。其主要作用是去除50%～60%的悬浮固体，使污水的BOD_5降低25%～35%，同时还能去除漂浮物，均和水质。二次沉淀池设在生物处理构筑物的后面，用于泥水分离，它是生物处理系统的重要组成部分。

按照池内水流的流态及沉淀池的结构形式不同，可以将沉淀池分为平流沉淀池、竖流沉淀池、辐流沉淀池及斜流式沉淀池等。其中，平流沉淀池和辐流沉淀池的应用比较广泛，主要应用于各种规模的污水处理厂，而竖流沉淀池一般只用于小型污水处理厂。

a. 平流沉淀池：一般为矩形，污水从池端进入，水平推进，污泥靠重力下沉，污水从另一端流出。

b. 竖流沉淀池：多为圆形，有方形或多角形。池中央进水，池四周出水，污水由中心管送入池中，由下管口流出，在沉淀区内水流由下向上。贮泥斗在池底中央。

c. 辐流沉淀池：圆形，分为中心进水、周边出水，周边进水、中心出水及周边进水、周边出水三种形式。使用最广泛的是中心进水、周边出水形式。

d. 斜流式沉淀池：根据浅池理论，在沉淀池的沉淀区加斜板或斜管而构成的。它由斜板（管）沉淀区、进水配水区、清水出水区、缓冲区和污泥区组成。

按斜板或斜管间水流域污泥的相对运动方向来区分，斜流式沉淀池有同向流和异向流两种。污水处理中常采用升流式异向斜流式沉淀池。

异向斜流式沉淀池中，斜板（管）与水平面呈60°角，长度通常为1.0m左右，斜板净距（或斜管孔径）一般为80～100mm。斜板（管）区上部清水区水深为0.7～1.0m，底部缓冲层高度为1.0m。

斜流式沉淀池具有沉淀效率高、停留时间短、占地少等优点，在给水处理中得到比较广泛的应用，在废水处理中应用不普遍。在选矿水尾矿浆的浓缩、炼油厂含油废水的隔油处理等方面已有较成功的经验，在印染废水处理和城市污水处理中也有应用。

3.4.4 离心分离法

当废水在容器内绕轴线旋转时，由于废水与悬浮固体颗粒的密度差，重者（悬浮固体）将做离心运动集中至容器部分，轻者（废水）将做向心运动集中于容器中心轴部分，从而达到悬浮固体与废水分离的目的。

根据离心力产生方式的不同，离心分离设备可分为水旋和器旋两种。水力旋流器、旋流离心池都属于前者，其特点是器体固定不动，而沿切向高速进入器内的物料产生离心力；后者则指离心机，其特点是高速旋转的转鼓带动物料产生离心力。

水力旋流器具有体积小、结构简单、处理能力大、便于安装检修等优点，因而很适用于各类小水量工业废水中氧化铁皮和高浓度河水中泥沙等密度较大的无机杂质的分离。其缺点是设备容易磨损，动力损耗较大。

重力式水力旋流器具有运行费用低，管理方便，与压力式旋流器相比具有设备磨损小、动力消耗省等优点。其缺点是沉淀池下部分深度较大，施工难度大。

中低速离心机多用于分离纤维类悬浮物和污泥脱水等固液分离，而高速离心机则适用于分离乳化油和蛋白质等密度较小的细微悬浮物。

3.4.5 浮力固液分离法

浮力固液分离法是利用水对污染物的浮力达到污染物质与水的分离的目的。主要的浮力固液分离设备有隔油池和气浮池两种类型。

(1) 隔油池

隔油池主要分离含油废水中的油珠。含油废水主要来自石油、化工、炼焦、机械加工和屠宰等工业企业。

油类在水中的存在形式有呈悬浮状态的可浮油、呈乳化状态的乳化油以及呈溶解状态的溶解油。可浮油油滴的粒径较大，可以依靠油水密度差而从水中分离出来，对于石油炼厂废水而言，这种状态的油一般占废水中含油量的60%～80%左右。乳化油是非常细小的油滴，由于其表面上有一层由乳化剂形成的稳定薄膜，阻碍油滴合并，故不能用沉淀法从废水中分离出来。若能消除乳化剂的作用，乳化油剂可转化为可浮油，称为破乳，乳化油经过破乳之后，就能用沉淀法分离。溶解油在水中的溶解度非常低，只有几毫克每升。

目前常用的隔油池主要有两大类：平流式和斜板式。

平流式隔油池除油效率一般为60%～80%，粒径150μm以上的油珠均可除去。废水从池子的一端流入，以较低的水平流速流经池子，流动过程中，密度小于水的油粒上升到水面，密度大于水的颗粒杂质沉于池底，水从池子的另一端流出。隔油池的出水端设置集油管。

斜板式隔油池可去除的最小油滴直径为60μm，单位处理能力的池容仅相当于平流式隔油池的1/4～1/2。但是斜板式隔油池运行中常有挂油现象，应定期用蒸汽及水冲洗斜板，防止堵塞。

(2) 气浮池

气浮是将空气以微小气泡形式通入水中，使微小气泡与水中悬浮的颗粒黏附，形成水-

气-颗粒三相混合体系，颗粒黏附上气泡后，密度小于水即上浮到水面，可从水中分离出去，形成浮渣层。

按生产细微气泡的方法不同，气浮可以分为**电解浮上法**、**分散空气浮上法**、**溶解空气浮上法**。电解浮上法是将正负极相间的多组电极浸泡在废水中，当通以直流电时，废水电解，正负两级间产生的氢和氧的细小气泡黏附于悬浮物上，将其带至水面而达到分离的目的。分散空气浮上法是直接将空气注入水中，再通过扩散板或叶轮将空气分散为小气泡。溶解空气浮上法是将空气在加压条件下溶入水中，在常压下析出气泡。

气浮池一般有两种结构形式，即平流式和竖流式。其结构示意图见图 3-3。

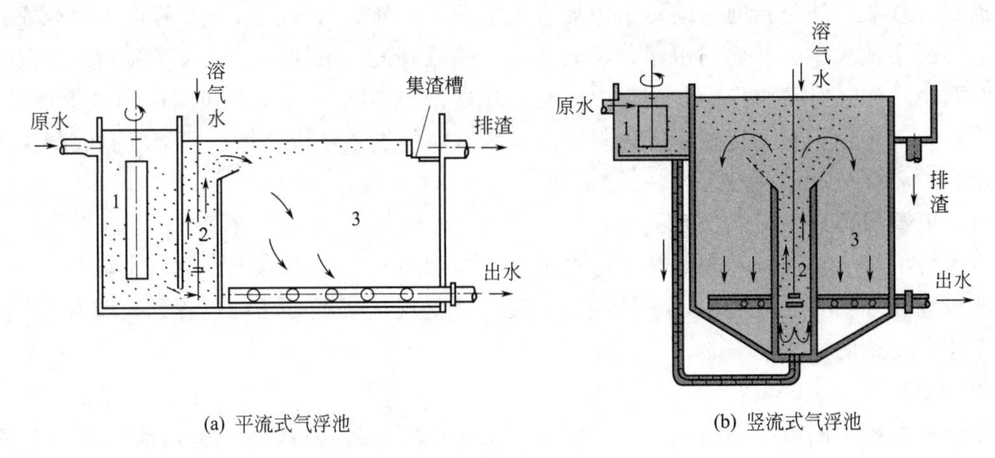

图 3-3　气浮池结构示意图

1—反应池；2—接触室；3—气浮池

3.4.6　过滤固液分离法

根据过滤介质（材料）不同，过滤分为粗滤、微滤、膜滤和粒状材料过滤四种类型。**粗滤**如以前介绍的格栅、筛网等，截留废水中较粗的悬浮固体。**微滤**截留废水中粒径为 0.1～100μm 的悬浮固体，如一般采用的微滤机筛网尺寸在 15～65μm 之间。**膜滤**则采用各种人工膜作为过滤介质，其推动力主要是压力差或电位差。废水处理中利用压力差作为推动力的膜法有超滤、反渗透、纳滤等，以电位差为推动力的有电渗析等，它们可以去除废水中呈溶解态的污染物质。**粒状材料过滤**是水处理中最常用的固液分离方法，采用的过滤材料一般称为滤料，它们可以去除几十微米到胶体级的污染颗粒。前三类过滤（粗滤、微滤和膜滤）因污染物都被截留在过滤介质的表面，所以又称**表面过滤**；而粒状材料过滤时，污染物可以深入过滤介质的内部，所以又称为**深床过滤**或**滤层过滤**。

3.4.7　膜分离法

膜分离法是利用隔膜使溶剂（通常是水）同溶质或微粒分离的处理方法。用隔膜分离溶液时，水溶质通过膜的方法称为**渗析**，使溶剂通过膜的方法称为**渗透**。

根据溶质或溶剂通过膜的推动力不同，膜分离法可分为三类：以电动势为推动力的方法有电渗析和电渗透；以浓度差为推动力的方法有扩散渗析和自然渗析；以压力差为推动力的方法有压渗析、反渗透、超滤、微滤和纳滤等。

3.5 污水的化学处理技术

污水的化学处理技术有混凝法、吸附法、离子交换法、中和法、化学沉淀法及氧化还原法等。

3.5.1 混凝法

混凝（絮凝）**法**是指通过向污水中加入化学药剂，使废水（污水）中的胶体颗粒或其他物质能够凝聚成大颗粒从而与水相分离的方法，一般有混凝沉淀和混凝气浮两大类。混凝过程具有两个作用：第一个作用是使水中原有的离散微粒首先具有黏附在固体颗粒上的性质，即凝聚；第二个作用是使这些具有黏附性的离散微粒能够黏结成絮体，即絮凝。混凝法主要处理水中的胶体态物质及难沉物。

(1) 混凝原理

废水中的微小悬浮物和胶体粒子能在水中长期保持分散悬浮状态，具有一定的稳定性。混凝的机理至今仍未完全清楚，它是混合、反应、凝聚、絮凝等几种过程综合作用的结果，是一个非常复杂的过程。

(2) 混凝剂

用于水处理中的混凝剂应符合如下要求：混凝效果好，对人体无害，廉价易得，使用方便。

根据所加药剂在混凝过程中所起作用的不同，混凝剂可分为**凝聚剂**和**絮凝剂**两类，分别起胶粒脱稳和结成絮体的作用。根据混凝剂的化学成分与性质的不同，混凝剂可以分为无机盐类混凝剂、高分子混凝剂和微生物混凝剂三大类。无机盐类混凝剂中，应用最广泛的是铝盐（如硫酸铝）和铁盐（如硫酸铁、硫酸亚铁、三氯化铁等）。高分子混凝剂有无机和有机两类。目前，无机高分子混凝剂中，聚合氯化铝（PAC）和聚合氯化铁的研究和使用较为广泛。有机高分子混凝剂有天然的（如甲壳素）和人工合成的（如聚丙烯酰胺）两类。微生物混凝剂是现代生物学与水处理相结合的产物，是当前混凝剂研究发展的一个重要方向。

在某些情况下，单独使用混凝剂不能取得良好效果时，可投加辅助药剂来调节、改善混凝条件，提高处理效果，这种辅助药剂通常称为助凝剂。较常用的助凝剂有聚丙烯酰胺(PAM)、活化硅胶、骨胶、海藻酸钠等。

(3) 影响混凝效果的主要因素

① 水温的影响。水温对混凝效果有较大的影响，水温过高或过低都对混凝不利，最适宜的混凝水温为20～30℃。

② 水的pH值的影响。水的pH值直接与水中胶体颗粒的表面电荷和电位有关，不同的pH值下胶体颗粒的表面电荷和电位不同，所需要的混凝剂的量也不同。另外，水的pH值对混凝剂的水解反应有显著影响，不同混凝剂的最佳水解反应所需要的pH值范围不同，因此，水的pH值对混凝效果的影响也因混凝剂种类而异。例如聚合氯化铝的最佳混凝pH值范围在5～9之间。

③ 水中浊质颗粒浓度的影响。水中浊质颗粒浓度对混凝效果有显著影响。浊质颗粒浓度过低时，颗粒间的碰撞概率大大减小，混凝效果变差。浊质颗粒浓度过高则需投高分子絮

凝剂如聚丙烯酰胺，将原水浊度降到一定程度以后再投加混凝剂进行常规处理。

④ 水中有机污染物的影响。水中有机物对胶体有保护和稳定作用，即水中溶解性的有机物分子吸附在胶体颗粒表面好像形成一层有机涂层一样，将胶体颗粒保护起来，阻碍胶体颗粒之间的碰撞，阻碍混凝剂与胶体颗粒之间的脱稳凝集作用，因此，在有机物存在条件下胶体颗粒比没有有机物时更难脱稳，混凝剂的量需增大。可通过投高锰酸钾、臭氧、氯等为预氧化剂，但需考虑是否产生有毒的副产物。

⑤ 混凝剂种类与投加量的影响。由于不同种类的混凝剂其水解特性和使用的水质情况不完全相同，因此应根据原水水质情况优化选用适当的混凝剂种类。对于无机盐类混凝剂，要求形成能有效压缩双电层或产生强烈电中和作用的形态；对于有机高分子絮凝剂，则要求有适量的官能团和聚合结构、较大的分子量。

⑥ 混凝剂投加方式的影响。混凝剂投加方式有干投和湿投两种。固体混凝剂与液体混凝剂甚至不同浓度的液体混凝剂投加到水中后产生的混凝效果也不一样。

(4) 混凝工艺流程及设备

混凝处理是一个综合操作过程，包括药剂的制备、投加、混凝、絮凝和沉淀分离几个过程。

混凝剂的投加有**干投法**和**湿投法**两种。其中干投法目前很少使用。常用的是湿投法，它是将混凝剂先溶解，再配制成一定浓度的溶液后定量投加。混凝剂的配制先要在溶解池中进行溶解，然后进入溶液池，用清水稀释到一定的浓度备用。混凝剂的投加过程中需要有计量设备，并能随时调节投加量。混凝剂与废水的混合在混合池中完成。常用的混合方式有水泵混合、隔板混合和机械混合三种。对混合池的最基本要求就是快速均匀。混合完毕后，废水与混凝剂的混合液进入反应池。为了使反应充分进行，要求废水在池内有足够的停留时间。常用的反应池有隔板反应池、旋流反应池和机械反应池等。反应后的废水进入沉淀池沉淀。

3.5.2 吸附法

吸附法是利用多孔性固体吸附剂来处理废水的方法。吸附剂有很强的吸附能力，可以把废水中的可溶性有机物或无机物吸附到它的表面而除去，对废水中的细菌、病毒等微生物也有一定的去除作用。在城市污水的深度处理或回用处理，以及工业废水中的含铬废水、炼油废水等处理中，吸附处理法的应用日渐增多。

(1) 吸附的基本原理

吸附是在相界面上物质自动发生积累或浓集的现象，是一种非均相过程。在废水处理中，主要就是利用固体物质（吸附剂）表面对废水中物质（吸附质）的吸附作用来处理废水的。

根据吸附剂表面吸附力的不同，吸附可分为**物理吸附**和**化学吸附**两种。物理吸附是由范德华力引起的，它是一个可逆过程。化学吸附是由化学键力引起的，一般是不可逆的。物理吸附选择性不强，热效应比较小，吸附速率较大，且受温度影响较小。而化学吸附的热效应较大，有选择性，吸附速率受温度影响大，温度上升，吸附速率也迅速上升。废水处理过程中，吸附过程往往是上述两类过程的综合作用，其中主要是物理吸附。

为了选择合适的吸附剂和控制合适的操作条件，必须了解和分析吸附的影响因素。影响吸附的因素很多，其中主要有吸附剂特性、吸附质特性和吸附过程的操作条件三方面。

(2) 吸附剂

细微物质或多孔物质因其具有很大的表面积而显示出明显的吸附能力。在废水处理中，常用的固体吸附剂有活性炭、磺化煤、焦炭、木炭、木屑、泥煤、高岭土、硅藻土等。

吸附剂的吸附达到饱和以后必须进行再生，采用特定的方法将被吸附物从吸附剂的孔隙中清除，使之恢复活性，重复使用。常用的方法有水蒸气吹脱法、加热法、化学氧化法、溶剂萃取法。具体方法需要根据吸附剂与吸附质的性质加以选择。

(3) 吸附的工艺流程及设备

吸附的工艺流程分为间歇式和连续式两类。间歇式吸附是将吸附剂和废水按一定比例在吸附池内搅拌混合一段时间（一般为 30min 左右），后静置沉淀，然后将澄清液排出。吸附池一般需用两个，交替工作。间歇式吸附一般只用于少量废水的处理，多数情况下都采用连续式。连续式吸附可以采用固定床、移动床和流化床三种不同的设备进行。

① 固定床。即吸附剂固定不动，水流通过吸附层。固定床工艺是水处理工艺中最常用的一种方式。当废水连续通过填充吸附剂的吸附设备（吸附塔或吸附池）时，废水中的吸附质便被吸附剂吸附。若吸附剂数量足够时，从吸附设备流出的废水中吸附质的浓度可以降低到零。吸附剂使用一段时间后，出水中吸附质的浓度逐渐增加，当增加到某一数值时，应停止通水，将吸附剂进行再生。吸附和再生可在同一设备内交替进行，也可将失效的吸附剂卸出，送到再生设备进行再生。

根据水流方向不同，固定床吸附可分为升流式和降流式两种。降流式固定床吸附（结构见图 3-4），出水水质较好，但在处理悬浮物含量较高的废水时，为了防止悬浮物堵塞吸附层，需定期进行反冲洗。

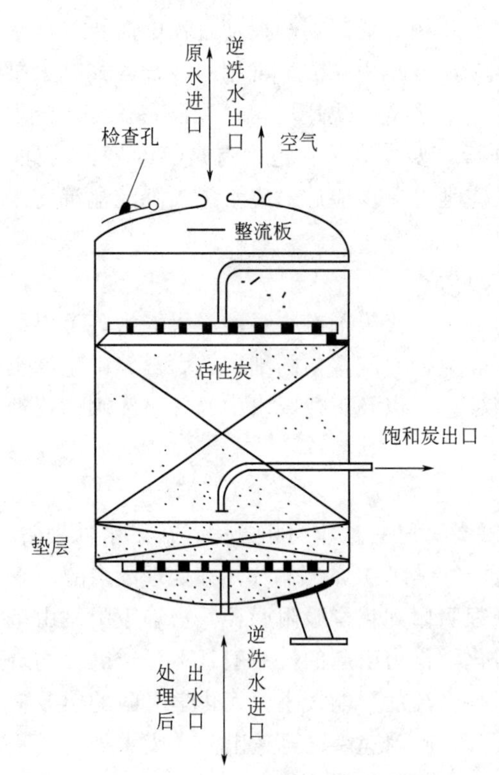

图 3-4 降流式固定床吸附塔结构示意图

② 移动床。在吸附塔内原水自塔底向上流动，吸附剂自塔顶向下移动。两者逆流接触并发生吸附作用，处理后的水从塔顶部流出，再生后的吸附剂从塔顶部加入，接近饱和的吸附剂从塔底间歇排除。

③ 流化床。与固定床和移动床不同的地方在于吸附剂在塔内处于流化状态或膨胀状态。被处理的废水与活性炭也是逆流接触。由于活性炭处于流化状态，不存在堵塞问题，也不需要反冲洗，因此常用来处理悬浮物含量较高的废水。

3.5.3 离子交换法

离子交换法借助离子交换剂中无害的可交换离子与废水中有害离子的交换作用，使水质得到了净化。

离子交换法广泛地应用于废水处理中，能有效地去除废水中重金属离子（如 Cu^{2+}、Ni^{2+}、Zn^{2+}、Hg^{2+}、Ag^{+}、Au^{+}、Cr^{3+} 等）和放射性物质等。

(1) 离子交换的基本原理

离子交换剂是一种带有可交换离子（阳离子或阴离子）的不溶性固体，由母体和交换基团两部分组成，交换基团中含有可游离交换的离子。离子交换反应就是这种可游离交换的离子与水中同性离子间的交换过程。

典型的阳离子交换反应可以表示为：

$$RH+M^{+}\rightleftharpoons RM+H^{+} \tag{3-1}$$

式中　R^{-}——离子交换剂的母体；

M^{+}、H^{+}——离子交换剂上多带的可交换离子。

离子交换过程是可逆的，其逆反应也称为“再生”，因此交换剂经再生后可重复使用。

(2) 离子交换剂

离子交换剂是一种具有多孔性结构的物质，带有电荷，并能与反离子相吸引。离子交换剂的反离子与溶液中符号相同的反离子在两相间进行再分配，这就是离子交换动力学的一种扩散过程。但是离子交换剂又具有选择性，它对某些离子具有更大的亲和力，所以离子交换过程又与一般的扩散过程有所不同。图 3-5 所示为阳离子交换树脂结构示意图。

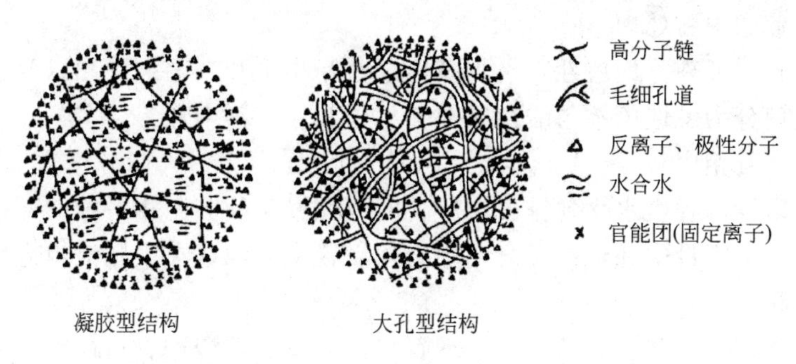

图 3-5　阳离子交换树脂结构示意图

离子交换剂的种类很多，在废水处理中，通常根据母体材质和化学性质进行分类（见图 3-6）。

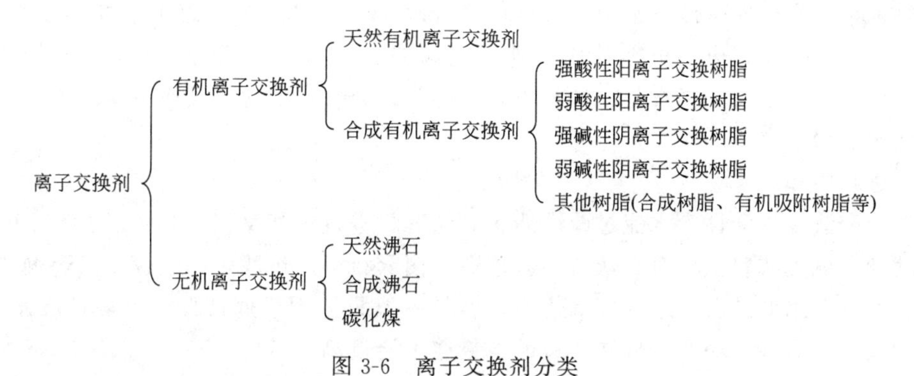

图 3-6　离子交换剂分类

(3) 离子交换流程及装置

离子交换的操作过程分为交换、反洗、再生和正洗四步。

① 交换。废水自上而下流过树脂层。

② 反洗。当树脂使用到终点时，自下而上逆流通水进行反洗，除去杂质，使树脂层松动。

③ 再生。再生剂通过顺流或逆流对树脂进行再生，使树脂恢复交换能力。

④ 正洗。即自上而下通入清水进行淋洗，洗去树脂层中夹带的剩余再生剂。正洗后交

换柱即可进入下一个循环工序。

其中，交换是工作阶段，而反洗、再生和正洗属于再生阶段。

离子交换器多做成圆柱形，上下部设有配水系统，中间装填离子交换树脂，装填高度1.5～2.0m。为了在反冲洗时树脂层有足够的膨胀高度，从树脂层表面至上部配水系统的高度应为树脂层高度的40%～80%。

3.5.4 中和法

中和是指通过酸碱反应，使废水的pH值达到中性左右的过程，被处理的酸或碱主要是无机的。

在工业生产中，酸性废水和碱性废水来源广泛，如化工厂、化纤厂、电镀厂及金属酸洗车间等都排出酸性废水，造纸厂、印染厂、金属加工厂、炼油厂等排出碱性废水。一般情况下，如果酸碱浓度在3%以上，则应考虑回收利用。但如果酸碱浓度过低，回收利用的经济价值不大，可以考虑中和处理。

酸性废水的中和处理分为酸性废水与碱性废水互相中和、药剂中和以及过滤中和等；碱性废水的中和处理分为碱性废水与酸性废水互相中和、药剂中和等。

(1) 酸碱废水互相中和

若有酸性与碱性两种废水均匀排出，所含的酸碱量又能够互相平衡，那么，两者可以直接在管道内混合，不需设中和池；反之，则必须设置中和池，在中和池内进行中和反应。

(2) 药剂中和

酸性废水中和剂有石灰、石灰石、大理石、白云石、碳酸钠、苛性钠、氧化镁等。石灰使用最广。氢氧化钙（熟石灰）对废水中杂质有凝聚作用，因此适用于处理杂质多、浓度高的酸性废水。采用石灰作中和剂时，投配方式分为干法和湿法两种，一般采用湿法投配。

碱性废水中和剂有硫酸、盐酸、硝酸等。常用的药剂为工业硫酸。工业废酸更为经济。有条件时也可以采取向碱性废水中通入烟道气（含CO_2、SO_2等）的办法加以中和。

在选择中和剂时，应尽可能使用工业废渣，如白垩（主要成分为碳酸钙）、电石废渣（主要成分为氢氧化钙）、废石灰、炉灰渣、硼泥等。当废水中含有其他金属盐类时，应考虑增加中和剂的用量。

(3) 过滤中和

过滤中和法是指酸性废水流过碱性滤料时与滤料进行中和反应，此法仅适用于酸性废水的中和处理。碱性滤料主要有石灰石、大理石、白云石等。过滤中和法较石灰药剂法具有操作方便、运行费用低及劳动条件好等优点，但是一般只适用于处理低浓度酸性废水。另外，废水中的铁盐、泥沙、油及惰性物质等的含量亦不能过高。

3.5.5 化学沉淀法

化学沉淀法是指向废水中投加化学药剂，使其与废水中的污染物发生化学反应，形成难溶的沉淀物沉淀下来的方法。

化学沉淀法根据投加的化学药剂的不同可以分为：

① 氢氧化物沉淀法。用氢氧化物沉淀法处理工业废水时，废水的pH值是操作的一个极为重要的条件。

② 硫化物沉淀法。硫化物沉淀法比氢氧化物沉淀法对金属离子的去除更为完全，但是

它的处理费用较高，且硫化物难以沉淀，常需投加凝聚剂以加强去除效果。因此，采用并不广泛，有时作为氢氧化物沉淀法的补充。

③ 其他方法。其他方法有石灰法、碳酸盐沉淀法、铁氧体沉淀法等。

3.5.6 氧化还原法

氧化还原法是指废水中的污染物在处理过程中发生了氧化还原反应，使污染物被氧化或者被还原，转变为无毒无害的新物质，从而达到处理的目的。在废水处理过程中最常用的氧化剂有空气、臭氧、氯气、次氯酸钠，最常见的还原剂有硫酸亚铁、铁屑、亚硫酸氢钠、硼氢化钠。

氧化还原法分为氧化法和还原法，其中氧化法又可细分为湿式氧化法、超临界氧化法、光催化氧化法、臭氧氧化法、双氧水法、Fenton 试剂及其组合的氧化法。

3.6 污水的生物处理技术

污水的生物处理技术主要有活性污泥法、生物膜法及厌氧生物处理法等。

3.6.1 活性污泥法

活性污泥法是利用悬浮生长的微生物絮体处理有机废水的处理方法。这种生物絮体叫作活性污泥，它由好气性微生物（包括细菌、真菌、原生动物和后生动物）及其吸附的有机物、无机物组成，具有降解废水中有机污染物（也有些可部分利用无机物）的能力。把活性污泥放在显微镜下观察，可看到大量的微生物。

活性污泥法净化废水通过吸附—微生物的代谢—凝聚与沉淀来完成。

(1) 基本流程

活性污泥法处理流程（装置）包括曝气池、沉淀池、污泥回流及剩余污泥排除系统等基本组成部分。活性污泥法的发展与应用已有近百年的历史，发展了许多行之有效的运行方式和工艺流程，但其基本流程是一样的，如图 3-7 所示。

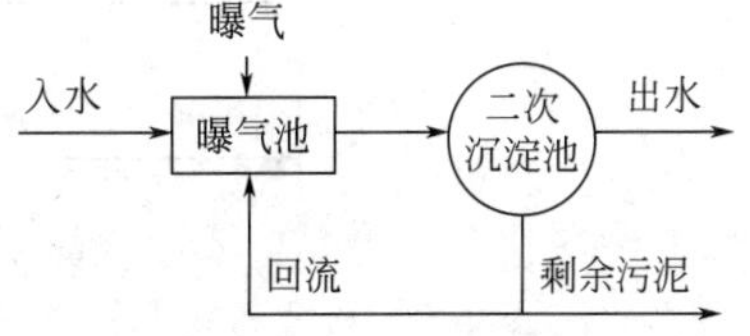

图 3-7 活性污泥法基本流程

流程中的主体构筑物是曝气池，废水经过适当预处理（如初沉）后，进入曝气池与池内活性污泥混合成混合液，并在池内充分曝气：一方面使活性污泥处于悬浮状态，废水与活性污泥充分接触；另一方面，通过曝气，向活性污泥供氧，保持好氧条件，保证微生物的正常生长与繁殖。废水中有机物在曝气池内被活性污泥吸附、吸收和氧化分解后，混合液进入二次沉淀池，进行固液分离，净化后的废水排出。大部分二次沉淀池的沉淀污泥回流入曝气池进口，与进入曝气池的废水混合。

污泥回流的目的是使曝气池内保持足够数量的活性污泥。通常，参与分解废水中有机物的微生物的增殖速度，都慢于微生物在曝气池内的平均停留时间。因此，如果不将浓缩的活性污泥回流到曝气池，则具有净化功能的微生物将会逐渐减少。污泥回流后，净增殖的细胞物质将作为剩余污泥排入污泥处理系统。

(2) 运行方式

随着污水处理的实际需要和处理技术的不断发展，特别是近几十年来，在生物反应、净化机理、活性污泥生物学、反应动力学、生物反应器等方面的研究，已开发出多种活性污泥法工艺，目前已成为生活污水、城市污水和有机工业废水的主要生物处理方法。

① 普通活性污泥法。又称传统活性污泥法。污水和回流污泥从曝气池的首端进入，以推流式至曝气池末端流出。处理效果极好，BOD 去除率可达 90%以上，适用于净化程度和稳定程度要求高的污水。但是普通活性污泥法耐冲击负荷能力较差，只适用于大中型城市污水处理厂（水质较稳定）。此外，曝气池容积大，基建费用高，对氮、磷的去除率低，剩余污泥量大，从而提高了污泥处理处置的费用。

普通活性污泥法的耗氧速率沿池长递减，而供氧速率难以与其相吻合，在池前段可能出现耗氧速率高于供氧速率的现象，而池后段则相反。为此，一般采取渐减供氧的方式以在一定程度上解决这个问题，如图 3-8 所示。

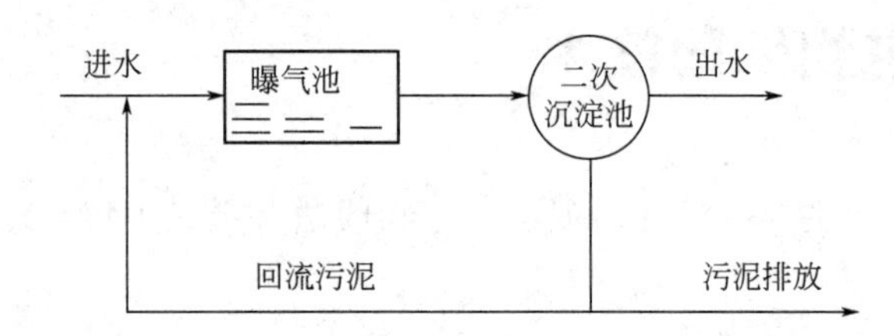

图 3-8 渐减曝气法工艺流程

② AB 两段活性污泥法。将活性污泥系统分为两个阶段，即 A 段和 B 段。它的工作原理是充分利用微生物种群的特征，为其创造适宜的环境而分成两个阶段，使不同种群的微生物可以得到良好的增殖，通过生化作用来处理污水。图 3-9 是 AB 两段活性污泥法的工艺流程。

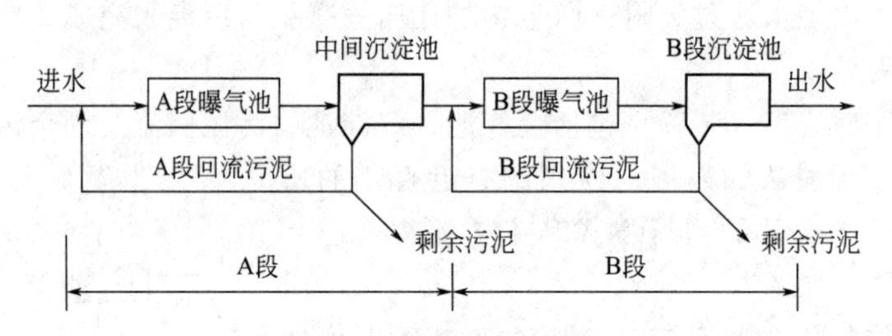

图 3-9 AB 两段活性污泥法工艺流程

与普通活性污泥法相比，AB 两段活性污泥法具有以下特点：a. 对处理复杂的、水质变化较大的污水，具有较强的适应能力；b. 可大幅度地去除污水中难降解物质，可作为复杂的工业废水预处理的一种方法；c. 处理效率高，出水水质好，BOD 去除率高达 90%～98%，还可以进行深度处理脱氮和除磷；d. 总反应时间短；e. 便于分期建设，可根据排放要求先建设 A 段再建设 B 段；f. 不设初沉池。

③ 完全混合活性污泥法。污水与回流污泥进入曝气池后立即与池内原有混合液充分混合，并替代出等量的混合液至二次沉淀池，从根本上改变了长条形池子中混合液的不均匀状态，如图 3-10 所示。

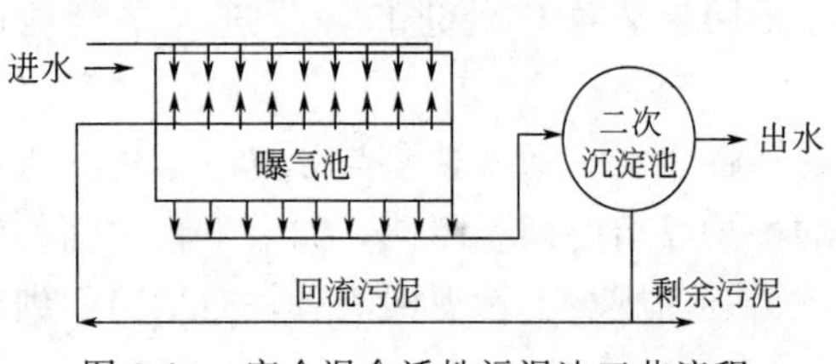

图 3-10 完全混合活性污泥法工艺流程

在池内各处微生物的生长、耗氧速率、BOD负荷完全均匀一致，因此，可以最大限度承受污水水质的变化，污泥负荷率较高，适应高浓度有机工业废水的处理要求。完全混合活性污泥法的主要缺点是连续出水，可能发生短流，带出部分有机污染物，从而影响出水水质，易发生污泥膨胀等。

④ 氧化沟法。氧化沟又称氧化渠，或循环曝气池，因其构筑物呈封闭的沟渠状而得名。运行时，污水和活性污泥的混合液在环状的曝气渠道中不断循环流动，如图3-11所示。

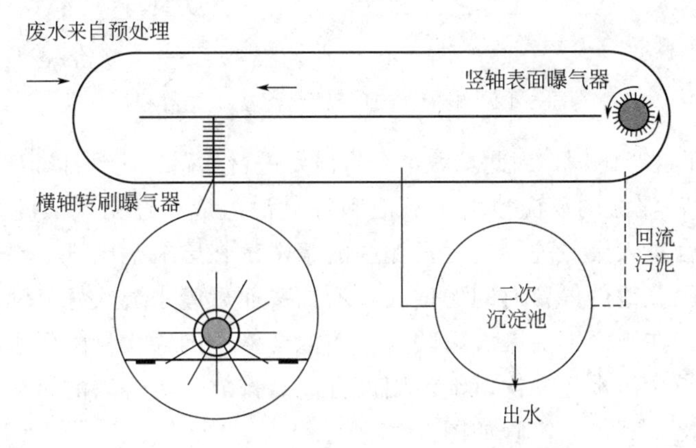

图3-11 氧化沟活性污泥法工艺流程

由于处理污水出水水质好，运行稳定，管理方便，氧化沟法在近30年来取得了迅速的发展。与传统活性污泥法相比，氧化沟工艺可以省去初次沉淀池，由于采用污泥的泥龄较长，剩余污泥量小，而且不需要再经过污泥消化处理，因此，氧化沟污水处理厂的处理工艺比一般活性污泥法简单得多。

⑤ 间歇式活性污泥法。在一个池中接替进行曝气、沉淀、排水、闲置的循环操作，一般只在曝气阶段进水。曝气池容积小于连续式的，建设和运行费用都较低。此外，间歇式活性污泥法系统还具有以下几个特征：a. 在大多数情况下，不需设置调节池；b. 污泥易于沉淀，一般情况下，不产生污泥膨胀现象；c. 通过对运行方式的调节，在单一的曝气池内能进行脱氮和除磷反应；d. 工艺过程可以全部实现自动化；e. 运行管理得当，出水水质可优于连续式。

⑥ 缺氧-好氧活性污泥法（生物脱氮）。对系统运行方式做适当调整，并将厌氧技术纳入，可使活性污泥处理系统能够有效地进行硝化和反硝化反应。

缺氧-好氧活性污泥法（A/O法）脱氮工艺是20世纪80年代初开发的工艺流程，其主要特点是将反硝化反应器放置在系统之前，故又称为前置反硝化生物脱氮系统，是目前采用较广泛的一种脱氮工艺。

硝化反应器内已进行了充分反应的硝化液部分回流至反硝化反应器，而反硝化反应器内的反硝化菌以原污水中的有机物作为电子供体，以回流液中硝酸盐作为电子受体，进行无氧呼吸，将硝态氮还原为气态氮。设内循环系统，向前置的反硝化反应器回流硝化液是本工艺的一个特征，其工艺流程如图3-12所示。由于流程简单，装置较少，一般不需外加碳源，因此，节省了建设和运行费用。

⑦ 厌氧-好氧活性污泥法（生物除磷）。普通活性污泥法的除磷能力是很有限的，一般为10%～30%。这是因为磷的去除量基本上是由合成微生物所需磷量决定的。如果污水中营养物质的含量维持活性污泥化学组成中碳、氮、磷的比例，则理论上磷可全部被去除。但城市污水

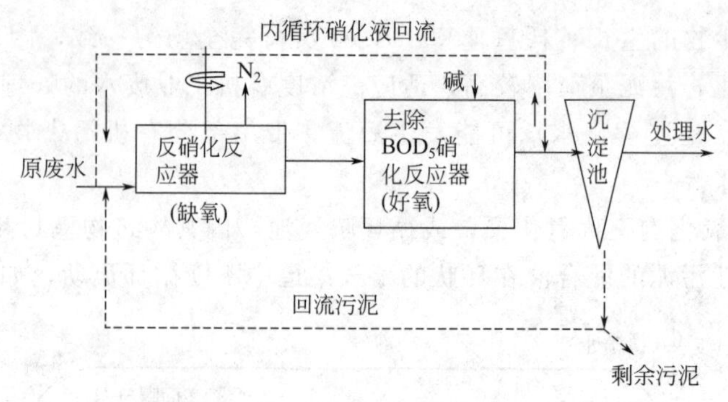

图 3-12　缺氧-好氧活性污泥法工艺流程

中磷的含量往往大于这个比例，因此，城市污水需要进行除磷，达到标准后才能排放。

厌氧-好氧活性污泥法的反应池由厌氧池和好氧池组成。经初次沉淀池处理的废水与回流活性污泥相互混合进入厌氧池，活性污泥中的聚磷菌在厌氧池内进行磷的释放，混合液中的磷含量随污水在厌氧池内停留时间的增长而增加；而后废水流入好氧池，活性污泥中的聚磷菌能大量吸收磷，在胞内形成聚合磷酸盐，使混合液中的磷含量随污水在厌氧池内停留时间的增长而降低；最后污水经二次沉淀池固液分离后排放，富含磷的污泥一部分回流，另一部分（剩余的）排出，其工艺流程如图 3-13 所示。

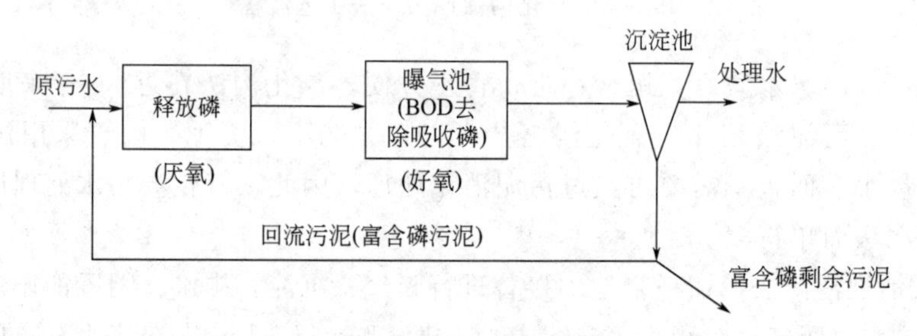

图 3-13　厌氧-好氧活性污泥法工艺流程

该工艺除磷率可达 80%以上，出水 BOD 和悬浮物含量与普通活性污泥法相同。

3.6.2　生物膜法

污水流过固体介质表面时，其中的悬浮物会被部分截留，胶体物质则被吸附，污水中的微生物则以此为营养物质而生长繁殖，这些微生物进一步吸附水中的悬浮物、胶体和溶解性有机污染物，在适当的条件下，逐步形成一层充满微生物的黏膜——生物膜。

在正常运行过程中，生物膜表面经常附着一层水层，称为附着水层，其外侧为流动水层，如图 3-14 所示。

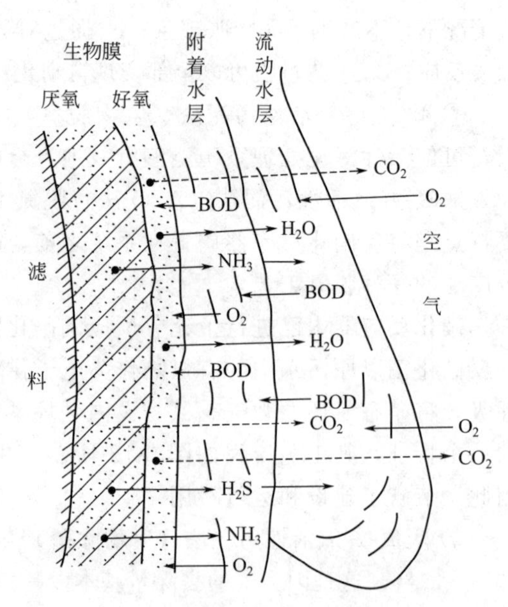

图 3-14　生物膜结构及其工作示意图

生物膜在有充足氧的条件下，对有机物进行氧化分解，产生的无机盐和二氧化碳沿相反方向从生物膜经附着水层进入流动水层排出。生物膜中的微生物也在这一代谢中获得能量，合成原生质，自身得到增殖，生物膜不断增厚，当增厚到一定程度时，溶解氧无法进入，生物膜内部转变为厌氧状态，并形成厌氧层。生物膜继续增厚，厌氧层也随着增厚，靠近载体表面的微生物由于得不到营养物质，其生长进入内源呼吸期，附着能力减弱，生物膜呈现老化状态，在外部水流冲刷下脱落，然后开始生长新的生物膜，生物膜就这样不断生长、脱落、更新，从而保持生物膜的活性。而且厌氧层中脱氮菌的反硝化作用，使生物膜法在好氧条件下同样具有脱氮功能。

生物膜法系统投入运转时，首先要培养和驯化生物膜，即先使微生物在载体表面生长繁殖，形成生物膜，这个过程称为“挂膜”。然后使膜上的微生物产生一定的变异，逐渐适应所处理的污水水质，称为“驯化”。

(1) 生物膜法的特征

生物膜法污水处理技术中，微生物生长繁殖的生物膜固着在载体（滤料或填料）的表面上，这是其与活性污泥法主要的区别。这一区别使其在微生物学、净化功能以及运行管理等方面有着自身独特之处。

在微生物学方面：①生物膜上优势微生物在填料层内随污水流程而不断变化；②生物膜上具有明显的食物链；③硝化菌（在好氧层）及脱氮菌（在厌氧层）在生物膜上也能得到良好的增殖。

在净化功能方面：①硝化反应是生物膜法各种工艺所共有的功能，与此同时，还有脱氮的功能，这方面远高于活性污泥处理系统；②污水水质、水量的波动对其处理效果的影响较小，而且易于恢复；③活性污泥法不适合处理BOD过低（不应低于50mg/L）的污水，而生物膜法的各种工艺对这样低的浓度，甚至更低的浓度的废水也能够进行充分的处理。

在运行管理方面：①不需回流污泥，不需设污泥回流系统；②脱落的生物膜中，原生动物多，易于固液分离，二次沉淀池处理效果好，而且污泥产量低。

(2) 运行方式

① 生物滤池。以土壤自净原理为依据，在污水灌溉的实践基础上，经间歇砂滤池和接触滤池而发展起来的人工生物处理技术，已有百余年的历史。

进入生物滤池的污水，必须通过预处理，去除原污水中的悬浮物等能够堵塞滤料的污染物，并使水质均化。处理城市污水的生物滤池前设初次沉淀池。处理工业废水时，其预处理技术则不限于沉淀池，视原废水水质而定。

滤料上的生物膜不断脱落更新，脱落的生物膜随处理水流出，因此，生物滤池后应设二次沉淀池。生物滤池有普通生物滤池和塔式生物滤池两种典型工艺，其主要构件包括滤料、池壁、排水系统和布水系统。

近年来科学家们开发出了一种曝气生物滤池，它集生物降解和固液分离于一体，具有氧转移速率高、动力消耗低、占地面积小、不需污泥回流、处理效果好等一系列优点。在国外用于造纸业及食品加工业废水的处理，并取得了良好的效果。

② 生物转盘。又称为旋转式生物反应器，主要组成部分有转盘（盘片）、转轴、污水处理槽和驱动装置等。其主体是一组固定在同一转轴上的等径圆形转盘和一个与它们配合的半圆形水槽。微生物生长并形成一层生物膜附着在转盘表面，40%～45%的转盘（转轴以下部分）浸没在污水中，上半部暴露在空气中。工作时，污水流过水槽，电动机带动转盘转动，生物膜与空气和污水交替接触，浸没时吸附水中的有机污染物，暴露时吸收空气中的氧，进

而氧化降解吸附的有机污染物。在运行过程中，生物膜也不断变厚衰老脱落，随污水一起排入沉淀池。

生物转盘的优点是运行中的动力消耗低，耐冲击负荷能力强，工作稳定，操作管理简单，污泥产量小、颗粒大、易于分离脱水，出水质较好。缺点是占地面积大，建设投资大，处理易挥发有毒废水时对大气污染严重，生物膜易脱落。

生物转盘法多用于生活污水的处理，也可用于处理食品加工、石油化工、制浆造纸等工业废水。

③ 生物接触氧化法。又称浸没式生物滤池，实际上是生物膜法与活性污泥法的结合，即在曝气池中设置填料作为生物膜的载体，利用生物膜和悬浮活性污泥的联合作用来净化污水，因此，兼具生物滤池和活性污泥法的双重特点。

生物接触氧化法的主体是生物接触氧化池，它的主要组成部分有池体、填料和布水系统。此工艺可以得到很高的生物固体浓度和较高的有机负荷，因此，反应池容积和占地面积很小。由于需要装填一定的载体，其基建费用往往较高。但是从运行的角度来看，生物接触氧化法具有较高的净化效果，兼具脱氮和除磷功能，具有较强的耐冲击负荷能力，污泥产量小，不需要污泥回流，易管理，没有污泥膨胀现象。由于采用人工曝气，较其他采用自然通风的生物滤池的运行费用要高，且滤床仍易堵塞。

3.6.3 厌氧生物处理法

当污水中有机物质量浓度较高，BOD_5 超过 1500mg/L 时，就不宜采用好氧法处理，而宜用厌氧处理方法。**厌氧生物处理法**是指在无氧条件下，通过厌氧微生物（包括兼性微生物）的作用，将废水中的各种复杂有机污染物转化为甲烷和二氧化碳等物质的过程，又称为**厌氧消化**。厌氧生物处理中，不需要氧气，因此，使其具有了一些与好氧处理法相区别的特点。

由于厌氧处理过程中产生的沼气（甲烷）可以作为能源加以回收利用，剩余污泥可作为肥料，不需供氧（能耗低）等优点，使其日益受到世界各国的重视。厌氧生物处理技术用于污泥稳定处理，还适用于高浓度与中浓度有机废水的处理。

厌氧生物处理与好氧处理过程的根本区别在于不以分子态的氧作为受氢体，而以化合态的氧、碳、硫、氢等作为受氢体。

厌氧生物处理是一个复杂的生物化学过程，它主要依靠水解产酸细菌、产氢产乙酸细菌和产甲烷细菌三大类群细菌联合作用来完成，因此，可以粗略地将厌氧消化过程分为水解酸化、产氢和乙酸、产甲烷三个阶段。

(1) 厌氧生物处理法的优缺点

厌氧生物处理法与好氧生物处理法相比具有以下优点：

① 应用范围广。好氧生物处理法一般只适用于中、低浓度污水的处理，而厌氧生物处理法不仅适用于污泥处理，也能处理高、中、低浓度有机废水，对有些好氧生物处理法难以降解的有机物质也能用厌氧生物处理法处理。

② 能耗低。好氧生物处理法需要消耗大量能量进行曝气，厌氧生物处理法则不需要，而且还能产生沼气抵偿部分消耗的能量。

③ 污泥产量低。剩余污泥量少，而且污泥浓缩、脱水性能好。

④ 营养物质需要量少。好氧生物处理法需要量为 COD∶N∶P=10∶3∶0.5，厌氧生物

处理法需要量为 COD：N：P＝100：1：0.1。

⑤ 有机负荷高。一般好氧生物处理法的有机容积负荷为 0.7～1.2kg COD/(m^3·d)，厌氧生物处理法为 10～60kg COD/(m^3·d)。

⑥ 厌氧处理过程有一定的杀菌作用。

同时，厌氧生物处理法也具有以下缺点：

① 厌氧微生物增殖缓慢，因而启动和处理时间较好氧生物处理法长。

② 处理后出水水质较差，往往需要进一步处理才能达到排放标准，一般经厌氧生物处理后串联好氧生物处理。

③ 厌氧生物处理系统操作控制因素较复杂严格，对有毒有害物质的影响较敏感。

④ 往往需要加热，且处理时间较长。

(2) 运行方式

① 厌氧消化法。厌氧消化法主要用于生活污泥及高浓度有机废水的处理。传统的消化池不加搅拌，池水一般分为三层：上层为浮渣；中层为水流；下层为污泥。污泥在池底进行厌氧消化。这种消化池不能调节温度，微生物和有机物不能充分接触，因此消化速度很低。

在厌氧处理中，对含有机固体污染物较多的和有机物浓度较高的废水常用普通厌氧反应器，又称普通污水消化池。

高速消化池克服了传统消化池的缺点，这类消化池装有加热设备和搅拌装置，使池内的污泥保持完全混合状态，温度一般维持在 30～35℃，给微生物的活动提供适宜的条件，提高消化速度。

② 厌氧接触法。厌氧接触法的主要特征是在完全搅拌的厌氧反应器后设沉淀池，进行泥水分离，使污泥回流，这样可大大降低水力停留时间，提高处理负荷率。

厌氧接触法的 BOD 去除率可达 90%以上，主要用于食品工业的废水处理。

③ 厌氧生物滤池。厌氧生物滤池是装填料的厌氧生物反应器。厌氧微生物以生物膜的形态生长在滤料表面。在生物膜的吸附作用、微生物的代谢作用以及滤料的截留作用下，废水中的有机污染物得以去除。产生的沼气则聚集于池顶部，并从顶部引出。处理水则由旁侧流出。为了分离出水挟带的脱落生物膜，一般需在滤池后设沉淀池。

厌氧生物滤池有较高的固体停留时间，因而有很好的处理效果，且能在高负荷下运行。主要缺点就是滤料容易堵塞，尤其是在池的下部生物膜浓度大的区域。

④ 升流式厌氧污泥床（UASB）。由荷兰 Lettinga 在 20 世纪 70 年代研发，集生物反应与沉淀于一体，是一种结构紧凑的厌氧反应器，也是一种微生物悬浮生长型厌氧反应器。UASB 反应器内污泥的平均容量可达 50g/L 以上，池底污泥质量浓度更是高达 100g/L 左右。该系统具有投资省、占地少、运行成本低、操作简单及易于控制等特点。

反应器主要包括进水配水系统、反应区、三相分离器、气室和处理水排出系统几个部分。其中，三相分离器的分离效果直接影响着反应器的处理效果，其功能是将气（沼气）、液（处理水）和固（污泥）三相进行分离。

UASB 反应器内之所以能维持较高的生物量（污泥浓度），关键在于厌氧污泥的颗粒化。所谓污泥颗粒化是指床中的污泥形态发生了变化，由絮状污泥变为密实、边缘圆滑的颗粒。其主要特点是具有很高的产甲烷活性，沉降性能很好。

⑤ 厌氧膨胀床和厌氧流化床。厌氧膨胀床和厌氧流化床基本上是相同的。床内填充细

小的固体颗粒填料，如石英砂、无烟煤、活性炭、陶粒和沸石等，在其表面形成一层生物膜。废水从床底部流入，顶部流出，填料悬浮于上升的水流中，有时需要将部分出水回流以提高床内水流的上升流速。一般认为床层膨胀率为10%～20%的，称为膨胀床，此时颗粒略呈膨胀状态，但仍保持相互接触；当膨胀率达到20%～60%时，填料处于流化状态，称为流化床。

厌氧膨胀床和厌氧流化床内的粒状填料为微生物附着生长提供比较大的比表面积，使床内具有很高的微生物浓度，因此其负荷高，水力停留时间短，耐冲击负荷能力强，运行稳定。而且由于填料处于膨胀状态，能防止堵塞。此外，床内生物固体停留时间长，剩余污泥量少。但是，使填料流化耗能较大、系统设计要求高、运行复杂等问题都限制了其应用。

⑥ 两段厌氧法和复合厌氧法。两段厌氧法是将厌氧消化的不同阶段（产酸、产气）分别在两个独立的反应器中进行，按照所处理污水的水质不同，可以选择采用同类型或不同类型的消化反应器。两段厌氧法耐冲击能力强，运行稳定，避免了一段法不耐高有机酸浓度的缺陷。两阶段反应不在同一反应器中进行，相互影响小，可更好地控制工艺条件，而且两段厌氧法消化效率高，尤其适用于处理含悬浮物多、难消化降解的高浓度有机物废水。只是两段法设备较多，流程和操作复杂。复合厌氧法是在一个反应器内由两种厌氧法组合而成，集两者优点于一体。

除了上述几种工艺以外，还有厌氧生物转盘、厌氧挡板式反应器等厌氧生物处理工艺，它们在生产实践中也有一定的应用。

3.7 污泥的处理与处置

城市污水和工业废水在处理过程中都会产生相当数量的污泥（约占处理水量的0.3%～0.5%）。污泥中含有大量的有毒有害物质，如合成有机污染物、寄生虫卵、病原微生物以及重金属离子等；也含有有利用价值的物质，如植物营养物质等。因此，污泥需要及时加以处理与处置。其目的主要有：①降低含水率，使其由流态变为固态，同时减少数量。②稳定其中容易腐化发臭的有机物。③使有毒有害物质得到妥善处理或利用，避免二次污染。④充分开发污泥的使用价值，使其得到综合利用，变害为利。

城市污水处理厂的污泥主要包括栅渣、沉砂池沉渣、初次沉淀池污泥和二次沉淀池污泥等。根据其成分的不同，污泥可分为有机污泥和沉渣。以有机物为主要成分的一般称为有机污泥，初次沉淀池污泥和二次沉淀池污泥都属于这一类，其富含有机物，易腐化发臭，颗粒较细，含水率一般很高，不易脱水，相对密度接近1，便于管道输送。以无机物为主要成分的一般称为沉渣，栅渣和沉砂池沉渣（还有工业废水处理中的沉淀物）属于这一类，其相对密度较大（一般相对密度在2左右），颗粒较粗，含水率较低且容易脱水，流动性较差，一般作为垃圾处置。

工业废水处理后产生的污泥，有的和城市污水处理厂相同，有的则不同，有些特殊的工业污泥有可能作为资源被利用。

污水处理厂的全部建设费用中，用于污泥处理的约占总额的20%～50%，所以污泥处理是污水处理系统的重要组成部分，必须予以充分重视。目前，污水处理中污泥处理和处置的方法如图 3-15 所示，其中应用较多的是浓缩和脱水，有的还采用厌氧消化和焚烧法。

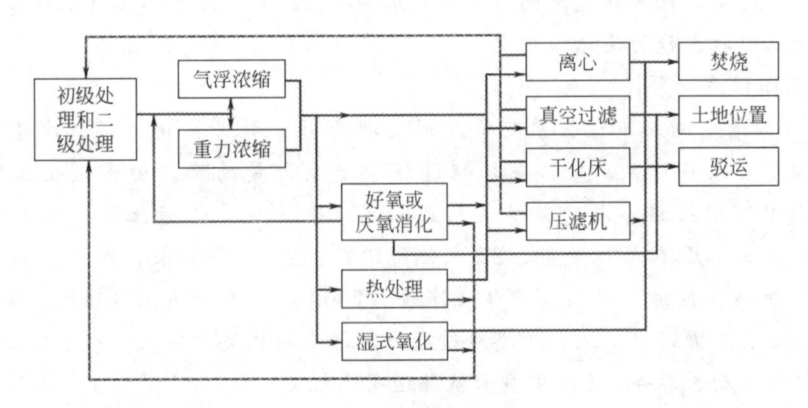

图 3-15　污泥处理和处置方法

【阅读材料】　　我国近年来严重的环境水污染事件

1. 松花江重大水污染事件

2005 年 11 月 13 日，某石化公司双苯厂苯胺车间发生爆炸事故。事故产生的约 100 吨苯、苯胺和硝基苯等有机污染物流入松花江。由于苯类污染物是对人体健康有危害的有机物，因而导致松花江发生重大水污染事件。截至同年 11 月 14 日，共造成 5 人死亡、1 人失踪、近 70 人受伤。

2. 河北白洋淀死鱼事件

2006 年 2 月和 3 月，素有“华北明珠”美誉的华北地区最大的淡水湖泊白洋淀，接连出现大面积死鱼。调查结果显示，死鱼事件的主因是水体污染较重、水中溶解氧过低，最终造成鱼类窒息。据统计，河北任丘市所属 9.6 万亩（1 亩≈666.7m^2）水域受到污染，水色发黑，有臭味，网箱中养殖鱼类全部死亡，沉淀中漂浮着大量死亡的野生鱼类，部分水草发黑枯死。

3. 太湖水污染事件

2007 年 5 月，江苏省无锡市城区的大批市民家中自来水水质突然发生变化，并伴有难闻的气味，无法正常饮用。无锡市民饮用水水源来自太湖。有研究显示，无锡水污染事件主要是由于水源地附近蓝藻大量堆积，厌氧分解过程中产生了大量的 NH_3、硫醇、硫醚以及硫化氢等异味物质。无锡市民纷纷抢购超市内的纯净水，街头零售的桶装纯净水也出现了较大的价格波动。

4. 巢湖、滇池蓝藻暴发

2007 年 6 月份，巢湖、滇池也不同程度地出现蓝藻。安徽巢湖西半湖出现了区域在 5 平方公里左右的大面积蓝藻，随着高温的持续，巢湖东半湖也出现蓝藻。滇池也因连日天气闷热，蓝藻大量繁殖。在昆明滇池海埂一线的岸边，湖水如绿油漆一般，并伴随着阵阵腥臭。太湖、巢湖、滇池蓝藻的连续暴发，为“三湖”流域水污染综合治理敲响了警钟。

5. 云南阳宗海砷污染事件

2008年6月，环保部门发现阳宗海水体中砷含量出现异常之后，立即展开了调查。在发现阳宗海水质中砷含量超过饮用水标准含量0.1倍后，立即要求停止以阳宗海作为饮用水水源地。本次砷污染事件直接危及两万人的饮水安全。从同年7月8日起，沿湖周边民众及企业全面停止从中取水作为生活饮用水。

6. 湖南浏阳镉污染事件

2003年，湖南省浏阳市镇头镇双桥村通过招商引资引进某化工厂，次年4月，该厂未经审批建设了1条炼铟生产线，在炼铟过程中产生大量的镉。由于该化工厂的环保设施不齐全，有效防护措施不足，镉被直接排入水体和土地，导致土地大面积污染，农作物遭受损失，造成509人尿镉超标，25人住院治疗。2007年以来，该化工厂就因污染环境引发当地村民持续投诉，并引发群体性事件。2009年，鉴于浏阳市环保局和相关工作人员对此化工厂监管不力，中共浏阳市委对造成此次污染的相关责任人进行了处理，免去浏阳市环保局2位正副局长职务，1名副乡长被移送司法机关；化工厂相关责任人等5人被刑事拘留。

7. 福建矿业溃坝事件

2010年7月3日和7月16日，福建某金铜矿湿法厂因尾矿库排水井在施工过程中被擅自抬高进水口标高，先后两次发生铜酸性溶液渗漏，造成汀江重大水污染事故，直接经济损失达3187.71万元人民币。随后，该矿业副总裁因污染事件被刑拘，上杭县县长因污染案停职。

8. 大连新港原油泄漏事件

2010年7月16日下午，大连新港一艘利比里亚籍30万吨级的油轮在卸油附加添加剂时，导致陆地输油管线发生爆炸，并引起旁边5个同样为10万立方米的油罐泄漏。直到7月22日，泄漏才被基本堵死。此次事故至少污染了附近50平方公里的海域，影响范围达100平方公里。

9. 云南曲靖铬渣污染

2011年8月，有人爆料，5000吨铬渣倒入水库，事后云南曲靖将受污染水排入珠江源头南盘江。新华社“中国网事”记者赶赴曲靖，就此事进行调查核实。随后爆出“死亡村”、倾倒和无防护堆放铬渣的真相引发各大新闻媒体的专题报道。

10. 广西龙江镉污染事件

2012年1月15日，广西龙江河拉浪水电站网箱养鱼出现少量死鱼现象被网络曝光，龙江河宜州区拉浪乡码头前200米水质重金属超标80倍。时间正值农历龙年春节，龙江河段检测出重金属镉含量超标，使得沿岸及下游居民饮水安全遭到严重威胁。当地政府积极展开治污工作，以期尽量减少对人民群众生活的影响。

复习思考题

1. 什么是水体污染？水体污染有哪些危害？

2. 请简述“水体富营养化”的成因、过程以及对水环境的危害。

3. 为什么在描述水中有机物含量时，多以化学需氧量（COD）、生化需氧量（BOD）、总有机碳（TOC）等指标来反映，而不以各种具体有机物的含量表示？

4. 何谓“水体自净”？根据作用机理的不同，水体自净作用可分为哪几类？

5. 废水物理处理的对象是什么？根据去除污染物的机制不同，废水的固液分离可以分为哪几类？

6. 沉淀有哪几种类型？各自有何特点？

7. 请列举废水化学处理的主要方法，并说明其各自的适用场合。

8. 请简述活性污泥法的基本原理，并列举主要的运行方式和各自的特点。

9. 生物膜法主要有哪些运行方式？各自的特点与适用范围如何？

10. 为什么污泥的处理与处置在废水处理系统中占有重要的地位？

第4章 大气污染及其控制技术

【导读】 大气污染已成为世界各国面临的日益严重的环境问题，制约各国政治、经济的快速发展，同时危害了人民群众的正常健康生活。如何防治城市大气污染，减轻其危害和影响，是当今重大而紧迫的课题。本章节主要分析当前我国大气污染的状况、特点及成因，产生的主要危害，并详细介绍了防治策略。

【提要】 本章节主要是使学生系统地了解并掌握大气污染控制工程的基本知识，大气污染气象学基础知识及污染物扩散的基础理论，大气污染防治的基本概念、基本原理、主要控制设备和典型工艺等；培养学生分析和解决日益严重的大气污染问题的基本能力，为学生从事大气污染控制工程设计、系统分析、科学研究及技术管理奠定必要的基础。

【要求】 掌握大气污染物的定义；了解主要污染源和主要的大气污染问题；了解大气环境标准及综合防治措施。

4.1 大气概述

在日常生活中，人们通常是将“大气”和“空气”作为同义词来使用的。事实上，二者的含义还是有区别的。国际标准化组织（ISO）对大气和环境空气定义如下：**大气**是指地球环境周围所有空气的总和；**环境空气**是指暴露在人群、植物、动物和建筑物之外的室外空气。本章节中，除描述特定场所的空气时加定语修饰区别外，无论“大气”还是“空气”均是指“环境空气”。

4.1.1 大气的组成

大气由干燥清洁的混合气体、水蒸气和悬浮颗粒物组成，除去水蒸气和悬浮颗粒物的大气称为干洁空气。在85km以下的大气层中，干洁空气的组成成分基本不变，主要是氮（N_2）、氧（O_2）和氩（Ar），合计占干洁空气的99.97%，其他还有少量的二氧化碳（CO_2）、氢（H_2）、氖（Ne）、氪（Kr）、氙（Xe）、臭氧（O_3）等，总和不超过0.03%。大气的组成见表4-1。

大气中的水蒸气包括悬浮于大气中的水滴、过冷水滴和冰晶等水汽凝结物；悬浮颗粒物包括固体杂质和微粒，主要来源于火山爆发、尘沙飞扬、物质燃烧的颗粒、宇宙物落入大气和海水蒸发等散发的烟粒、尘埃、盐粒和冰晶，还有细菌、微生物、植物的孢子和花粉等。另外，大气中还会出现由自然灾害、人为因素产生的不确定成分，如二氧化硫（SO_2）、硫氧化物（SO_x）、氮氧化物（NO_x）、恶臭气体等。这些是造成大气污染的主要污染物。

表 4-1 大气的组成

气体类别	含量(体积分数)/%	气体类别	含量(体积分数)/%
N_2	78.09	He	5.3×10^{-4}
O_2	20.95	H_2	0.5×10^{-4}
CO_2	0.03	Kr	1.0×10^{-4}
Ar	0.93	Xe	0.08×10^{-4}
Ne	1.8×10^{-4}	O_3	0.01×10^{-4}

大气中的悬浮微粒增加会影响太阳辐射和地表热量的散失，从而对大气的温度和能见度产生影响。

由表 4-1 可见，空气主要由 N_2、O_2 组成，约占总质量的 99.04%，其他成分含量虽然少，但是也十分重要，例如臭氧仅含 0.01×10^{-4}%，但却非常重要，它能吸收太阳的短波辐射，保护人类免收辐射危害。

4.1.2 大气层结构

地球外部由四大圈层组成，分别是岩石圈、生物圈、水圈、大气圈。其中大气圈对生物界和人类的影响更为深刻，具有保护作用、使水循环、雕塑地表形态等作用。

大气圈依据温度、密度和大气运动状况在垂直方向上的差异，主要分为对流层、平流层、中间层、暖层和散逸层，各层的特点见表 4-2。

表 4-2 大气圈各层特点

层次	距地面高度	特　点
对流层	对流层的厚度随纬度增加而降低：热带约16～17km，温带约10～12km，两极附近只有8～9km，平均厚度为12km左右	气温随高度增加而递减，每上升100m降低0.6℃。对流流动显著(低纬17～18km、中纬10～12km、高纬8～9km)。天气现象复杂多变
平流层	从对流层到50～60km高度的一层	起初气温变化小，30km以上气温迅速上升。大气以水平运动为主。大气平稳，天气晴朗，有利于高空飞行
中间层	中间层位于平流层顶之上，层顶高度大约80～85km	气温随高度增高而降低，空气具有强烈的对流运动，垂直混合明显。顶部温度可降至-83℃以下
暖层	暖层位于中间层顶之上，暖层的上界距地球表面约有800km	在强烈的太阳紫外线和宇宙射线作用下，气温随高度升高而增高，其顶部温度可达1700℃以上。暖层空气处于高度的电离状态，因而存在着大量的离子和电子，故又称之为电离层
散逸层	暖层以上的大气层统称为散逸层	大气的最外层，气温很高，空气极为稀薄，气体粒子的运动速度很高，可以摆脱地球引力而散逸到太空中，它是大气层和星际空间的过渡地带

4.2 大气污染

由人类活动和自然过程引起的，在一定范围的大气中出现了原来没有的微量物质，即污染物质，其数量和持续时间，都有可能对人、动物、植物及物品、材料产生不利影响和危害。当大气中污染物质的含量达到有害程度，对人或物造成危害时，就产生了大气污染。

大气污染物由天然污染物和人为污染物两类构成，但往往能够真正引起危害的是人为污染物，它的主要来源是大规模的工矿企业和燃料的燃烧。

4.2.1 大气污染物

大气污染物指由于人类活动或自然过程排入大气的并对人或环境产生有害影响的那些物质。大气污染物的种类很多，目前引起人们注意的有100多种，可分为**气溶胶状态污染物**和**气体状态污染物**两大类。

(1) 气溶胶状态污染物

根据颗粒污染物物理性质的不同，可分为如下几种。

① 粉尘。它是指悬浮于气体介质中的细小固体粒子。通常是由固体物质的破碎、分级、研磨等机械过程或土壤、岩石风化等自然过程形成的。粉尘粒径一般在1～200μm之间。大于10μm的粒子靠重力作用能在较短时间内沉降到地面，称为**降尘**；小于10μm的粒子能长期在大气中飘浮，称为**飘尘**。

② 烟。它通常指由冶金过程形成的固体粒子的气溶胶。在工业生产过程中总是伴有诸如氧化之类的化学反应，熔融物质挥发后生成的气态物质冷凝时便生成各种烟尘。烟的粒子是很细微的，粒径范围一般为0.01～1μm。

③ 飞灰。它指由燃料燃烧后产生的烟气带走的灰分中分散的较细的粒子。灰分是含碳物质燃烧后残留的固体渣，一般在分析测定时假定它是完全燃烧的。

④ 黑烟。它通常指由燃烧产生的能见的气溶胶，不包括水蒸气。在某些文献中以林格曼数、黑烟的遮光率、沾污的黑度或捕集的沉降物的质量来定量表示黑烟。黑烟的粒径范围为0.05～1μm。

⑤ 雾。在工程中，雾一般指小液体粒子的悬浮体。它可能是由液体蒸汽的凝结、液体的雾化以及化学反应等过程形成的，如水雾、酸雾、碱雾、油雾等，水滴的粒径范围在200μm以下。

⑥ 总悬浮颗粒物。它指大气中粒径小于100μm的所有固体颗粒。

(2) 气体状态污染物

气体状态污染物主要有硫氧化物、氮氧化物、碳氧化物、挥发性有机化合物（VOCs）、光化学烟雾等。

① 硫氧化物。主要有二氧化硫（SO_2）和三氧化硫（SO_3），其中SO_2是最主要的硫氧化物。硫氧化物的主要危害：形成工业烟雾，高浓度时使人呼吸困难，是著名的伦敦烟雾事件的元凶；进入大气层后，氧化为硫酸在云中形成酸雨，对建筑、森林、湖泊、土壤危害大；形成悬浮颗粒物，又称气溶胶，随着人的呼吸进入肺部，对肺有直接损伤作用。

② 氮氧化物。氮和氧的化合物形态很多，一般用氮氧化物（NO_x）表示。氮氧化物

NO_x（如 NO、NO_2、NO_3）的主要危害：刺激人的眼、鼻、喉和肺；增加病毒感染的发病率，如引起导致支气管炎、肺炎、流行性感冒等，诱发肺细胞癌变；形成城市中的烟雾，影响可见度；破坏树叶的组织，抑制植物生长；在空中形成硝酸小滴，产生酸雨。

③ 碳氧化物。此类物质主要有一氧化碳（CO)、二氧化碳（CO_2）等，其中 CO 是一种有毒气体，进入大气后，由于大气的扩散稀释和氧化作用，一般不会造成危害。但城市冬季采暖季节或交通繁忙的十字路口，在不利气象条件下，CO 浓度严重超标也是常有的。CO 主要危害：极易与血液中运载氧的血红蛋白结合，结合速率比氧气快 250 倍，因此，在极低浓度时就能使人或动物遭到缺氧性伤害，轻者眩晕、头疼，重者脑细胞受到永久性损伤，甚至窒息死亡；对心脏病、贫血和呼吸道疾病的患者伤害性大；引起胎儿生长受损和智力低下。

④ 挥发性有机化合物（VOCs)。VOCs 是 volatile organic compounds 的缩写，总挥发性有机物有时也用 TVOC 来表示。根据世界卫生组织（WHO）的定义，VOCs 是在常温下，沸点 50～260℃的各种有机化合物。在我国，VOCs 是指常温下饱和蒸气压大于 70Pa、常压下沸点在 260℃以下的有机化合物；或在 20℃条件下，蒸气压大于或者等于 10Pa 且具有挥发性的全部有机化合物。通常分为非甲烷烃类（简称 NMHCs)、含氧有机化合物、卤代烃、含氮有机化合物、含硫有机化合物等几大类。VOCs 参与大气环境中臭氧和二次气溶胶的形成，其对区域性大气臭氧污染、$PM_{2.5}$ 污染具有重要的影响。大多数 VOCs 具有令人不适的特殊气味，并具有毒性、刺激性、致畸性和致癌作用，特别是苯、甲苯及甲醛等对人体健康会造成很大的伤害。VOCs 是导致城市灰霾和光化学烟雾的重要前体物，主要来源于煤化工、石油化工、燃料涂料制造、溶剂制造与使用等过程。挥发性有机化合物 VOCs（如：烃类）主要危害：容易在太阳光作用下产生光化学烟雾；在一定的浓度下对植物和动物有直接毒性；对人体有致癌、引发白血病的危险。

⑤ 光化学烟雾。光化学烟雾是在阳光作用下，大气中的氮氧化物、烃类和氧化剂之间发生一系列光化学反应生成的蓝色（有的呈紫色或黄褐色）烟雾。其主要成分有臭氧、过氧乙酰硝酸酯、酮类和醛类等。光化学氧化物［如臭氧（O_3)］的主要危害：低空臭氧是一种最强的氧化剂，能够与几乎所有的生物物质产生反应，浓度很低时就能损坏橡胶、油漆、织物等材料；臭氧对植物的影响很大，浓度很低时就能减缓植物生长，高浓度时杀死叶片组织，致使整个叶片枯死，最终引起植物死亡，比如高速公路沿线的树木死亡就被分析与臭氧有关；臭氧对于动物和人类有多种伤害作用，特别是伤害眼睛和呼吸系统，加重哮喘类过敏症。

4.2.2 大气污染现状

(1) 国外大气污染现状

国外大气污染始于 18 世纪下半叶。工业革命（1750～1800 年）使生产力得以迅速发展，化石燃料逐渐成为主要能源，燃料燃烧等造成的大气污染日趋严重。工业发达国家的大气污染是和其现代化程度同步发生和发展的，大体上经历了三个阶段。

① 第一阶段：18 世纪末到 20 世纪中期，大气污染状况随着社会化大工业的发展而日益严重。此阶段的大气污染主要是由燃煤引起的所谓“煤烟型”污染，主要污染物是烟尘和二氧化硫。到了这一阶段后期，人们开始认识到烟尘的危害，并开始采取消除烟尘的技术措施。但是大气污染程度有增无减。

② 第二阶段：主要是20世纪50年代至60年代，各工业发达国家迫于人们反公害斗争的压力而投入很大精力进行烟尘治理，效果显著，烟尘及二氧化硫的排放量大为减少。但由于石油类燃料使用量急剧增长，汽车数量激增，呈现出所谓的“石油型”大气污染的特点。这一阶段的大气污染，已不再局限于城市和工矿区，而是呈现出广域污染的特点。飘尘、重金属、二氧化硫、氮氧化物和烃类等污染物已普遍存在，大气污染的危害已不是由某一种污染物所造成，而是多种污染物共同作用的结果，即所谓的“复合污染”。

③ 第三阶段：即20世纪70年代至今。环境保护意识已深入人心，环境保护与可持续发展的研讨便是证明。一些发达国家更加重视环境保护，花费了大量的人力、物力和财力，经过严格控制和综合治理，环境污染得到基本控制，环境质量有所改善。但微粒控制仍不能令人满意，同时由于汽车数量仍在大幅增加，CO、NO_x、碳氢化合物（烃类）和光化学烟雾等仍然严重，且不易解决，大气污染的范围也在不断扩大，出现了全球性的大气环境问题，如酸雨、温室效应及臭氧层破坏等。

(2) 我国大气污染现状

我国在工业化持续快速推进过程中，能源消费量持续增长，以煤为主的能源消费排放出大量的烟尘、二氧化硫、氮氧化物等大气污染物，大气环境形势十分严峻。同时伴随着居民收入水平的提高和城市化进程的加快，城市机动车流量迅猛增加，机动车尾气排放进一步加剧了大气污染，大气污染日益严重，空气质量进一步恶化。我国大气污染主要集中在经济发达的城市地区和工业集中区，其中城市是人口最密集的地方，我国严重的城市大气污染对居民健康造成了严重的危害，已经成为人们广泛关注的热点问题之一。

当前，我国大气污染主要呈现为煤烟型污染特征，其主要来源是生产和生活用燃煤，主要污染物是二氧化硫和烟尘。在某些城市除燃煤污染外，还有与当地工业污染和气象地理条件密切关联的地方特点。我国城市大气污染时空分布特征明显：大气污染冬季最严重，其次为春秋季节，夏季最好；污染总体上北方重于南方。城市大气环境中总悬浮颗粒物浓度普遍超标；二氧化硫污染保持在较高水平；机动车尾气污染物排放总量迅速增加；氮氧化物污染呈加重趋势；全国形成华中、西南、华东、华南多个酸雨区。沙尘天气加重了北方大气污染。

4.2.3 大气污染产生的影响及危害

大气污染不仅对人体健康有直接危害，而且对动植物、器物等也有很大影响。

(1) 大气污染对人体健康的影响

大气污染危害人体健康，低浓度长期作用下可引起机体免疫功能的降低、肺功能下降、呼吸及循环系统的改变，诱发和促进人体过敏性疾病、呼吸系统疾病以及其他疾病的产生，表现为发病、临床到死亡等一系列健康效应。

对健康危害最大的是可吸入颗粒物 PM_{10} 及细颗粒物 $PM_{2.5}$ 等，能够经呼吸进入支气管、肺部并产生沉积，长期作用引起支气管炎症，尤其是慢性阻塞性肺病的直接原因，甚至能穿过肺泡而进入血液，是心血管疾病、肺心病的主要诱因之一；这些细小的颗粒还是细菌、病毒、重金属和有机化合物等有毒有害成分的载体，具有致癌和促癌作用。SO_2 在大气中发生氧化反应生成酸雾，对人的眼结膜、鼻腔和呼吸道黏膜具有急性刺激作用，可引起支气管收缩、呼吸道阻力增加；进入肺部组织严重时可能引起肺部炎症和肺水肿；一般肺功能不全的患者、老人和儿童对 SO_2 刺激特别敏感；长期作用对慢性支气管炎、肺气肿和慢性下呼吸道疾病等慢性阻塞性肺病有很大的危害作用。NO_x 的水溶性较差，能够侵入呼吸道深部的细支气管和肺泡，长期吸入可被肺泡表面的活性物质氧化，与水分作用生成亚硝酸、硝酸，腐蚀和刺激肺组织，可引起闭塞性细支气管炎和肺水肿；以亚硝酸根和硝酸根的形式穿过肺泡进入血液，对循环系统有影响；NO_x 也是形成光化学烟雾的重要物质，强氧化性的光化学烟雾可引起眼睛红肿、呼吸困难、头痛、胸闷气短等呼吸系统和心血管系统症状，对患有心脏病和肺部疾病的人群影响更为明显。

(2) 大气污染对动植物的影响

二氧化硫、氟化物和光化学烟雾等能使植物叶子出现明显的伤害，使植物生理活动减退，生长缓慢，果实减少。城市工矿区排放的有害气体经常使附近的农作物、蔬菜减产，使果树、森林、城市绿化树木受到损害。国内外有关因大气污染使作物减产的例子并不鲜见。

对动物的影响主要是通过呼吸，引起牛羊等家畜生病；其次是饲料被污染的空气和水间接污染，从而影响到水和饲料的质量，危害家畜的正常生长。国内外大气污染事件中，猪、牛、鸡、狗生病或死亡的消息时有报道。

(3) 大气污染对器物的影响

大气污染物对器物的危害有两类：一是大气污染物沾污器物表面；二是器物被沾污后，污染物与器物发生化学作用，使器物变质或腐蚀。如硫酸雾、盐酸雾、碱雾等沾污器物表面后造成严重腐蚀，光化学烟雾对橡胶制品的破坏作用等。大气污染物对金属材料和设备的腐蚀所造成的损失巨大。

4.2.4 当今世界面临的主要大气环境问题

发达国家的环境质量于 20 世纪 70 年代后期已有所改善。我国的环境质量也没有随国民经济的迅速发展而恶化，环境污染得到一定控制。但是，当今世界仍面临人口膨胀、资源枯竭、生态破坏和环境污染等问题。就大气而言，主要是全球性的温室效应、酸雨和臭氧空洞等问题。

(1) 温室效应

大气中某些痕量气体含量的增加，引起地球平均气温升高的现象，称为**温室效应**。这类痕量气体，称为温室气体，主要有 CO_2、CH_4、O_3 等，其中以 CO_2 的温室作用最明显。

温室气体可以让阳光通过，但强烈吸收地面发出的长波辐射，从而使气温上升，起到了温室的作用。21 世纪以来全球平均气温升高了 0.5℃，如果温室气体按目前的速度增加，到 2030 年，全球平均气温将再升高 2～3℃，灾害性天气和异常天气将更加频繁。

由于二氧化碳与其他的温室气体在大气中的寿命很长，可以预期，由温室效应加强引起的全球变暖将持续几个世纪。据有关报道，20 世纪非极区的高山冰川普遍退缩，自 20 世纪 50 年代以来，北半球春夏海冰面积减少了大约 10%～15%，最近几十年，北极海冰厚度在春末秋初期间可能减少 40%左右，这将引发海平面的不断上升。据政府间气候变化专门委员会 PCC（2001）评估，过去 100 年中全球海平面上升了 10～20cm，全球暖化现象在 21 世纪还会继续发生，故由暖化引起的海洋热膨胀和极地冰川融化导致的海平面高度将会继续上升。海平面的持续上升将会使一些岛屿消失，人口稠密、经济发达的河口和沿海低地可能会遭受淹没或海水入浸，海滩和海岸遭受侵蚀，土地恶化，海水倒灌和洪水加剧，港口受损，并影响沿海养殖业，破坏供排水系统。气候变暖还有可能加大人群的发病率和死亡率，高温热浪会给人群带来心脏病发作、中风或其他致命疾病的风险，引起死亡率的增加。

(2) 酸雨

酸雨是指 pH 值小于 5.6 的雨、雪或其他形式的降水。雨、雪等在形成和降落过程中，吸收并溶解了空气中的二氧化硫、氮氧化物等物质，形成了 pH 值低于 5.6 的酸性降水。酸雨主要是人为地向大气中排放大量酸性物质所造成的。我国的酸雨主要因大量燃烧含硫量高的煤而形成，多为硫酸雨，少为硝酸雨。此外，各种机动车排放的尾气也是形成酸雨的重要原因。我国一些地区已经成为酸雨多发区，酸雨污染的范围和程度已经引起人们的密切关注。

酸雨在我国已呈燎原之势，覆盖面积已占国土面积的 30%以上。它的危害是多方面的，包括对人体健康、生态系统和建筑设施的直接和潜在危害。酸雨可使儿童免疫功能下降，慢性咽炎、支气管哮喘发病率增加，同时可使老人眼部、呼吸道患病率增加。

由于二氧化硫和氮氧化物的排放量日渐增多，酸雨的问题越来越突出。中国已是仅次于欧洲和北美的第三大酸雨区。我国酸雨主要分布地区是长江以南的四川盆地、贵州、湖南、湖北、江西，以及沿海的福建、广东等地区。在华北，很少观测到酸雨沉降，其原因可能是北方的降水量少，空气湿度低，土壤酸度低。

(3) 臭氧空洞

臭氧是大气中的微量气体之一，主要浓集在距地面 20～30km 的平流层中，该层大气也称臭氧层。臭氧能强烈吸收阳光中的紫外线，从而保护地球生物免遭紫外线伤害。

近年来，人们在大量使用冷冻剂、灭火剂、消毒剂等化学制品时，向大气排放了许多氯氟烃、氟、氯、溴等有害气体。在紫外线照射下这些气体会放出氯原子，同时夺取臭氧中的一个氧原子，使臭氧变成纯氧，臭氧层渐渐遭到破坏，太阳紫外线辐射趁虚而入，给人类健康和地球表面生态系统带来危害。

科学研究表明，如果大气中臭氧含量减少 1%，地面受紫外线辐射将增加 2%～3%。臭氧层破坏，导致全球范围地面紫外线照射加强，其中北半球中纬度地区冬季、春季增加了 7%，北半球中纬度地区夏季、秋季增加了 34%，南半球中纬度地区全年平均增加了 6%，南极地区春季增加了 130%，北极地区春季增加了 22%。据统计，目前全世界由紫外线辐射而引起的皮肤癌和白内障患者逐年增加，伤亡人数十分惊人。此外，紫外线辐射增加还引起了农作物产量下降、水生动物死亡等不良后果。

除温室效应、酸雨和臭氧空洞等全球性的大气污染之外，由于汽车数量的迅速增加，NO_x、碳氢化合物（烃类）、苯并芘和 Pb 等污染也是不可忽视的大气污染问题。

4.3 大气污染的防治策略

4.3.1 环境空气质量标准

环境空气质量标准是以保障人体健康、正常生活条件及一定的生态环境为目标，而对某些主要污染物在环境空气中的允许含量所作的限制规定。它是进行环境空气质量管理、环境空气质量评价、制定大气污染防治规划和大气污染物排放标准的依据，是环境管理部门的执法依据。

《环境空气质量标准》（GB 3095—2012）规定了二氧化硫、总悬浮颗粒物、可吸入颗粒物、氮氧化物、一氧化碳、臭氧等共计 10 种污染物的浓度限值。该标准根据空气质量不同分为二类区域。

① 一类区：自然保护区和其他需要特殊保护的地区。

② 二类区：城镇规划中确定的居民区、商业交通居民混合区、文教区、工业区和农村地区。

环境空气质量标准相应分为两级，一类区执行一级标准，二类区执行二级标准。

4.3.2 大气污染防治原则

(1) 加强法制宣传，加强执法管理

《中华人民共和国大气污染防治法》是我国大气环境保护的重要法律依据，对防治我国的大气颗粒物污染，保护和改善生活环境和生态环境，保障人体健康，促进社会与经济的持续发展发挥了重要作用。随着工业经济发展和环境科学研究水平的提高，在大气污染物的控制和管理方面出现了新的问题，需要及时修订，在立法目标、行为规范、法律实施程序、法律责任等方面做出比较明确、具体的规定，进一步丰富大气污染防治法的内容，加强其可操作性。

尽管我国大气污染防治法规标准建设和大气污染控制工作取得了很大进展，但相应的大气污染防治（包括颗粒物污染防治）经济政策不配套，产生执法不严、违法不纠的现象，要提升环境管理力度，加强大气污染执法力度，提高违法成本。

(2) 完善大气污染控制的经济政策

我国的环境保护政策以行政命令型为主，这导致大气污染控制成本高、效率低。企业所从事的生产经营活动是一种经济行为，应把这种经济行为中所伴随的污染物的排放这一外部成本，合理纳入企业的损益平衡，充分运用市场经济手段，使企业控制排污成为一种自觉的经济行为。逐步建立我国排污权有偿取得与排污交易市场机制。

(3) 技术层面的防治

① 控制燃煤源点源和面源。燃煤产生的颗粒物、SO_2 及 NO_x 对中国几乎所有的城市都有较大影响。因此，强化燃煤控制是进行城市大气质量管理的重点。加强对大型锅炉的除尘与脱硫脱硝改造，减少并逐步替代没有烟气处理的中小锅炉，淘汰工艺落后、污染严重的工业。进一步推行热电联供、煤气化工程等措施，推广使用清洁能源。

② 机动车尾气排放的治理。针对机动车数量的快速增加，完善机动车的尾气检测体系，在机动车排气系统中安装催化器，使燃料充分燃烧；推行、开发新型燃料，如甲醇、乙醇等含氧有机物；有效控制私家车的发展，扩大地铁、公共汽车的运输范围和能力，大力推行步行或绿色环保的自行车。

③ 加大绿化面积、植树造林。绿化造林是大气污染防治的一种经济有效的措施。植物有吸收各种有毒有害气体和净化空气的功能，是空气的天然过滤器；茂密的丛林能够降低风速，使气流挟带的大颗粒灰尘下降；树叶表面粗糙不平，多绒毛，某些树种的树叶还分泌黏液，能吸附大量飘尘，而蒙尘的树叶经雨水淋洗后，又能够恢复吸附、阻拦尘埃的作用，使空气得到净化。植物的光合作用放出氧气，吸收二氧化碳，因而树林有调节空气成分的功能。

4.4 大气污染控制技术

大气污染控制技术主要有脱硫技术、脱硝技术、除尘技术、机动车尾气净化技术、VOCs 控制技术以及垃圾焚烧烟气净化技术等。

4.4.1 脱硫技术

随着人们环境意识的不断增强，减少污染源、净化大气、保护人类生存环境的问题正在被亿万人们所关心和重视，寻求解决这一问题的措施，已成为当代科技研究的重要课题之一。因此控制 SO_2 的排放量，既需要国家的合理规划，更需要适合中国国情的低费用、低耗本的脱硫技术。

烟气脱硫经过了近 30 年的发展已经成为一种成熟稳定的技术，在世界各国的燃煤电厂中各种类型的烟气脱硫装置已经得到了广泛的应用。从烟气脱硫技术的种类来看，除了湿式洗涤工艺得到了进一步的发展和完善外，其他许多脱硫工艺也进行了研究，并有一部分工艺在燃煤电厂得到了使用。烟气脱硫技术是控制 SO_2 和酸雨的有效手段之一，根据脱硫工艺脱硫率的高低，可以分为高脱硫率工艺、中等脱硫率工艺和低脱硫率工艺。若按照吸收剂和脱硫产物的状态进行分类可以分为三种：湿法烟气脱硫、半干法烟气脱硫和干法烟气脱硫。

湿法烟气脱硫工艺是采用液体吸收剂洗涤 SO_2 烟气以脱除 SO_2。常用方法为石灰/石灰石吸收法、钠碱法、铝法、催化氧化还原法等。湿法烟气脱硫技术以其脱硫效率高、适应范围广、钙硫比低、技术成熟、副产物石膏可作商品出售等优点，已成为世界上占主导地位的烟气脱硫方法。但由于湿法烟气脱硫技术具有投资大、动力消耗大、占地面积大、设备复杂、运行费用和技术要求高等缺点，所以限制了它的发展速度。

半干法烟气脱硫工艺是采用吸收剂以浆液状态进入吸收塔（洗涤塔），脱硫后所产生的脱硫副产品是干态的工艺流程。

干法烟气脱硫工艺是采用吸收剂进入吸收塔，脱硫后所产生的脱硫副产品是干态的工艺流程，干法脱硫技术与湿法相比具有投资少、占地面积小、运行费用低、设备简单、维修方便、烟气无需再热等优点，但存在着钙硫比高、脱硫效率低、副产物不能商品化等缺点。

自 20 世纪 80 年代末，经过对干法脱硫技术中存在的主要问题的大量研究和不断的改进，现在已取得突破性进展。有代表性的喷雾干燥法、活性炭法、电子射线辐射法、填充电晕法、荷电干式吸收剂喷射脱硫技术等一批新的烟气脱硫技术已成功地开始了商业化运行，其脱硫副产物也已成功地用在铺路和制水泥混合材料方面。这一些技术的进步，迎来了干法、半干法烟气脱硫技术的新的快速发展时期。

传统的湿法脱硫和干法脱硫技术经济指标比较见表 4-3。

表 4-3 传统的湿法脱硫与干法脱硫技术经济指标比较

项目	湿法脱硫	干法脱硫
技术成熟时间	20 世纪 80 年代初	20 世纪 90 年代末
占地情况	系统复杂，占地面积大，2 台机组占地大于 $7000m^2$（不包含电除尘器及控制楼）	系统简单，占地面积小，2 台机组占地约为 $6500m^2$（包含静电除尘及脱硫后布袋除尘及控制楼）
脱硫效果	70%以上	90%以上
SO_3 脱除率	几乎无法脱除	几乎 100%脱除
重金属的脱除	只能脱除 30%左右	几乎 100%处理
废水处理	系统将产生大量废水，处理难度大	整个系统均为干态，无需废水处理
副产物特点及用途	可做水泥缓凝剂或石膏制品	用于回填、筑跨、制砖等
设备投资	湿法脱硫+电除尘器约 250 元/kW，年维护费用 250 万元	约 220 元/kW（含脱硫塔前两级电除尘及脱硫后布袋除尘器），年维护费用 150 万元

从表 4-3 可以看出，干法脱硫技术与湿法相比，在单位投资、运行费用和占地面积的方面具有明显优势，将成为具有产业化前景的烟气脱硫技术。

4.4.2 脱硝技术

目前成熟的燃煤电厂氮氧化物控制技术主要包括燃烧中脱硝技术和烟气脱硝技术，其中燃烧中脱硝技术是指低氮燃烧技术（LNB)，烟气脱硝技术包括 SCR、SNCR 和 SNCR/SCR 联用技术等。

SNCR 脱硝技术是指在锅炉炉膛出口 900～1100℃的温度范围内喷入还原剂（如氨气)，将其中的 NO_x 选择性还原成 N_2 和 H_2O。SNCR 工艺对温度要求十分严格，对机组负荷变化适应性差，对煤质多变、机组负荷变动频繁的电厂，其应用受到限制。大型机组脱硝效率一般只有 25%～45%。SNCR 脱硝技术一般只适用于老机组改造且对 NO_x 排放要求不高的区域。

SCR 烟气脱硝技术是指在 300～420℃的烟气温度范围内喷入氨气作为还原剂，在催化剂的作用下与烟气中的 NO_x 发生选择性催化反应生成 N_2 和 H_2O。SCR 烟气脱硝技术具有脱硝效率高、成熟可靠、应用广泛、经济合理、适应性强等特点，特别适合于煤质多变、机组负荷变动频繁以及对空气质量要求较敏感的区域的燃煤机组使用。SCR 脱硝效率一般可达 80%～90%，可将 NO_x 排放浓度降至 $100mg/m^3$（标准状态，干基，$6\%O_2$）以下。

SNCR/SCR 联用技术是指在烟气流程中分别安装 SNCR 和 SCR 装置。在 SNCR 区段喷入液氨等作为还原剂，在 SNCR 装置中将 NO_x 部分脱除；在 SCR 区段，利用 SNCR 工艺逃逸的氨气，在 SCR 催化剂的作用下将烟气中的 NO_x 还原成 N_2 和 H_2O。SNCR/SCR 联用工艺系统复杂，而且脱硝效率一般只有 50%～70%。

三种烟气脱硝技术的综合比较见表 4-4。

表 4-4 烟气脱硝技术的综合比较

序号	项目	技术方案		
		SCR	SNCR/SCR 联用	SNCR
1	还原剂	NH_3 或尿素	尿素或 NH_3	尿素或 NH_3
2	反应温度	300～420℃	前段：900～1100℃ 后段：300～420℃	900～1100℃
3	催化剂	V_2O_5-WO_3(MoO_3)/TiO_2 基催化剂	后段加装少量 SCR 催化剂	不使用催化剂
4	脱硝效率	80%～90%	50%～70%	大型机组 25%～50%
5	SO_2/SO_3 氧化	会导致 SO_2/SO_3 氧化	SO_2/SO_3 氧化较 SCR 低	不导致 SO_2/SO_3 氧化
6	NH_3逃逸	小于 3ppm	小于 3ppm	小于 10ppm
7	对空气预热器影响	催化剂中的 V 等多种金属会对 SO_2 的氧化起催化作用，SO_2/SO_3 氧化率较高，而 NH_3 与 SO_3 易形成 NH_4HSO_4，造成堵塞或腐蚀	SO_2/SO_3 氧化率较 SCR 低，造成堵塞或腐蚀的概率较 SCR 低	不会因催化剂导致 SO_2/SO_3 的氧化，造成堵塞或腐蚀的概率为三者最低

续表

序号	项目	技术方案		
		SCR	SNCR/SCR 联用	SNCR
8	燃料的影响	高灰分会磨耗催化剂，碱金属氧化物会使催化剂钝化	影响与 SCR 相同	无影响
9	锅炉的影响	受省煤器出口烟气温度影响	受炉膛内烟气流速、温度分布及 NO_x 分布的影响	与 SNCR/SCR 联用系统影响相同
10	计算机模拟和物理流动模型要求	需做计算机模拟和物理流动模型试验	需做计算机模拟分析	需做计算机模拟分析
11	占地空间	大(需增加大型催化剂反应器和供氨或尿素系统)	较小(需增加一小型催化剂反应器，无需增设供氨或尿素系统)	小(锅炉无需增加催化剂反应器)
12	使用业绩	多数大型机组成功运转经验	多数大型机组成功运转经验	多数大型机组成功运转经验

注：表中 ppm 表示 10^{-6}级。

4.4.3 除尘技术

将粉尘从含尘气体中分离并捕集的技术称为除尘技术。除尘过程中采用的设备称为除尘装置或除尘器。除尘器的种类繁多，可以有各种各样的分类。通常按照捕集分离粉尘粒子的机理，如重力、惯性力、离心力、库仑力、热力、扩散力等，可将各种除尘设施归为以下四大类。

① 机械式除尘器。一般作用于除尘器内，含尘气体的作用力是重力、惯性力及离心力。这类除尘器又可分为重力除尘设施（如重力沉降室）、惯性力除尘设施（如惯性除尘器，又称惯性分离器）、离心力除尘设施（如旋风除尘器，又称离心分离器）。

② 湿式除尘器（又称湿式洗涤器）。它是以水或其他液体为捕集粉尘粒子介质的除尘设施。按耗能的高低分为低能湿式除尘器（如喷雾塔、水膜除尘等），高能湿式除尘器（如文丘里除尘器、过滤式除尘器等）。

③ 过滤式除尘器。含尘气体与过滤介质之间依靠惯性碰撞、扩散、截留、筛分等作用，实现气固分离的除尘设施。根据所采用过滤介质和结构形式的不同，可以分为袋式除尘器（又称为布袋除尘器）、颗粒层除尘器等。

④ 电除尘器。利用高压电场产生的静电力，使粉尘从气流中分离出来的除尘设施称为静电除尘器，简称电除尘器。按照电除尘器的结构特点，可以有多种分类，主要分为管式静电除尘器和板式静电除尘器。

实际上，在一种除尘器中往往同时利用几种除尘机制，所以一般情况是按其中主要作用机制而分类命名的。

此外，根据在除尘过程中是否用水或其他液体，还可将除尘器分为干式和湿式两大类。用水或液体使含尘气体中的粉尘（固体粒子）或捕集到的粉尘润湿的设施，称为湿式除尘器；不润湿气体中的粉尘的设施，称为干式除尘器。

近些年来，为提高对微粒的捕集效率，陆续出现了综合几种除尘机制的各种新型除尘器，如声凝聚器、热凝器、流通力/冷凝洗涤器（简称 FF/C 洗涤器）、高梯度磁分离器、荷电液滴洗涤器及电管等。

4.4.4 机动车尾气净化技术

因大气污染，各国对机动车尾气排放提出了越来越严格的要求，机动车尾气的净化技术主要有尾气颗粒和氮氧化物的去除技术。

(1) 尾气颗粒去除技术

① 开放式微粒过滤器。颗粒随着部分废气渗漏到邻近管道，在有开放细孔的纤维网层上把微粒分离出来，这是通过改变穿过流道中冲压的微粒多次流过整个管道的气流流向来完成的。而进一步分离微粒则要通过管道中的开放式过滤效应。分离出来的微粒在超过 200℃ 的温度下，按照连续净化原理，用二氧化氮进行氧化。

② H-CDPF 装置（复合再生 DPF 装置）。H-CDPF 装置由过滤器和控制器两部分组成，通过电加热器来提高尾气温度，增强催化剂的催化活性，通过氧化燃烧使得捕集在过滤器中的颗粒能有效地被去除。这一装置可将柴油车尾气中排放的颗粒物（黑烟）减少 80%以上，一氧化碳、烃类减少 90%以上。过滤器采用耐热性、高导热性的碳化硅为过滤材料，并有涂有贵金属铂金涂层的壁流式结构，可将柴油车尾气中的炭烟更好地捕集。该装置使用催化剂和电加热器复合再生的方式，带有自我检测电子装置，有优良的耐久性，排气噪声最小化。但因其使用了贵金属催化剂，所以价格较高。

(2) 氮氧化物去除技术

① SCR 系统。将开放式微粒过滤器（PM-METALIT）和应用了紊流载体技术的 SCR 系统集成到了一起。其中开放式微粒过滤器被放置在尿素喷嘴和氮氧化物还原催化器之间，它不仅起到了净化颗粒物的作用，而且独特的紊流结构还起到了使尿素充分雾化的作用。在这个系统最前面的氧化催化器用于生成 NO_2，NO_2 在后级的颗粒捕集器里用于净化颗粒物，同时在氮氧化物还原催化器里它还加速了还原反应，特别是在冷启动阶段的氮氧化物还原。金属载体背压很小，而且采用了紊流结构载体，这使整个系统结构更为紧凑，因此 SCR 系统使降低油耗、降低 CO_2 排放成为可能。

② 氧化物捕集技术。在存储容量饱和的情况下，通过一个短暂的再生过程使捕集器中的氮氧化物分解，对此氮氧化物传感器会指示何时应进行该再生过程。因为载体在传感器后面仍有存储体积，所以可避免氮氧化物的逸出。氮氧化物被捕集器的存储涂层所吸收，在捕集器再生过程中通过与一氧化碳和烃类的反应净化氮氧化物。该氮氧化物捕集器吸收率高，持续再生能力强，适用于稀薄燃烧发动机。

4.4.5 VOCs 控制技术

VOCs 是导致城市灰霾和光化学烟雾的重要前体物，主要来源于煤化工、石油化工、燃料涂料制造、溶剂制造与使用等过程。

随着 VOCs 排放法规的不断严格，VOCs 控制、治理技术也日臻完善。VOCs 控制技术主要从源头和过程控制、末端治理和综合利用两方面进行。

(1) 源头和过程控制技术

① 采用先进的清洁生产技术，提高燃料的转化和利用效率；

② 在含 VOCs 产品的使用过程中，应采取废气收集措施，提高废气收集效率，减少废

气的无组织排放与逸散，并对收集后的废气进行回收或处理后达标排放；

③ 推广使用符合环境标志产品技术要求的替代材料，逐步减少有机溶剂型材料的使用。

(2) 末端治理和综合利用技术

对于含高浓度 VOCs 的废气，宜优先采用冷凝回收、吸附回收技术进行回收利用，并辅助以其他治理技术实现达标排放。

对于含中等浓度 VOCs 的废气，可采用吸附技术回收有机溶剂，或采用催化燃烧和热力焚烧技术净化后达标排放。当采用催化燃烧和热力焚烧技术进行净化时，应进行余热回收利用。

对于含低浓度 VOCs 的废气，有回收价值时可采用吸附技术、吸收技术对有机溶剂回收后达标排放；不宜回收时，可采用吸附浓缩燃烧技术、生物技术、吸收技术、等离子体技术或紫外线高级氧化技术等净化后达标排放。

含有有机卤素成分 VOCs 的废气，宜采用非焚烧技术处理。

恶臭气体污染源可采用生物技术、等离子体技术、吸附技术、吸收技术、紫外线高级氧化技术或组合技术等进行净化。净化后的恶臭气体除满足达标排放的要求外，还应采取高空排放等措施，避免产生扰民问题。

严格控制 VOCs 处理过程中产生的二次污染，对于催化燃烧和热力焚烧过程中产生的含硫、氮、氯等无机废气，以及吸附、吸收、冷凝、生物等治理过程中所产生的含有机物废水，应处理后达标排放。

4.4.6 垃圾焚烧烟气净化技术

近年来，我国垃圾产量每年大约为 1 亿吨，其无害化处理率仅 3%，全国垃圾存量已达 60 亿吨，占用耕地 5 万公顷，直接经济损失达 80 多亿元，造成的环境问题更是无法估量。在进行垃圾无害化处理技术方面，焚烧法的应用最为广泛，但垃圾焚烧又面临着大气污染问题。

(1) 垃圾焚烧工艺流程

目前采用的垃圾焚烧系统主要由垃圾接收、点火助燃、焚烧、烟气净化、排烟等单元组成，其工艺流程见图 4-1。在垃圾焚烧工艺流程中，焚烧及烟气净化是两个重要环节。而在垃圾焚烧发电过程中，焚烧炉及余热锅炉的性能又是关键。

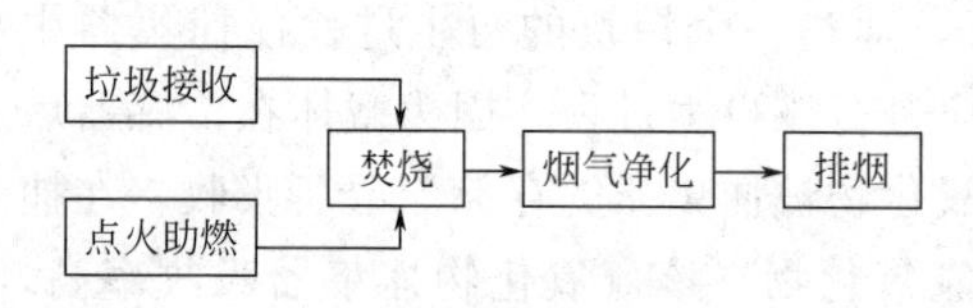

图 4-1 垃圾焚烧工艺流程

(2) 烟气净化技术

烟气净化技术应根据垃圾焚烧过程产生的废气中污染物组分、浓度及需要执行的排放标准来确定。通常情况下，净化工艺主要根据烟气中酸性气体（HCl、HF、SO_x）、颗粒物及重金属等的含量进行选择，其工艺设备主要由两部分组成，即酸性气体脱除和颗粒物捕集。

① 酸性气体脱除。它可分为湿式吸收、半干式吸收和干式吸收。

湿式吸收所使用的碱液通常是石灰浆液，其与酸性气体反应形成无害钙盐。置于除尘设备之后的此类吸收，对于 SO_2 和 HCl 的控制可获得最佳效果。

半干式吸收多采用氧化钙作吸收剂原料，将其制备成氢氧化钙溶液。在烟气净化工艺流程中通常将吸收置于除尘之前。半干式吸收脱酸效率较高，HCl 的去除率可达 90%以上。

干式吸收的碱性药剂多为氧化钙，吸收置于除尘前，除酸（HCl）效率一般在 50%～80%。

② 颗粒物捕集。主要用静电除尘和滤袋式除尘技术。

静电除尘效率通常>95%，并广泛用于燃煤发电厂。影响集尘效率的因素很多，如气体流量、湿度、电场强度、气体在电场中的滞留时间、粉尘粒径分布、气体含尘浓度、气流分布及集尘板面积、烟尘的比电阻等。

滤袋式除尘可除去粒状污染物及重金属。在其设计中，气布比是非常重要的因素，对投资费用及去除效率有决定性的影响。在城市垃圾焚烧设施中，常在滤袋除尘前设置干式或半干式吸收装置，使其兼有二次酸性气体去除功能。

【阅读材料】 2017—2023年中国大气污染防治行业发展调研与发展趋势分析报告

2016年8月29日，国家主席习近平签署第三十一号主席令，公布由十二届全国人大常委会第十六次会议于当日表决通过的修订后的《中华人民共和国大气污染防治法》。新法将于2016年1月1日起施行，共设八章129条，对大气污染防治的监督管理、大气污染防治措施、重点区域大气污染联合防治等内容作出规定。新大气污染防治法总体上响应了生态文明和绿色化发展的要求，但是有关规定能得以落地的具体实施措施仍待制定。环保"十三五"规划重点领域是大气、水、土壤的污染防治，是环境治理、改善的关键期。杨金田称，从已经公布的《大气十条》和《水十条》来看，"十三五"是我国大气污染和水污染出现拐点的重要时期，过了这个时期，相关领域的环境质量应该会逐步改善。

2016年以来，中共中央、国务院印发《关于加快推进生态文明建设的意见》，提出协同推进新型工业化、信息化、城镇化、农业现代化和绿色化，使生态文明建设的内容更丰富；中央全面深化改革领导小组第十四次会议审议通过《环境保护督察方案（试行）》《生态环境监测网络建设方案》《关于开展领导干部自然资源资产离任审计的试点方案》《党政领导干部生态环境损害责任追究办法（试行）》等文件，都为进一步加强生态文明建设和环境保护提供了坚实的制度保障。

"十三五"期间，13个重点区域大气污染防治的8类重点工程投资达到3500亿元。在《重点区域大气污染防治"十三五"规划》中，划定范围包括京津冀、长三角、珠三角等13个重点区域，涉及19个省（区、市），117个地级及以上城市，规划面积13256万平方公里。大气污染防治工作确定了二氧化硫治理、氮氧化物治理、工业烟粉尘治理、工业挥发性有机物治理、油气回收、黄标车淘汰、扬尘综合整治、能力建设八类重点工程，总投资达到3500亿元。其中二氧化硫治理项目投资需求约730亿元，氮氧化物治理项目投资需求约530亿元，工业烟粉尘治理项目投资需求约470亿元，工业挥发性有机物治理项目投资需求约400亿元，油气回收项目投资需求约215亿元，黄标车淘汰项目投资需求约940亿元，扬尘综合整治项目投资需求约100亿元，能力建设项目投资需求约115亿元。就全国而言，"十三五"期间用于大气污染治理的投资可能达到1万亿元。

在大气污染方面，"十三五"规划制定的七项指标，除了氮氧化物没有完成外，其他都基本完成。但按照新的空气质量标准指标去衡量，161个城市中只有16个城市达标。城镇化人口的增长、经济增长等都将给环境带来压力，"十三五"时期环境问题比较复杂。

据中国市场调研在线网发布的"2017—2023年中国大气污染防治行业发展调研与发展趋势分析报告"显示，目前，地方政府在落实工业大气污染防治工作过程中存在着消极因素。一是受制于传统观念。"唯GDP论"政绩观念土壤深厚，短期经济规模和长远环保利益的矛盾，促使地方政府放松对企业污染的监管。二是受制于财税压力。分税制下，地方政府税源有限，执行节能减排的财政支出压力增大。例如，2015年唐山市用于燃煤锅炉整治、重点污染企业搬迁改造等相关的民生和社会事业的财政预算为672亿元，占全市公共财政支出的76.2%。三是受制于就业压力。在某种程度上而言，节能减排意味着工业企业在一定时间内必须降低生产，甚至停产，由此引发的失业问题将直接影响社会稳定，加大维稳压力。

《"十三五"节能环保产业发展规划》作为总体目标，节能环保产业产值年均增长15%以上，2016年，节能环保产业总产值达到45万亿元，增加值占国内生产总值的比重为2%左右。2016年，我国技术可行、经济合理的节能潜力超过4亿吨标准煤，可带动上万亿元投资；节能服务总产值可突破3000亿元；产业废物循环利用市场空间巨大；城镇污水垃圾、脱硫脱硝设施建设投资超过8000亿元，环境服务总产值达5000亿元。此次各地提出的大气污染防治计划多是到2017年，随着计划的实施，有望带动节能环保产业的发展。

"2017—2023年中国大气污染防治行业发展调研与发展趋势分析报告"对我国大气污染防治行业现状、发展变化、竞争格局等情况进行了深入的调研分析，并对未来大气污染防治市场发展动向进行了详尽阐述，还根据大气污染防治行业的发展轨迹，对大气污染防治行业未来发展前景作了审慎的判断，为大气污染防治产业投资者寻找新的投资亮点。

最后，"2017—2023年中国大气污染防治行业发展调研与发展趋势分析报告"阐明了大气污染防治行业的投资空间，指明了投资方向，提出了研究者的战略建议，以供投资决策者参考。

复习思考题

1. 什么是大气污染？
2. 什么是大气污染物？常见的大气污染物有哪些？
3. 我国大气污染的特点是什么？
4. 大气污染物如何分类？
5. 常见的脱硫脱硝控制技术有哪些？
6. 常见的除尘技术有哪些？

第5章 土壤污染及其修复技术

【导读】 2013年习近平总书记就《中共中央关于全面深化改革若干重大问题的决定》向十八届三中全会作说明时指出“我们要认识到，山水林田湖是一个生命共同体，人的命脉在田，田的命脉在水，水的命脉在山，山的命脉在土，土的命脉在树。用途管制和生态修复必须遵循自然规律，如果种树的只管种树、治水的只管治水、护田的单纯护田，很容易顾此失彼，最终造成生态的系统性破坏。由一个部门负责领土范围内所有国土空间用途管制职责，对山水林田湖进行统一保护、统一修复是十分必要的。”

【提要】 本章简要介绍了土壤污染的定义、类型、来源及危害；主要介绍了土壤污染及土壤修复技术等方面的知识。通过本章的学习应充分认识到土壤污染对人类及环境构成的严重威胁，重点掌握污染土壤的各种生物修复技术及土壤污染常识。学会从身边小事做起，关心和保护土壤环境，为土壤污染修复及治理贡献一份力量。

【要求】 掌握土壤污染的基本概念；掌握一般土壤污染处理方法及其基本原理；熟悉土壤污染生物治理及相关生物修复技术；了解当前国内外污染土壤修复技术的主要类型、基本原理、技术要点及其应用实例，并扼要说明污染土壤修复技术选择的主要原则。

5.1 土壤概述

5.1.1 土壤的组成

土壤是指位于地球陆地表面，由固态岩石经风化而成，由固、液、气三相物质组成的疏松层。土壤具有支持植物和微生物生长繁殖以及动物栖息的功能。

土壤具有两个重要的功能：一是土壤作为一种极其宝贵的自然资源，是农业生产的基础；二是土壤对于外界进入的物质具有同化和代谢能力。由于土壤具有这种功能，所以人们肆意开发土壤资源，同时将土地看作人类废物的垃圾场，而忽略了对土地资源的保护。随着土壤污染的进一步加剧，人类面临着土地退化、水土流失和荒漠化以及土壤污染等诸多问题。其中，土壤污染的形势极为严峻。

土壤主要是由颗粒状矿物质、有机质、水分、空气、微生物等在地表组成的一层疏松的物质。从容积方面而言，理想的土壤中矿物质约占35%～45%，有机质约占5%～12%，孔隙约占50%。矿物质占土壤固相部分的90%～95%以上（以质量计），而有机质约占1%～10%。

5.1.2 土壤的性质

(1) 土壤的物理性质

土壤的物理性质在很大程度上决定着土壤的其他性质，如土壤养分的保持、土壤生物的数量等。因此，物理性质是土壤最基本的性质，它包括土壤的质地、结构、密度、容重、孔隙率、颜色、温度等方面。

① 土壤质地。**质地**表示土壤颗粒的粗细程度，也即砂、粉沙和黏粒的相对比例。植物生长中许多物理、化学反应的程度都受到土壤质地的制约，这是因为它决定着这些反应得以进行的表面积。

② 土壤结构。**土壤结构**是指土壤颗粒（砂、粉沙和黏粒）相互胶结在一起而形成的团聚体，也称土壤自然结构体。团聚体内部胶结较强，而团聚体之间则沿胶结的弱面相互分开。土壤结构是土壤形成过程中产生的新性质，不同的土壤和同一土壤的不同土层中，土壤结构往往各不相同。土壤团聚体按形态分为球状、板状、块状和棱柱状四种。

由于多数土壤团聚体的体积较单个土粒为大，所以它们之间的孔隙往往也比砂、粉沙和黏粒之间的孔隙大得多，从而可以促进空气和水分的运动，并为植物根系的伸展提供空间，为土壤动物的活动提供通道。由此可见，土壤结构的重要性在于它能够改变土壤的质地。在各种土壤结构中，球状团粒结构对土壤肥力的形成具有最重要的意义。

③ 土壤孔隙率。**土壤孔隙率**是指单位体积土壤中孔隙体积所占的百分数。土壤质地和土壤结构对土壤孔隙、土壤容重和土壤密度有很大影响。当容重和密度增加时，孔隙的体积便减小；反之，孔隙的体积则增大。就表土来说，砂质土壤的孔隙率一般为35%～50%，壤土和黏性土则为40%～60%。有机质含量高，且团粒结构好的土壤的孔隙率甚至可以高于60%，但紧实的淀积层的孔隙率可低至25%～30%。

土壤孔隙的大小不同，粗大的土壤颗粒之间形成大孔隙（孔径大于0.1mm），细小的土壤颗粒如黏粒之间则形成小孔隙（孔径小于0.1mm）。一般来说，砂土的容重大，总孔隙率较小，但大部分是大孔隙，由于大孔隙易于通风透水，所以砂质土的保水性差。与此相反，黏土的容重小，总孔隙率较大，且大部分是小孔隙，由于小孔隙中空气流动不畅，水分运动主要为缓慢的毛管运动，所以黏土的保水性好。由此可见，土壤孔隙的大小和孔隙的数量是同样重要的。

④ 土壤温度。土壤温度既是土壤肥力的影响因素之一，也是土壤的重要物理性质，它直接影响土壤动物、植物和微生物的活动，以及黏土矿物形成的化学过程的强度等。例如，在0℃以下，几乎没有生物的活动，影响矿物质和有机质分解与合成的生物、化学过程是很微弱的；在0～5℃之间，大多数植物的根系不能生长，种子难以发芽。

土壤温度的状况受到土壤质地、孔隙率和含水量的影响，主要表现为不同土壤的比热容和热导率的差异。

土壤比热容指单位质量（g）土壤的温度增减1K所吸收或放出的热量［J/(g·K)］，它仅相当于水的比热容的1/5。因此，水分含量多的土壤在春季增温慢，在秋季降温也慢；相反，水分含量少的土壤在春季增温快，在秋季降温也快。此外，不同质地和孔隙率的土壤，其比热容也不同：砂土的孔隙率小，比热容亦小，土壤温度易于升高和降低；黏土则相反。

土壤热导率指单位截面（$1cm^2$）、单位距离（1cm）的土壤温度相差1K时，单位时间内传导通过的热量，其单位是J/(cm·s·K)。土壤三相组成中以固体的热导率最大，其次是土壤水分，土壤空气的热导率最小。因此，土壤颗粒越大，孔隙率越小，则热导率越大；反之，土壤颗粒越小，孔隙率越大，则热导率越小。例如砂土的热导率比黏土要大，其升温和降温都比黏土迅速。

(2) 土壤的化学性质

存在于土壤孔隙中的水通常是土壤溶液，它是土壤中化学反应的介质。土壤溶液中的胶体颗粒担当着离子吸收和保存的作用；土壤溶液的酸碱性决定着离子的交换和养分的有效性；土壤溶液的氧化还原性则影响着有机质分解和养分有效性的程度。因此，土壤化学性质主要表现在胶体性质、酸碱性和氧化还原性三个方面，下面分别予以介绍。

① 胶体性质。次生黏土矿物和腐殖质是土壤中最为活跃的成分，它们呈胶体状态，具有吸收和保存外来各种养分的性能，是土壤肥力形成的主要物质基础。

胶体一般是指物质颗粒直径在1～100nm之间的物质分散系。土壤胶体（soil colloids）颗粒的直径通常小于1μm，它是一种液-固体系，即分散相为固体，分散介质为液体。根据组成胶粒物质的不同，土壤胶体可分为有机胶体（如腐殖质）、无机胶体（黏土矿物）和有机-无机复合胶体三类。由于土壤中腐殖质很少呈自由状态，常与各种次生矿物紧密结合在一起形成复合体，所以，有机-无机复合胶体是土壤胶体存在的主要形式。

由于胶体颗粒的体积很小，所以胶体物质的比表面积（单位体积物质的表面积）非常大。土壤中胶体物质含量越多，其所包含的面积也就越大。根据物理学原理，一定体积的物质比表面积越大，其表面能也越大。因此，胶体含量越高的土壤，其表面能也越大，从而养分的物理吸收性能便越强。

胶体的供肥和保肥功能除了通过离子的吸附与交换来实现之外，还依赖于胶体的存在状态。当土壤胶体处于凝胶状态时，胶粒相互凝聚在一起，有利于土壤结构的形成和保肥能力的增强，但也降低了养分的有效性；当胶体处于溶胶状态时，每个胶粒都被介质所包围，是彼此分散存在的，虽可使养分的有效性增加，但易引起养分的淋失和土壤结构的破坏。土壤中的胶体主要处于凝胶状态，只有在潮湿的土壤中才有少量的溶胶。

② 酸碱性。土壤的酸碱性是土壤的重要理化性质之一，是土壤在形成过程中受生物、气候、地质、水文等因素综合作用的结果。根据氢离子存在形式，土壤酸度分为**活性酸度**和**潜性酸度**两类。活性酸度又称有效酸度，是指土壤相处于平衡状态时，土壤溶液中游离氢离子浓度所反映的酸度，通常用pH值表示。土壤的碱性主要来自土壤中钙、镁、钠、钾的重碳酸盐、碳酸盐及土壤胶体上交换性钠离子的水解作用。

③ 氧化还原性。由于土壤中存在着多种氧化性和还原性无机物质及有机物质，使其具有氧化性和还原性。土壤的氧化还原性也是土壤溶液的一项重要性质。土壤中氧化还原物质在土壤表面、剖面的迁移，会影响植物对养分的吸收，也会直接影响土壤本身的缓冲性能。

5.2 土壤污染

5.2.1 土壤背景值

土壤背景值是指未受或少受人类活动特别是人为污染影响的土壤环境本身的化学元素组成及其含量。土壤背景值是各种成土因素综合作用下成土过程的产物，地球上的不同区域，从岩石成分到地理环境和生物群落都有很大的差异，所以实质上它是各自然成土因素（包括时间因素）的函数。由于成土环境条件仍在不断地发展和演变，特别是人类社会的不断发展，科学技术和生产水平不断提高，人类对自然环境的影响也随之不断地增强和扩展，目前已难以找到绝对不受人类活动影响的土壤。因此，现在所获得的土壤背景值也只能是尽可能不受或少受人类活动影响的数值。

研究土壤背景值具有重要的实践意义。因为污染物进入土壤环境之后的组成、数量、形态和分布变化，都需要与背景值比较才能加以分析和判断，所以土壤背景值是土壤环境质量评价，特别是土壤污染综合评价的基本依据，是研究和确定土壤环境容量、制定土壤环境标准的基本数据，也是研究污染元素和化合物在土壤环境中的化学行为的依据。另外，在土地利用及其规划，研究土壤生态、施肥、污水灌溉、种植业规划，提高农、林、牧、副业生产水平和产品质量，食品卫生及环境医学等方面，土壤环境背景值也是重要的参比数据。

我国在20世纪70年代后期开始进行土壤背景值的研究工作，先后开展了北京、南京、广州、重庆等市以及华北平原、东北平原、松辽平原、黄淮海平原、西北黄土、西南红黄壤等地区的土壤和农作物的背景值研究。

5.2.2 土壤环境容量

土壤环境容量是针对土壤中的有害物质而言的，它是指在人类生存和自然生态不致受害的前提下，土壤环境单元所容许承纳的污染物质的最大数量或负荷量。简言之，土壤环境容量实际上是土壤污染起始值和最大负荷值之间的差值。若以土壤环境标准作为土壤所能承纳的最大允许限值，则该土壤的环境容量便是土壤环境标准值减去土壤背景值。在尚未制定土壤环境标准的情况下，还可以通过土壤环境污染的生态效应试验，加之考虑土壤环境的自净作用与缓冲性能，来确定土壤环境容量。

土壤环境容量能够在土壤环境质量评价、制定污水灌溉水质标准和污泥施用标准、确定微量元素累积施用量等方面发挥作用。土壤环境容量充分体现了区域环境特征，是实现污染物总量控制的重要基础。在此基础上，人们可以经济、合理地制定污染物总量控制规划，也可以充分利用土壤环境的纳污能力。

5.2.3 土壤污染

土壤污染是指进入土壤的污染物超过土壤的自净能力，或污染物在土壤中的积累量超过土壤基准量，而给生态系统乃至人类造成危害的现象。

土壤环境中污染物的输入、积累与土壤环境的自净作用是两个相反而又同时进行的对立、统一的过程，在正常情况下，两者处于一定的动态平衡，在这种平衡状态下，土壤环境是不会发生污染的。但是，如果人类的各种活动产生的污染物质，通过各种途径输入土壤，其数量和速度超过了土壤环境自净作用的速度，打破了污染物在土壤环境中的自然动态平衡，使污染物的积累过程占据优势，可导致土壤环境正常功能的失调和土壤质量的下降，或者使土壤生态发生明显变异，导致土壤微生物种类、数量或者活性的变化，以及土壤酶活性的减少。同时，由于土壤环境中污染物的迁移转化，从而引起大气、水体和生物的污染，并通过食物链最终影响到人类的健康，这种现象属于土壤环境污染。

因此，我们说，当土壤环境中所含污染物的数量超过土壤自净能力或当污染物在土壤环境中的积累量超过土壤环境基准量或土壤环境标准时，即为土壤环境污染。从土壤污染概念来看，判断土壤发生污染的指标：一是土壤自净能力；二是动植物直接、间接吸收而受害的临界浓度。

5.2.4 土壤污染物的类型和来源

（1）土壤污染物的类型

① 化学污染物。包括无机污染物和有机污染物。无机污染物主要包括汞、镉、铅、砷等重金属，过量的氮、磷植物营养元素以及其氧化物和硫化物等。有机污染物则包括各种化学农药、石油及其降解产物以及其他各类有机合成产物等。化学污染物是土壤污染物中最重要、影响也最强烈和广泛的污染物，目前人们对于这类污染物的污染效应、治理等相关研究进行得比较多。

② 物理污染物。它是指来自工厂、矿山的固体废物，如尾矿、废石、粉煤灰和工业垃圾等。

③ 生物污染物。它是指带有各种病菌的城市垃圾和由卫生设施排出的废水、废物以及厩肥等。

④ 放射性污染物。主要存在于核原料开采和大气层核爆炸地区，以锶和铯等在土壤中生存期长的放射性元素为主。

（2）土壤污染物的来源

① 污水灌溉。用未经处理或未达到排放标准的工业污水灌溉农田是污染物进入土壤的主要途径。生活污水和工业废水中，含有氮、磷、钾等许多植物所需要的养分，所以合理地使用污水灌溉农田，一般有增产效果。但污水中还含有重金属、酚、氰化物等许多有毒有害的物质，如果污水没有经过必要的处理而直接用于农田灌溉，会将污水中有毒有害的物质带至农田，污染土壤。例如冶炼、电镀、染料等工业废水能引起镉、汞、铬、铜等重金属污染；石油化工、肥料、农药等工业废水会引起酚、三氯乙醛、农药等有机物的污染。污水灌溉和污水土地处理系统对土壤环境的污染防治和生态环境保护，都是需要研究的重要土壤环境问题。

② 酸雨和降尘。工业排放的二氧化硫、氟化物、臭氧、氮氧化物、烃类等有害气体在大气中发生反应而形成酸雨，以自然降水形式进入土壤，引起土壤酸化。我国酸雨区面积约占国土面积的1/3。工业排放的粉尘、烟尘等固体粒子及烟雾、雾气等液体粒子，在重力作用下以降尘形式进入土壤造成污染。例如，有色金属冶炼厂排出的废气中含有铬、铅、铜、镉等重金属，可对附近的土壤造成污染；生产磷肥、氟化物的工厂会对附近的土壤造成粉尘污染和氟污染。大气酸沉降与土壤酸化，已成为全球性的生态环境问题。

③ 化肥和农药。施用化肥是农业增产的重要措施，但化肥的不合理使用，会使作物贪青、倒伏而减产，同时引起土壤中营养元素的不平衡，造成土壤污染。例如长期大量使用氮肥，会破坏土壤结构，造成土壤板结，土壤生物学性质恶化，影响农作物的产量和质量。过量地使用硝态氮肥，会使饲料作物含有过多的硝酸盐，妨碍牲畜体内氧的输送，使其患病，严重时可导致死亡。

农药能防治病、虫、草害，如果使用得当，可保证作物的增产，但它是一类危害性很大的土壤污染物，施用不当，会引起土壤污染。农作物从土壤中吸收农药，在根、茎、叶、果实和种子中积累，通过食物、饲料危害人体和牲畜的健康。此外，农药在杀虫、防病的同时，也使有益于农业的微生物、昆虫、鸟类受到伤害，破坏了生态系统，使农作物遭受间接损失。另外，长期使用农药造成病、虫、草害物种抗药性增强，导致农药投入量持续增加。

④ 固体废物。土壤向来都作为固体废物的处理场所。随着工农业生产的发展和城市扩大化，固体废物的种类、数量、成分日益增多和复杂化，如工矿业的固体废物包括金属矿渣、煤矸石、粉煤灰、城市垃圾、污泥等。再如，各种农用塑料薄膜作为大棚、地膜覆盖物被广泛使用，如果管理、回收不善，大量残膜碎片散落田间，会造成农田“白色污染”。这样的固体污染物既不易蒸发、挥发，也不易被土壤微生物分解，是一种长期滞留于土壤中的污染物。

⑤ 汽车尾气。汽车使用含铅汽油，其排放的废气中含有铅化合物，经雨水冲刷沉积于土壤中，造成铅污染。汽车尾气对土壤的污染随着我国汽车拥有量的增加而日益显现出来。

5.2.5 土壤污染的特点

土壤污染的特点主要有以下四个。

(1) 隐蔽性和滞后性

大气污染、水污染和固体废物污染等问题一般都比较直观，土壤污染不像大气与水体污染那样容易为人们所发现，因为土壤是更复杂的三相共存体系。各种有害物质在土壤中，总是与土壤相结合，有的为土壤生物所分解或吸收，从而改变其本来面目而被隐藏在土体里，或自土体排出且不被发现。当土壤将有害物输送给农作物，再通过食物链而损害人畜健康时，土壤本身可能还继续保持其生产能力而经久不衰。所以土壤污染往往要通过对土壤样品进行分析化验和对农作物进行残留检测，甚至通过研究对人畜健康状况的影响才能确定。这也导致土壤污染从产生污染到出现问题，通常会滞后很长时间。土壤污染的隐蔽性和滞后性使认识土壤污染问题的难度增加，以致污染危害持续发展。

(2) 累积性和地域性

污染物质在大气和水体中，一般都比在土壤中更容易迁移，这使得污染物质在土壤中并不像在大气和水体中那样容易扩散和稀释，因此容易在土壤中不断积累而超标，同时也使土壤污染具有很强的地域性。

(3) 不可逆性

多数无机污染物，特别是金属和微量元素，都能与土壤有机质或矿质相结合，并长久地保存在土壤中。无论它们怎样转化，也无法使其重新离开土壤。如被某些重金属污染的土壤需要 200～1000 年才能够恢复。

(4) 治理的艰难性

如果大气和水体受到污染，切断污染源之后通过稀释作用和自净作用也有可能使污染问题不断逆转，但是积累在污染土壤中的难降解污染物则很难靠稀释作用和自净作用来消除。土壤污染一旦发生，则很难恢复，治理成本较高、治理周期较长。

依据上述特点不难发现，土壤污染的预防胜于治理。

5.3 土壤污染的现状及危害

5.3.1 我国土壤污染现状

(1) 土壤重金属污染

土壤重金属污染是我国土壤污染的一个主要方面，我国大多数城市近郊土壤都遭受不同程度的重金属污染。污水灌溉是我国土壤重金属污染的主要原因。据我国农业农村部进行的全国污灌区调查，在约140万公顷的污水灌区中，遭受重金属污染的土地面积占污水灌区面积的64.8%，其中轻度污染的占46.7%，中度污染的占9.7%，严重污染的占8.4%。我国每年因重金属污染而减产粮食1000多万吨，被重金属污染的粮食每年多达1200万吨，合计经济损失至少200亿元。

（2）土壤有机污染

目前我国土壤的有机污染十分严重。例如，我国从1959年起在长江中下游地区用五氯酚钠防治血吸虫病，其中的杂质二噁英已造成区域性污染，洞庭湖、鄱阳湖底泥中的二噁英含量很高。有机氯农药已禁用了近20年，其在土壤中的残留量已大大降低，但检出率仍很高，一些地区最高残留量仍在1mg/kg以上。

同时，随着城市化和工业化进程的加快，城市和工业区附近的土壤有机污染也日益加剧。对某钢铁集团四周的农业土壤和工业区附近的土壤的调查结果表明，农业土壤中15种多环芳烃总量的平均值为4.3mg/kg，且主要以4环以上具有致癌作用的污染物为主，约占总含量的85%，仅有6%的采样点尚处于安全级。而工业区附近的土壤污染远远高于农业土壤，其中多氯联苯、多环芳烃、塑料增塑剂、除草剂、丁草胺等高致癌性的物质都很容易在重工业区周围的土壤中被检测到，而且大大超过国家标准。

由于土壤是植物和一些生物的营养来源，所以土壤中的有机污染物会通过食物链发生传递和迁移，目前动物和人类自身都遭受着有机污染物的污染和威胁。在有机污染物沿食物链传递和迁移的过程中，含量逐级增加，其富集系数在各营养级中均可达到惊人的程度。六六六和DDT作为高残留率农药于1983年已停止生产，随着时间的推移，土壤中已几乎检测不到这两种剧毒农药的残留，但在鱼类身上检测出的含量却比土壤中高出了近100倍，而到了夜鹭、白鹭的鸟卵中，这个含量被放大了100～200倍。再如太湖鸟类生物监测结果表明：太湖湖底淤泥中六六六未检测出，DDT为3.4ng/g；通过鱼类生物富集，六六六达到28.5ng/g，DDT达到270.7ng/g；最终到夜鹭、白鹭的鸟卵中时，六六六可高达460.0ng/g，DDT可高达5626.7ng/g。此外，有毒有机污染物正在通过食物链危及人体健康，这些有机污染物长期贮存在人体中，并可通过母乳喂养间接转移给新生儿。

（3）土壤的放射性污染

近年来，随着核技术在工农业、医疗、地质、科研等各领域的广泛应用，越来越多的放射性污染物进入土壤中，这些放射性污染物除可直接危害人体外，还可以通过生物链和食物链进入人体，在人体内产生内照射，损伤人体组织细胞，引起肿瘤、白血病和遗传障碍等疾病。如科研结果表明，氡子体的辐射危害占人体所受的全部辐射危害的55%以上，诱发肺癌的潜伏期大多都在15年以上，我国每年因氡致癌的人约5万例。

（4）汽车尾气对土壤的污染

汽车尾气中的含铅物质对土壤的污染逐渐加重，在道路两侧尤为严重。铅对土壤的污染已深达30cm，地下30cm以下深度的铅含量比较稳定。铅污染主要集中在表层30cm的土壤，而这一深度往往正是农作物根系生长的深度，这直接导致蔬菜等农作物中铅含量严重超标。

（5）固体废物类对土壤的污染

在土壤环境中堆置固体废物也能对土壤造成污染，这种污染状况虽然没有重金属污染、有毒有机物污染那样严重，但仍然是土壤污染治理中不容忽视的一个问题。比如，沈阳市某公路两侧，由于附近建筑物、公路的频繁施工，造成大量的建筑垃圾掺杂在土壤中，导致沿线土壤质量趋于恶化，破坏了树木的生存条件，不得不更换新土，以保证树木存活。

5.3.2 土壤污染的危害

土壤是各种污染物最终的“宿营地”，土壤通过对污染物的吸附、固定形成了对污染物的富集作用，世界上90%的污染物最终滞留在土壤内。植物从土壤中选择吸收必需的营养物，同时也被动地甚至被迫地吸收土壤释放出来的有害物质。土壤污染主要是通过它的产品——植物来表现其危害。植物的吸收利用，有时能使污染物浓度达到危害自身或危害人畜的水平，即使没有达到毒害水平的含毒植物性食品，只要为人畜食用，当它们在动物体内排出率低时，也可以逐日积累，由量变到质变，最后引起动物病变。土壤污染的危害表现在如下几方面。

① 土壤污染导致食物品质不断下降。土壤是作物生长的基础。目前，由于土壤污染的原因，导致许多地方粮食、蔬菜、水果等食物中镉、铬、砷、铅等重金属含量超标和接近临界值。有些地区污水灌溉已经使得蔬菜的味道变差，蔬菜易烂，甚至出现难闻的异味；农产品的储藏品质和加工品质也不能满足深加工的要求。

② 土壤污染危害人畜健康。土壤污染会使污染物在植物体中积累，并通过食物链富集到人体和动物体中，危害人畜健康，造成功能异常和其他荷尔蒙系统异常、生殖障碍和种群减少、肿瘤和癌症频发、行为失常、免疫系统障碍以及性别混乱等症状和疾病等。目前，我国对这方面的情况仍缺乏全面的调查和研究，对土壤污染导致污染疾病的总体情况并不清楚，但是，从个别城市的重点调查结果来看，情况并不乐观。

③ 土壤污染导致严重的经济损失。土壤污染能够造成作物减产，从而造成严重的经济损失。

④ 土壤污染导致其他环境问题。土地受到污染后，污染表土容易在风力和水力的作用下分别进入大气和水体中，导致大气污染、地表水污染、地下水污染和生态系统退化等其他次生生态环境问题。

5.4 土壤污染治理及修复

5.4.1 土壤污染治理

土壤污染表面上离人们的生活较远，实际上却与每个人的身体健康息息相关。比如，粮食中的重金属含量、蔬菜中的农药残留、饮用水源的安全情况，都会受到土壤环境质量的直接影响。

(1) 我国土壤污染治理的形势

在当前土壤污染形势日趋严峻的情况下，我国已经充分认识到土壤污染的严重性和危害性，逐步开展了土壤污染的研究、治理以及管理等多方面行动。

我国于2006年开展了全国首次土壤污染状况调查，以全面、系统、准确掌握我国土壤污染的真实情况，有效防治土壤污染，确保人们身体健康。全国土壤污染状况调查的范围包括除我国台湾地区和港澳地区以外的所辖全部陆地国土，调查的重点区域是长三角、珠三角、环渤海湾地区、东北老工业基地、成渝地区、渭河平原以及主要矿产资源型城市。调查的主要任务如下。

① 开展全国土壤环境质量状况调查与评价。在全国范围内系统开展土壤环境现状调查，通过分析土壤中重金属、农药残留、有机污染物等项目的含量及土壤理化性质，结合土地利用类型和土壤类型，开展基于土壤环境风险的土壤环境质量评价。土壤环境质量状况调查的重点区域是基本农田保护区和粮食主产区。

② 开展重点区域土壤污染风险评估与安全等级划分。把重污染企业周边、工业遗留或遗弃场地、固体废物集中处理处置场地、油田、采矿区、主要蔬菜基地、污灌区、大型交通干线两侧以及社会关注的环境热点区域作为调查重点，查明土壤污染的类型、范围、程度以及土壤重污染区的空间分布情况，分析污染成因，确定土壤环境安全等级，建立污染土壤档案。

③ 开展全国土壤背景点环境质量调查与对比分析。在“七五”全国土壤环境背景值调查的基础上，采集可对比的土壤样品，分析30年来我国土壤背景环境质量变化情况。

④ 开展污染土壤修复与综合治理试点。通过自主研发、引进吸收和技术创新，筛选污染土壤修复技术，编制污染土壤修复技术指南，开展污染土壤修复与综合治理的试点示范。

⑤ 建设土壤环境质量监督管理体系。制定适合我国国情的土壤污染防治基本战略，提出国家土壤污染防治政策法规和标准体系框架，拟定土壤污染防治法草案，完善国家土壤环境监测网络。

（2）土壤污染治理措施

防治土壤污染可以从源头和治理两方面着手，即一方面切断土壤污染物的来源，另一方面利用环境科学技术对污染土壤进行治理。从源头上控制土壤污染的措施包括以下几项。

① 科学地进行污水灌溉。工业废水种类繁多，成分复杂，有些工厂排出的废水可能是无害的，但与其他工厂排出的废水混合后，就变成有毒的废水。因此在利用废水灌溉农田之前，应按照《农田灌溉水质标准》规定的方法进行净化处理，这样既利用了污水，又避免了对土壤的污染。

② 合理使用农药，重视开发高效低毒低残留农药。合理使用农药，不仅可以减少对土壤的污染，还能经济有效地消灭病、虫、草害，发挥农药的积极效能。在生产中，不仅要控制化学农药的用量、使用范围、喷施次数和喷施时间，提高喷洒技术，还要改进农药剂型，严格限制剧毒、高残留农药的使用，重视低毒、低残留农药的开发与生产。

③ 合理施用化肥，增施有机肥。根据土壤的特性、气候状况和农作物生长发育特点配方施肥，严格控制有毒化肥的使用范围和用量。增施有机肥，提高土壤有机质含量，可增强土壤胶体对重金属和农药的吸附能力。如褐腐酸能吸收和溶解三氯杂苯除草剂及某些农药，腐殖质能促进镉的沉淀等。同时，增施有机肥还可以改善土壤微生物的流动条件，加速生物降解过程。

④ 施用化学改良剂。在受重金属轻度污染的土壤中施用抑制剂，可将重金属转化为难溶的化合物，减少农作物的吸收。常用的抑制剂有石灰、碱性磷酸盐、碳酸盐和硫化物等。例如，在受镉污染的酸性、微酸性土壤中施用石灰或碱性炉灰等，可以使活性镉转化为碳酸盐或氢氧化物等难溶化合物，改良效果显著。因为重金属大部分为亲硫元素，所以在水田中施用绿肥、稻草等，在旱地上施用适量的硫化钠、石硫合剂等，有利于重金属生成难溶的硫化物。对于砷污染土壤，可施加硫酸铁和氯化镁等物质使之生成难溶化合物，减少砷的危害。

5.4.2 土壤修复

(1) 土壤修复概述

为了解决日益严重的土壤污染问题，许多科研人员开始研究土壤污染的治理技术。在20世纪70年代后期，以土壤环境化学为基础的土壤治理技术应运而生。这项技术不仅对土壤污染进行治理使其不危及人类健康，更着力于恢复土壤的功能，因而名为土壤修复技术。土壤修复利用物理、化学、数学、生物、信息和管理等科学技术原理和方法，主要研究土壤污染监测与诊断，污染土壤中污染物时空分布、环境行为及形态效应，研究污染土壤生态健康风险和环境质量指标，研究污染物容纳、遏制、消减、净化方法及其过程和机理，研究土壤修复的安全性、稳定性及标准，研究修复后提供无污染土壤及其修复过程的风险评估方法和标准，创建土壤污染控制和修复理论、方法和技术及其工程应用与管理规范，为土壤资源可持续利用、农产品安全、环境保护、人类健康保障提供理论、方法、技术及工程示范。

土壤修复的基本方法就是采用各种技术与手段，将污染土壤中所含的污染物质分离去除、吸附固定、回收利用或者将其转化为无害物质，使土壤得到恢复。从科学原理上看，土壤污染修复包括物理修复、化学修复和生物修复。从污染土壤的类型和优先修复的目标污染物上看，重金属污染土壤修复和有机污染土壤修复是研究重点。

(2) 土壤修复技术

① 热力学修复。利用热传导，如热毯、热井或热墙等，或热辐射，如无线电波加热等实现对污染土壤的修复。

② 热解吸附修复技术。以加热方式将受有机物污染的土壤加热至有机物沸点以上，使吸附在土壤中的有机物挥发成气态后再分离处理。

③ 焚烧法。将污染土壤在焚烧炉中焚烧，使高分子量的有害物质（挥发性和半挥发性）分解成低分子的烟气。经过除尘、冷却和净化处理，使烟气达到排放标准。

④ 土地填埋法。将废物作为一种泥浆，将污泥施入土壤，通过施肥、灌溉、添加石灰等方式调节土壤的营养、湿度和pH值，保持污染物在土壤上层的好氧降解。

⑤ 化学淋洗。借助能促进土壤环境中污染物溶解或迁移的化学/生物化学溶剂，在重力作用下或通过水头压力推动淋洗液注入被污染的土层中，然后再把含有污染物的溶液从土壤中抽提出来而进行分离和污水处理的技术。

⑥ 堆肥法。利用传统的堆肥方法，堆积污染土壤，将污染物与有机物如稻草、麦秸、碎木片、树皮和粪便等混合起来，依靠堆肥过程中的微生物作用来降解土壤中难降解的有机污染物。

⑦ 植物修复。运用农业技术改善土壤对植物生长不利的化学和物理方面的限制条件，使之适于种植，并通过种植优选的植物及其根际微生物直接或间接吸收、挥发、分离、降解污染物，恢复、重建自然生态环境和植被景观。

⑧ 渗透反应墙。这是一种原位处理技术，在浅层土壤与地下水中，构筑一个具有渗透性、含有反应材料的墙体，污染水体经过墙体时其中的污染物与墙内反应材料发生物理、化学反应而被净化除去。

⑨ 生物修复。利用生物特别是微生物催化降解有机污染物，从而修复被污染环境或消除环境中污染物的一个受控或自发进行的过程。其中微生物修复技术是利用微生物如土著菌、外来菌、基因工程菌等对污染物的代谢作用而转化、降解污染物，主要用于土壤中有机

污染物的降解。通过改变各种环境条件如营养、氧化还原电位、共代谢基质，强化微生物降解作用以达到治理目的。

5.5 土壤重金属污染及防治

5.5.1 土壤重金属污染概述

土壤重金属污染（heavy metal pollution of the soil）指由于人类活动，土壤中的微量金属元素在土壤中的含量超过背景值，且过量沉积而导致含量过高的现象。换句话说，土壤重金属污染是指由于人类活动将金属带入土壤中，致使土壤中重金属含量明显高于原生含量，并造成生态环境质量恶化的现象。

污染土壤的重金属主要包括汞（Hg）、镉（Cd）、铅（Pb）、铬（Cr）和类金属砷（As）等生物毒性显著的元素，以及有一定毒性的锌（Zn）、铜（Cu）、镍（Ni）等元素。主要来自农药、废水、污泥和大气沉降等。例如汞主要来自含汞废水，镉、铅污染主要来自冶炼排放和汽车废气沉降，砷则主要来自杀虫剂、杀菌剂、杀鼠剂和除草剂。过量重金属可引起植物生理功能紊乱、营养失调。镉、汞等元素在作物籽实中富集系数较高，即使超过食品卫生标准，也不影响作物生长、发育和产量。此外，汞、砷能减弱和抑制土壤中硝化、氨化细菌活动，影响氮素供应。重金属污染物在土壤中移动性很小，不易随水淋滤，不为微生物降解，通过食物链进入人体后，潜在危害极大，应特别注意防止重金属对土壤的污染。一些矿山在开采中尚未建立废石排场和尾矿库，废石和尾矿随意堆放，致使尾矿中富含的难降解的重金属进入土壤，加之矿石加工后余下的金属废渣随雨水进入地下水系统，造成严重的土壤重金属污染。

5.5.2 土壤重金属污染常见治理方法

土壤重金属污染治理途径主要有两种：一是改变重金属在土壤中的存在状态，使其由活化态转为稳定态；二是从土壤中除去重金属。

（1）工程治理方法

工程治理是指利用物理或物理化学的原理来治理土壤重金属污染。主要治理方法有：①加客土，即在污染的土壤上加入未污染的新土；②换土，即将已污染的土壤移去，换上未污染的新土；③翻土，即将污染的表土翻至下层；④去表土，即将污染的表土移去等；⑤淋洗，即用淋洗液来淋洗污染的土壤；⑥热处理，即将污染土壤加热，使土壤中的挥发性污染物（如 Hg）挥发并收集起来进行回收或处理；⑦电解，即使土壤中重金属在电解、电迁移、电渗和电泳等的作用下在阳极或阴极被移走。以上措施具有效果彻底、稳定等优点，但也有实施复杂、治理费用高和易引起土壤肥力降低等缺点。

（2）生物修复方法

生物修复是当前研究的重点方向，即利用生物的新陈代谢活动降低土壤中重金属的浓度或使其形态发生改变，从而使污染的土壤环境能够部分或完全恢复到原始状态的过程。修复措施主要包括植物修复、微生物修复和低等动物修复等。因其具有效果好、投资省、费用低、易于管理与操作、不产生二次污染等优点，日益受到人们的重视，成为污染土壤修复研究及工程运用的热点。本书从以下三个方面来对其进行论述。

① 植物修复。植物修复措施是以植物耐性和超量积累某种或某些化学元素理论为基础，一些重金属污染区存在着对重金属具有耐性的植物，这些植物通过排斥或在局部使重金属富集，使重金属在植株根部细胞壁沉淀而“束缚”其跨膜吸收，或与某些蛋白质、有机酸结合生成不具生物活性的解毒形态，从而提高了对重金属伤害的忍耐度。利用植物及其共存微生物体系清除环境中的污染物是一门新兴起的环境应用技术。植物治理措施的关键是寻找合适的超积累或耐重金属植物，超积累植物可吸收积累大量的重金属。但植物修复措施也有局限性，如超积累植物通常生物量低，生长缓慢，效果不显著。

② 微生物修复。微生物修复是利用土壤中的某些微生物对重金属具有吸收、沉淀、氧化和还原等作用，从而降低土壤中重金属的毒性。原核生物（细菌、放线菌）比真核生物（真菌）对重金属更敏感，利用此原理通过生化技术对富汞细菌进行富集、培养，进而达到治理受汞污染的土壤的目的。当前运用遗传、基因工程等生物技术，培育对重金属具有降毒能力的微生物，并运用于污染治理，是土壤重金属污染研究中较活跃的领域之一。

土壤重金属污染的微生物修复主要包括两方面，即生物吸附和生物氧化-还原。生物吸附是重金属被生物体吸附，如蓝细菌、硫酸还原菌以及某些藻类能够产生具有大量阳离子基团的胞外聚合物如多糖、糖蛋白等，并与重金属形成络合物；而生物氧化-还原是微生物对重金属离子进行氧化、还原、甲基化和脱甲基化作用，降低土壤环境中重金属含量。

③ 低等动物修复。土壤中的某些低等动物（如蚯蚓）能吸收土壤中的重金属，因而能一定程度地降低污染土壤中重金属的含量。韩国科学家运用蚯蚓毒理学试验对 3 个废弃的砷矿及重金属矿区尾矿进行修复实验，研究表明蚯蚓对锌和镉有良好的富集作用。由此可见，在重金属污染的土壤中放养蚯蚓，待其富集重金属后，采用电击、清水等方法驱出蚯蚓集中处理，对重金属污染土壤有一定的治理效果。

(3) 化学治理方法

化学治理就是向污染土壤中投入改良剂、抑制剂，增加土壤有机质含量、阳离子代换量和黏粒含量，改变 pH、E_h 和电导率等理化性质，使土壤重金属发生氧化、还原、沉淀、吸附、抑制和拮抗等作用，以降低重金属的生物有效性。

化学治理方法主要有沉淀法、有机质法、吸附法等。其中沉淀法是指利用土壤溶液中金属阳离子在介质发生改变（pH 值、OH^-、SO_4^{2-} 等）时形成金属沉淀物而降低土壤重金属的污染的方法。在沈阳张士污灌区进行的大面积石灰改良实验表明，每公顷施石灰 1500～1875kg，籽实含镉量下降 50%。有机质法是指利用有机质中的腐殖酸能络合重金属离子生成难溶的络合物，从而减轻土壤重金属的污染的方法。吸附法是指利用重金属离子能被膨润土、沸石、黏土矿物等吸附固定，从而降低土壤重金属的污染的方法。化学治理措施的优点是治理效果和费用都适中，缺点是容易再度活化。

(4) 农业治理方法

农业治理是因地制宜地改变一些耕作管理制度来减轻重金属的危害，在污染土壤上种植不进入食物链的植物。主要治理方法有：①控制土壤水分，即通过控制土壤水分来调节其氧化还原电位，达到降低重金属污染的目的；②选择化肥，即在不影响土壤供肥的情况下，选择最能降低土壤重金属污染的化肥；③增施有机肥，即有机肥能够固定土壤中多种重金属以降低土壤重金属污染的措施；④选择农作物品种，即选择抗污染的植物和不在重金属污染的土壤上种植能进入食物链的植物。农业治理措施的优点是易操作、费用较低，缺点是周期长、效果不显著。

目前，土壤重金属污染治理的主要措施就是“预防为主，防治结合”。对于没有被污染的土壤以预防为主，切断污染源，提高土壤环境容量；对于已被污染的土壤主要是进行改造、治理，以消除污染。土壤重金属污染物的迁移转化非常复杂，治理极其艰难，必须引起人类的高度注重，杜绝土壤的重金属污染。

【阅读材料】 全国土壤污染状况调查

土壤污染调查，是指为掌握土壤污染状况而进行的调查活动。通过调查可以掌握土壤、农作物所含污染物的种类、含量水平及其空间分布，可以考察对人体、生物、水体或（和）空气的危害，为强化环境管理、制定防治措施提供科学依据。调查的对象是可能受到有害物质污染地区的土壤。调查的方法是按照一定的密度进行取样、化验、分析，采样密度因地而异，一般以2.5公顷一个采样点的密度为宜。

根据《中华人民共和国土壤污染防治法》，全国土壤污染状况普查由国务院统一领导。国务院生态环境主管部门会同农业农村、自然资源、住房城乡制建设、林业草原等主管部门，每十年至少组织开展一次全国土壤污染状况普查。

2005年4月至2013年12月，我国开展了首次全国土壤污染状况调查。调查范围为中华人民共和国境内（未含香港特别行政区、澳门特别行政区和台湾地区）的陆地国土，调查点位覆盖全部耕地，部分林地、草地、未利用地和建设用地，实际调查面积约630万平方公里。调查采用统一的方法、标准，基本掌握了全国土壤环境质量的总体状况。

调查的总体情况是：全国土壤环境状况总体不容乐观，部分地区土壤污染较重，耕地土壤环境质量堪忧，工矿业废弃地土壤环境问题突出。工矿业、农业等人为活动以及土壤环境背景值高是造成土壤污染或超标的主要原因。全国土壤总的超标率为16.1%，其中轻微、轻度、中度和重度污染点位比例分别为11.2%、2.3%、1.5%和1.1%。污染类型以无机型为主，有机型次之，复合型污染比重较小，无机污染物超标点位数占全部超标点位的82.8%。从污染分布情况看：南方土壤污染重于北方；长江三角洲、珠江三角洲、东北老工业基地等部分区域土壤污染问题较为突出，西南、中南地区土壤重金属超标范围较大；镉、汞、砷、铅4种无机污染物含量分布呈现从西北到东南、从东北到西南方向逐渐升高的态势。

复习思考题

1. 什么是土壤污染？
2. 什么是土壤污染背景值？
3. 简述土壤重金属污染常见治理方法。
4. 除尘器按照捕集分离粉尘粒子的机理来分类，可将各种除尘设施归哪几类？请简要概述。
5. 简述土壤污染修复技术，并举例分析。

第6章　固体废物污染及其控制技术

【导读】　目前，固体废物污染是环境污染问题中亟待解决的严重问题，直接威胁到工农业生产甚至人类的生存。因此，固体废物处理技术的发展最为各国重视，技术发展也最为迅速，可以说，它带动了其他各项技术的迅猛发展，使各学科发展成为一个科学整体。在我国高等教育环境专业中，固体废物污染与治理是重要的教学内容。

【提要】　本章简要介绍了固体污染的定义、类型、来源及危害；主要介绍了固体污染物主要处理方法和处置技术等方面的知识。在充分认识固体废物污染对人类及环境构成的严重威胁的情况下，掌握固体废物的主要处理方法和处置技术以及固体废物综合利用情况。

【要求】　掌握固体废物的基本概念；掌握固体废物一般的处理方法及几种典型工业废渣的综合利用；了解能源利用及最终处置的方法并初步掌握设计某种固体废物治理方案的能力；掌握固体废物处理的基本方法、综合利用和典型固体废物的常用处理技术。

6.1　固体废物概述

固体废物亦称废物，是指人类在生产、加工、流通、消费以及生活等过程中提取所需目的成分之后，所丢弃的固态或泥浆状的物质。

随着人类社会文明的发展，人们在索取和利用自然资源从事生产和生活活动时，由于客观条件的限制，总要把其中的一部分作为废物丢弃。另外，各种产品本身也有使用寿命，使用超过了寿命期限，也会成为废物。从另一方面而言，一种过程的废物随着时空条件的变化，往往可以成为另一过程的原料，废与不废是相对的，它与技术水平和经济条件密切相关。所以，废物也有“放在错误地点的原料”之称。

6.1.1　固体废物的来源和分类

固体废物的来源大体上可以分为两类：一类是生产过程中产生的废物（不包括废气、废水）；另一类是产品在流通过程中和消费使用后产生的固体废物。

固体废物分类方法很多，可以根据其性质、状态和来源等进行分类。如按其化学性质可分为有机废物和无机废物；按其形状可分为固体废物（粉状、粒状、块状）和泥状废物（污泥）；按其危害状况可分为有害废物（指有易燃性、易爆性、腐蚀性、毒性、传染性、放射性等的废物）和一般废物。应用较多的是按其来源进行分类，分为矿业固体废物、工业固体废物、城市垃圾、农业固体废物和有害废物五类，见表 6-1。我国从固体废物管理的角度出发，将其分为工业固体废物、危险废物和城市垃圾等三类。

表 6-1　固体废物的分类、来源和主要组成物

分类	来源	主要组成物
矿业固体废物	矿山、选矿与冶炼	废石、尾砂、金属、砖瓦灰石、水泥等
工业固体废物	冶金、交通、机械、金属结构等工业	金属、矿渣、砂石、模型、芯、陶瓷、边角料、涂料、管道、绝热和绝缘材料、黏结剂、废木、塑料、橡胶、烟尘、各种废旧建材等
	煤炭业	矿石、木料、金属、煤矸石等
	食品加工业	肉类、谷物、果类、蔬菜、烟草等
	橡胶、皮革、塑料等工业	橡胶、皮革、塑料、布、线、纤维、染料、金属等
	造纸、木材、印刷等工业	刨花、锯末、碎木、化学药剂、金属填料、塑料等
	石油化工	化学药剂、金属、塑料、橡胶、陶瓷、沥青、油毡、石棉、涂料等
	电器、仪器、仪表等工业	金属、玻璃、木材、橡胶、塑料、化学药剂、研磨料、陶瓷、绝缘材料等
	纺织服装业	布头、纤维、橡胶、塑料、金属等
	建筑材料业	金属、水泥、黏土、陶瓷、石膏、石棉、砂石、纸、纤维等
	电力工业	炉渣、粉煤灰、烟尘等
城市垃圾	居民生活	食物垃圾、纸屑、布料、木料、金属、玻璃、塑料、陶瓷、庭院植物修剪物、燃料、灰渣、碎砖瓦、废器具、粪便、杂品等
	商业、机关	管道、碎砌体、沥青及其他建筑材料，废汽车、废电器、废器具，含有易燃、易爆、腐蚀性、放射性的废物，以及类似居民生活栏内的各种废物
	市政维护、管理部门	碎砖瓦、树叶、死禽畜、金属、锅炉灰渣、污泥、脏土等
农业固体废物	农林	稻草、秸秆、蔬菜、水果、果树枝条、糠秕、落叶、废塑料、人畜粪便、农药等
	水产	腥臭死禽畜，腐烂鱼、虾、贝壳，水产加工污水、污泥等
有害废物	核工业、核电站，放射性医疗单位、科研单位	有放射性的金属、废渣、粉尘、污泥、器具、劳保用品、建筑材料等
	其他有关单位	有易燃性、易爆性、腐蚀性、反应性、毒性、传染性的固体废物

(1) 工业固体废物

工业固体废物是指在工业生产、加工过程中产生的废渣、粉尘、碎屑、污泥，以及在采矿过程中产生的废石、尾砂等。

(2) 危险废物

危险废物（hazardous wastes）是指对人类、动植物现在和将来会构成危害的，没有特殊的预防措施不能进行处理或处置的废弃物，它具有毒性（如含重金属的废物）、爆炸性（如含硝酸铵、氯化铵等的废物）、易燃性（如废油和废溶剂等）、腐蚀性（如废酸和废碱）、化学反应性（如含铬废物）、传染性（如医院临床废物）、放射性（如核反应废物）等一种或几种以上的危害特性。

(3) 城市垃圾

城市垃圾（municipal wastes）是指居民的生活消费、商业活动、市政建设和维护、机关办公等过程中产生的固体废物，包括生活垃圾、城建渣土、商业固体废物、粪便等。

本章重点讲述工业固体废物和城市垃圾的处理、处置和综合利用。

6.1.2 固体废物对环境的危害

固体废物对人类环境的危害很大。一方面，固体废物是各种污染物的终态，特别是从污染控制设施排出的固体废物，浓集了许多污染物成分，而人们对这类污染物却往往产生一种稳定、污染慢的错觉；另一方面，在自然条件影响下，固体废物中的一些有害成分会转入大气、水体和土壤，参与生态系统的物质循环，具有潜在的、长期的危害性。因此，对固体废物，特别是有害固体废物处理、处置不当，会严重危害人体健康。固体废物对环境的危害主要表现在以下几个方面。

（1）侵占土地，污染土壤

固体废物不加利用时，需占地堆放，堆积量越大，占地越多。据估算，每堆积 1 万吨废物，占地约需 1 亩（666.6m^2）。截止到 1994 年，我国仅工矿业固体废物的累计堆存量就达 66 亿多吨，占地 90 多万亩。随着我国国民经济的快速发展和人民生活水平的极大提高，矿山废物和城市垃圾占地与人类生存和发展的矛盾日益突出。例如，根据对北京市高空远红外探测的结果显示，北京市区几乎被环状的垃圾堆群所包围。

污染土壤、堆放废物和没有采取适当防渗措施的填埋垃圾，经过风化、雨雪淋溶、地表径流的侵蚀，其中的有害成分很容易产生高温和有毒液体并渗入土壤，杀灭土壤中的微生物，破坏微生物与周围环境构成的生态系统，甚至导致草木不生。其有害成分若渗流入水体，则可能进一步危害人体健康。例如，在 20 世纪 80 年代，我国内蒙古包头市的某矿尾砂堆积如山，造成尾砂坝下游的大片土地被污染，一个乡的居民被迫搬迁。

（2）污染水体

固体废物若随天然降水或地表径流进入河流、湖泊，或随风飘迁落入水体，则使地面水受到污染；若随渗沥水进入土壤，则使地下水受到污染；若直接排入河流、湖泊或海洋，则会造成更大的水体污染——不仅减少水体面积，而且还妨害水生生物的生存和水资源的利用。例如，德国莱茵河地区的地下水因受废渣渗沥水污染，导致当地自来水厂有的关闭，有的减产。

（3）污染大气

固体废物一般通过如下途径污染大气：以细粒状存在的废渣和垃圾，在大风吹动下会随风飘逸，扩散到远处；运输过程中会产生有害的气体和粉尘；一些有机固体废物在适宜的温度和湿度下会被微生物分解，释放出有害气体；固体废物本身以及在对其处理（如焚烧）时散发的毒气和臭气等。典型例子是曾在我国各地煤矿多次发生的煤矸石的自燃，散发出大量的 SO_2、CO_2、NH_3 等气体，造成严重的大气污染。

（4）影响环境卫生

城市的生活垃圾、粪便等若清运不及时，就会产生堆存，严重影响人们居住环境的卫生状况，对人们的健康构成潜在的威胁。

6.1.3 固体废物的处理原则

固体废物处理（treatment of solid wastes）是指通过物理、化学、生物等不同方法，使固体废物转化成适于运输、贮存、资源化利用以及最终处置的物质的一种过程。随着对环境保护的日益重视以及正在出现的全球性资源危机，工业发达国家开始从固体废物中回收资源和能源，并且将再生资源的开发利用视为“第二矿业”，给予高度重视。我国于20世纪80年代中期提出了“无害化”“减量化”“资源化”的控制固体废物污染的技术政策，今后的趋势也是从“无害化”走向“资源化”。

(1)“无害化”

固体废物“无害化”处理是指将固体废物通过工程处理，达到不损害人体健康、不污染周围自然环境的目的。目前，固废“无害化”处理技术有垃圾焚烧、卫生填埋、堆肥、粪便的厌氧发酵、有害废物的热处理和解毒处理等。其中“高温快速堆肥处理工艺”和“高温厌氧发酵处理工艺”在我国都已达到实用程度，“厌氧发酵工艺”用于废物“无害化”处理的理论已经成熟，具有我国特点的“粪便高温厌氧发酵处理工艺”在国际上一直处于领先地位。

(2)“减量化”

固体废物的“减量化”是指通过适宜的手段减少固体废物的数量和减小其容积。这需要从两方面着手：一是减少固体废物的产生；二是对固体废物进行处理利用。首先从废物产生的源头考虑，为了解决人类面临的资源、人口、环境三大问题，人们必须注重资源的合理、综合利用，包括采用经济合理的综合利用工艺和技术，制定科学的资源消耗定额等。另外，对固体废物采用压实、破碎、焚烧等处理方法，也可以达到减量和便于运输、处理的目的。

(3)“资源化”

固体废物“资源化”是指采取适当的工艺技术，从固体废物中回收有用的物质和能源。近年来，随着工业文明的高速发展，固体废物的数量以惊人的速度不断增长，而同时世界资源也正以惊人的速度被开发和消耗，维持工业发展命脉的石油和煤炭等不可再生资源已经濒临枯竭。在这种形势下，欧美及日本等许多国家纷纷把固体废物资源化列为国家的重要经济政策。世界各国废物资源化的实践表明，从固体废物中回收有用物质和能源的潜力相当大。表6-2是美国资源回收的经济潜力，由此可见固体废物资源化可观的经济效益。

表6-2　美国资源回收的经济潜力

废物料	年产生量/(10^6 t/a)	可实际回收量/(10^6 t/a)	二次物料价格/(美元/t)	年总收益/10^6 美元
纸	40.0	32.0	22.1	705
黑色金属	10.2	8.16	38.6	316
铝	0.91	0.73	220.5	160
玻璃	12.4	9.98	7.72	77
有色金属	0.36	0.29	132.3	38
总收益	—	—	—	1296

我国虽然资源总量丰富，但人均资源不足。而且我国资源利用率低，浪费严重。据统计，在我国的国民经济周转中，社会需要的最终产品仅占原材料的20%～30%，即70%～80%成为废物。另外，我国的废物资源利用率也很低，与发达国家有一定差距，因此，固体废物资源化及开发再生资源，更应该成为我国应对资源危机、解决生存与环境问题的国策。

固体废物资源化的优势很突出，主要有以下几个方面：①生产成本低，例如用废铝炼铝比用铝矾土炼铝可减少资源用量90%～97%，减少空气污染95%，减少水质污染97%；②能耗少，例如用废钢炼钢比用铁矿石炼钢可节约能耗74%；③生产效率高，例如用铁矿石炼1t钢需8个工时，而用废铁炼1t电炉钢只需2～3个工时；④环境效益好，可除去有毒、有害物质，减少废物堆置场地，减少环境污染。

可见，推行固体废物资源化，不但可节约投资、降低能耗和生产成本，而且可减少自然资源的开采，保护环境，维持生态系统的良性循环，是保证国民经济可持续发展的一项有效措施。

6.2 固体废物的主要处理方法

6.2.1 固体废物的堆肥化处理

堆肥化（composting）是指在人工控制的条件下，依靠自然界广泛分布的细菌、放线菌、真菌等微生物，使可生物降解的有机固体废物向稳定的腐殖质转化的生物化学过程。所谓稳定是相对的，是指堆肥产品对环境无害，并不是废物达到完全稳定。固体废物堆肥化是对有机固体废物实现资源化利用的无害化处理、处置的重要方法。

6.2.2 固体废物的焚烧处理

焚烧法是一种热化学处理过程。通过焚烧可以使固体废物氧化分解，能迅速大幅度地减容（一般体积可减少80%～90%），可彻底消除有害细菌和病毒，破坏毒性有机物，回收能量及副产品，同时残渣稳定安全。由于焚烧法适用于废物性状难以把握、废物产量随时间变化幅度较大的情况，加之某些带菌性或含毒性有机固体废物只能焚烧处理，故应用十分广泛。

6.2.3 固体废物的热解处理

固体废物热解是指在缺氧条件下，使可燃性固体废物在高温下分解，最终成为可燃气、油、固形炭等形式的过程。

固体废物的堆肥化、焚烧和热解具体可参考6.4.4节。

6.3 固体废物的处置技术

固体废物处置（disposal of solid wastes）是指对在当前技术条件下无法继续利用的固体污染物终态，因其自行降解能力很微弱而可能长期停留在环境中，为了防止它们对环境造成污染，必须将其放置在一些安全可靠的场所。对固体废物进行处置，也就是解决固体废物的最终归宿问题：使固体废物最大限度地与生物圈隔离以控制其对环境的扩散污染。因此，最终处置是对固体废物全面管理的最后一环。

固体废物处置一般来说可分为**陆地处置**和**海洋处置**两大类。所谓陆地处置就是在陆地上选择合适的天然场所或人工改造出合适的场所，把固体废物用土层覆盖起来的一项技术。陆地处置的基本要求是废物的体积应尽量小，废物本身无较大危害性，废物处理设施结构合理。所谓海洋处置就是利用海洋巨大的环境容量和自净能力，将固体废物消散在汪洋大海之中的一种处置方法。海洋处置不但具有填埋处置的显著优点，而且又不需要填埋覆盖。

6.3.1 固体废物的陆地处置

根据废物的种类及其处置的地层位置，如地上、地表、地下和深地层，可将陆地处置分为土地耕作处置、深井灌注处置以及土地填埋处置等。

(1) 土地耕作处置

土地耕作处置是使用表层土壤处置工业固体废物的一种方法。它把废物当作肥料或土壤改良剂直接施到土地上或混入土壤表层，利用土壤中的微生物种群，将有机物和无机物分解成较高生命形式所需的物质形式而不断在土壤中进行着物质循环。土地耕作是对有机物消化处理、对无机物永久“贮存”的综合性处置方式。它具有工艺简单、费用适宜、设备维修容易、对环境影响较小、能够改善土壤结构和提高肥效等优点。土地耕作法主要用来处置可生物降解的石油或有机化工和制药业所产生的可降解废物。

为了保证在土地耕作处置过程中，一方面获得最大的生物降解率，另一方面限制废物引起二次污染，在实施土地耕作时，一般要求土地的 pH 值在 7～9 之间，含水量为 6%～20%。由于废物的降解速度随温度降低而降低，当地温达到 0℃时，降解作用基本停止，因此土地耕作处置地温必须保持在 0℃以上。土地耕作处置废物的量要视其中有机物、油、盐类和金属含量而定，废物的铺撒分布要均匀，耕作深度以 15～20cm 比较适宜。另外，土地耕作处置场地选择要避开断层、塌陷区，避免同通航水道直接相通，距地下水位至少 1.5m，距饮用水源至少 150m，耕作土壤为细粒土壤，表面坡度应小于 5%，耕作区域内或 30m 以内的井、穴和其他与底面直接相通的通道应予以堵塞。

(2) 深井灌注处置

深井灌注处置是将液状废物注入与饮用水和矿脉层隔开的地下可渗透性岩层中。深井灌注方法主要用来处置那些实践证明难以破坏，难以转化，不能采用其他方法处理、处置，或者采用其他方法处置费用昂贵的废物。它可以处置一般废物和有害废物，废物可以是液体、气体或固体。

在实施灌注时，将这些气体或固体都溶解在液体里，形成真溶液、乳浊液或液固混相体，然后加压注入井内，灌注速率一般为 300～4000L/min。对某些工业废物来说，深井灌注处置可能是对环境影响最小的切实可行的方法。但深井灌注处置必须注意井区的选择和深井的建造，以免对地下水造成污染。

(3) 土地填埋处置

固体废物的土地填埋处置是一种最主要的固体废物最终处置方法。土地填埋是由传统的倾倒、堆放和填地处置发展起来的。按照处置对象和技术要求上的差异，土地填埋处置分为卫生土地填埋和安全土地填埋两类。前者适于处置城市垃圾；后者适于处置工业固体废物，特别是有害废物，也被称作安全化学土地填埋。

卫生土地填埋始于 20 世纪 60 年代，是在传统的堆放、填地基础上，对未经处理的固体废物的处置从保护环境角度出发取得的一种科技进步。由于卫生土地填埋安全可靠、价格低廉，目前已被世界上许多国家采用。卫生土地填埋工程操作方法大体可分为场地选址、设计建造、日常填埋和监测利用等步骤。

场地选址要考虑水文地质条件、交通方便、远离居民区、要有足够的处置能力以及废物处置代价低、便于利用开发等因素。卫生土地填埋主要用于处置城市垃圾，处置的容量要与城市人口数量和垃圾的产率相适应，一般建造一个场地至少要有 20 年的处置能力。

场地建造工艺要有防止对地下水污染的措施和气体排出功能，如：①设置防渗衬里。衬里分人造衬里和天然衬里两类。人造衬里有沥青、橡胶和塑料薄膜；天然衬里主要是黏土，渗透系数小于 10^{-7}cm/s，厚度为 1m。②设置导流渠或导流坝，避免地表径流进入场地。③选择合适的覆盖材料，减少雨水的渗入。

垃圾填埋后，由于微生物的生化降解作用，会产生甲烷和二氧化碳气体，也可能产生含有硫化氢或其他有害或具有恶臭味的气体。当有氧存在时，甲烷气体浓度达到 5%～15%就可能发生爆炸，所以对所产生气体的及时排出是非常必要的。工程上一般采用可渗透性阻挡层排气如图 6-1(a) 和不可渗透性阻挡层排气如图 6-1(b) 两种排气方法。可渗透性阻挡层排气是在填埋物内利用比周围土壤容易透气的砾石等物质作为填料建造排气通道，产生的气体可水平方向运动，通过此通道排出。边界或井式排气通道也可用来控制气体水平运动。不可渗透性阻挡层排气是在不透气的顶部覆盖层中安装排气管，排气管与设置在浅层砾石排气通道或设置在填埋物顶部的多孔集气支管相连接，可排出气体。产生的甲烷经脱水→预热→去除二氧化碳后可作为能源使用。

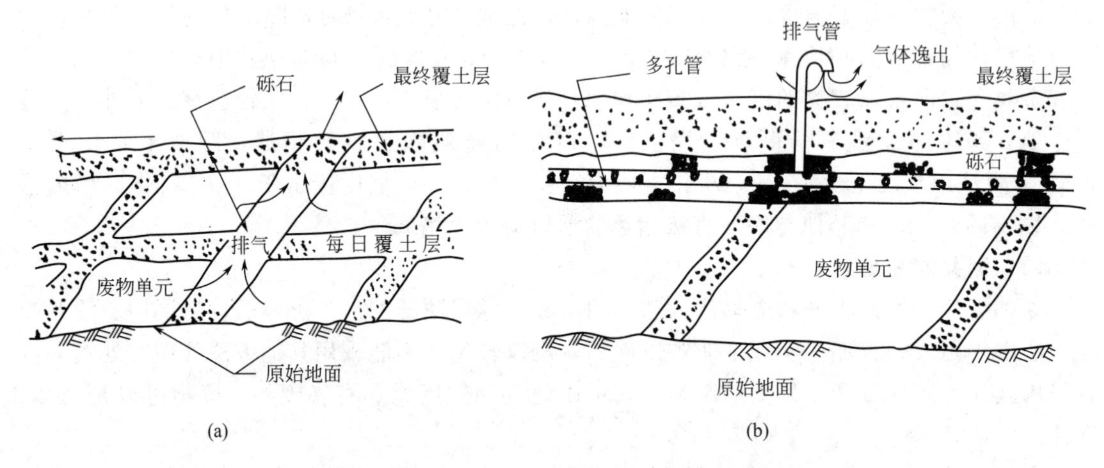

图 6-1　垃圾填埋的排气系统

(a) 可渗透性阻挡层排气；(b) 不可渗透性阻挡层排气

安全土地填埋是处置工业固体废物特别是有害废物的一种较好的方法，是卫生土地填埋方法的改进型方法，它对场地的建造技术及管理要求更为严格：填埋场必须设置人造或天然衬里，保护地下水免受污染，要配备浸出液收集、处理及检测系统。安全土地填埋处置场地不能处置易燃性废物、反应性废物、挥发性废物、液体废物、半固体和污泥，以免混合以后发生爆炸，产生或释放出有毒有害的气体或烟雾。

封场是土地填埋操作的最后一环。封场要与地表水的管理、浸出液的收集监测以及气体控制等措施结合起来考虑。封场的目的是通过填埋场地表面的修筑来减少侵蚀并最大限度排水。一般在填埋物上覆盖一层厚 15cm、渗透系数为 $\leqslant 10^{-7}$cm/s 的土壤，其上再覆盖 45cm 厚的天然土壤。如果在其上种植植物，上面再覆盖一层 15～100cm 厚的表面土壤。

土地填埋最大的优点是：工艺简单、成本低，适于处置多种类型的固体废物。其致命的弱点是：场地处理和防渗施工比较难以达到要求，以及浸出液的收集控制问题。在美国等一些发达国家，随着可供土地填埋用地的日趋紧张，固体废物的土地填埋处置比例正逐渐下降，而且从降低运输费用和处置费用角度考虑，固体废物在土地填埋前应尽量进行减容处理。

6.3.2 固体废物的海洋处置

海洋处置主要分为两类：一类是**海洋倾倒**；另一类是近年来发展起来的**远洋焚烧**。

海洋倾倒有两种方法：一种是将固体废物如垃圾、含有重金属的污泥等有害废弃物以及放射性废弃物等直接投入海洋中，借助于海水的扩散稀释作用使有害物浓度降低；另一种方法是把含有有害物质的重金属废弃物和放射性废弃物用容器密封，用水泥固化，然后投放到约5000m深的海底。固化方法有两种：一种方法是将废物按一定配比同水泥混合，搅匀注入容器，养护后进行处置；另一种方法是先将废物装入桶内，然后注入水泥或涂覆沥青，以降低固化体的浸出率。由于海洋有足够大的接受能力，且又远离人群，污染物的扩散不容易对人类造成危害，因而是处置多种工业废物的理想场所。处置场的海底越深，处置就越有效。海洋倾倒不需覆盖物，只需将废物倒入海洋中，因此该方法为一种最经济的处置方法。

远洋焚烧是利用焚烧船在远海对固体废物进行焚烧处置的一种方法，适于处置各种含氯有机废物。试验结果表明，含氯有机化合物完全燃烧产生的水、二氧化碳、氯化氢以及氮氧化合物排入海洋中，由于海水本身氯化物含量高，并不会因为吸收大量氯化氢而使其中的氯平衡发生变化。此外，由于海水中碳酸盐的缓冲作用，也不会使海水的酸度由于吸收氯化氢而发生变化。又由于焚烧温度在1200℃以上，对有害废物破坏效率较高。远洋焚烧能有效地保护人类的大气环境，凡是不能在陆地上焚烧的废物，采用远洋焚烧是一个较好的方法。为了便于废物充分燃烧，焚烧器结构一般多采用由同心管供给空气和液体的液、气雾化焚烧器。

总之，海洋处置能做到将有害废物与人类生存、生活环境隔离，是一种高效、经济的最终处置方法。但对于有害固体废物，特别是放射性废物，不管采用何种方式投放海洋中，也许短期内很难发现其危害，长期并不加控制地投放必将造成海洋污染，杀死鱼类，破坏海洋生物，最终祸及人类自身。

为保护海洋，防止海洋污染，加强对固体废物海洋处置的管理，国际上已制定了许多相应法规、标准和国际性协议，明确海洋固体废物处置的范围和处置量。例如，生物战剂、化学战剂或放射性战剂、强放射性废物以及可能冲蚀海岸的永久性惰性漂浮物质禁止海洋处置；汞、镉等重金属，有机卤素以及漂浮油脂类废物禁止大量向海洋倾倒；对其他重金属元素及其化合物、有机硅化合物、无机和有机工业废物的海洋处置也要进行严格控制。

6.4 固体废物的综合利用

固体废物经过一定的处理或加工，可使其中所含的有用物质提取出来，继续在工业、农业生产过程中发挥作用，也可使有些固体废物改变形式成为新的能源或资源。这种由固体废物到有用物质的转化称为**固体废物的综合利用**，或称为**固体废物的资源化**。

固体废物综合利用的原则：首先，综合利用技术应是可行的；其次，固体废物综合利用要有较大的经济效益，要尽可能在排出源附近就近利用，以便节省废物收贮和运输等过程的投资，提高综合利用的经济效益；最后，固体废物综合利用生产的产品应当符合国家相应产品的质量标准，具有与用相应的原材料所制的产品相竞争的能力。

固体废物综合利用的范围颇广，主要包括建材利用、农业利用、化工利用以及固体废物能源化的利用等方面。

6.4.1 能源与冶金工业固体废物的资源化处理

能源是人类赖以生存和发展的基础。化石燃料，即煤、石油、天然气等由地壳内动植物遗体经过漫长的地质年代转化形成的矿物燃料，是人类目前消耗的主要能源，也是造成环境污染的主要来源。尤其是我国的能源结构，今后十年乃至几十年内，煤炭仍将是主要能源之一。煤炭的采挖及燃煤发电过程都会产生大量的固体废物，如矿石、煤矸石、炉渣、粉煤灰等，对这些废物的综合利用，既可以减少对这些宝贵而又有限的能源的消耗，还可以减轻对环境的危害和污染。

冶金工业是国民经济中的原料生产部门，它涉及经济建设的各行各业，尤其是钢铁工业，它支撑着国民经济发展的基础。冶金工业固体废物是指金属（钢铁等）生产过程中产生的固体、半固体或泥浆状废物，主要包括采矿废石，矿石洗选过程中排出的尾砂、矿泥，以及冶炼过程中产生的各种冶炼渣等。随着我国经济的迅速发展，冶金工业特别是黑色金属工业——钢铁业也得到迅猛发展，各种固体废物的产出量相应增加，不仅占用大量土地、严重污染环境，而且造成资源浪费。

以下主要介绍煤矸石、粉煤灰、高炉渣和钢渣的综合利用。

(1) 煤矸石的综合利用

煤矸石是煤矿开采过程中产生的废渣，由有机物（含碳物）和无机物（岩石物质）组成，其中的C、H、O是燃烧时能产生热量的元素。煤矸石的矿物组成主要有高岭土、石英、蒙脱石、长石、伊利石、石灰石、硫化铁、氧化铝。煤矸石中的金属组分含量偏低，一般不具回收价值。表6-3列出了国内几种煤矸石的主要化学成分。

表6-3 国内几种煤矸石的主要化学成分 单位：%

序号	SiO_2	Al_2O_3	Fe_2O_3	CaO	MgO	SO_3	可燃物
1	59.5	22.4	3.22	0.46	0.76	0.12	10.49
2	57.24	25.14	1.86	0.96	0.53	1.78	12.75
3	52.47	15.28	5.94	7.07	3.51	1.99	13.27

煤矸石综合利用的原则是尽量将其资源化，以减少环境污染。含碳量较高的煤矸石可作燃料；含碳量较低的和自燃后的煤矸石可生产砖瓦、水泥和轻骨料；含碳量很低的煤矸石可用于填坑造地、回填露天矿和用作路基材料。一些煤矸石粉还可用来改良土壤或作肥料。

① 用煤矸石作燃料。由于煤矸石含有一定数量的固定碳和挥发分，其发热量一般为1000～3000kcal/kg（1cal＝4.1868J），因此当可燃组分较高时，煤矸石可用来代替燃料。如铸造时，可用焦炭和煤矸石的混合物作燃料来熔化铁；可用煤矸石代替煤炭烧石灰；亦可用作生活炉灶燃料等。四川永荣矿务局发电厂用煤矸石掺入原煤中发电，五年间利用煤矸石22.4×10^4t，相当于节约原煤17×10^4t。近10年来，煤矸石被用于代替燃料的比例相当大，一些矿山的矸石山甚至消失。

② 用煤矸石生产砖、瓦。煤矸石经过配料、粉碎、成型、干燥和焙烧等工序可制成砖和瓦。除煤矸石必须破碎外，其他工艺与普通黏土砖、瓦的生产工艺基本相同，但由于可利用煤矸石自身的发热量，这种砖瓦可比一般砖瓦节约用煤量50%～60%。黑龙江鹤岗等八个企业用煤矸石生产矸石砖、空心砖、矸石水泥瓦、陶粒、水泥等产品，使煤矸石的处理利用率达87%以上，经济效益十分明显。

③ 用煤矸石生产水泥。煤矸石中二氧化硅、氧化铝及氧化铁的总含量一般在80%以上，它是一种天然黏土质原料，可代替黏土配料烧制普通硅酸盐水泥、快硬硅酸盐水泥、煤矸石炉渣水泥等。

④ 用煤矸石生产预制构件。利用煤矸石中所含的可燃物，经800℃煅烧后成为熟煤矸石，再加入适量磨细的生石灰、石膏，经轮碾、蒸汽养护可生产矿井支架、水沟盖板等水泥预制构件，其强度可达200～400kg/cm^2。这种水泥预制构件的灰浆参考配比为：熟煤矸石85%～90%，生石灰8%～10%，石膏1%～2%，外加水18%～20%。

⑤ 用煤矸石生产空心砌块。煤矸石空心砌块是以煤矸石无熟料水泥作胶结料、自然煤矸石作粗细骨料，加水搅拌配制成半干硬性混凝土，经振动成型，再经蒸汽养护而成的一种新型墙体材料。其规格可根据各地建筑特点选用。生产煤矸石空心砌块是处理利用煤矸石的一条重要途径，具有耗量大、经济、实用等优点，可以大量减少煤矸石的占地。

⑥ 用煤矸石生产轻骨料。轻骨料是为了减小混凝土的密度而选用的一类多孔骨料，轻骨料应比一般卵石、碎石的密度小得多，有些轻骨料甚至可以浮在水上。用煤矸石烧制轻骨料的原料最好是碳质页岩或洗煤厂排出的矸石，将其破碎成块或磨细后加水制成球，用烧结机或回转窑焙烧，使矸石球膨胀，冷却后即成轻骨料。

在产煤地区，煤矸石是对环境影响较大的一类固体废物。随着市场经济的继续深入，对煤矸石的开发利用也在不断发展。煤矸石除作以上用途外，自燃后的煤矸石可用作公路路基和堤坝材料；用煤矸石（含氧化铝较高的一种）还可生产耐火砖等。

（2）粉煤灰的综合利用

粉煤灰是煤粉经高温燃烧后形成的一种似火山灰质混合材料。它是燃煤电厂将煤磨细成100μm以下的煤粉，用预热空气喷入1300～1500℃的炉膛内，使其悬浮燃烧后形成的固体废物。产生的高温烟气，经收尘装置捕集就得到粉煤灰（或叫飞灰）。少数煤粉在燃烧时因互相碰撞而黏结成块，沉积于炉底成为底灰。飞灰约占灰渣总量的80%～90%，底灰约占其总量的10%～20%。

粉煤灰收集装置包括烟气除尘和底灰除渣两个系统，粉煤灰的排输分干法和湿法两种方法。干排是将收集到的飞灰直接输入灰仓。湿排是通过管道和灰浆泵，利用高压水力把粉煤灰输送到贮灰场或江、河、湖、海。湿排又分灰渣分排和混排。目前我国大多数电厂采用湿排。

粉煤灰的化学组成与煤的矿物成分、煤粉细度和燃烧方式有关，其主要成分为SiO_2、Al_2O_3、Fe_2O_3、CaO和未燃炭，另含有少量K、P、S、Mg等的化合物和As、Cu、Zn等微量元素。表6-4为我国一般低钙粉煤灰的化学成分，其成分与黏土类似。

表6-4 我国一般低钙粉煤灰的化学成分

成分	SiO_2	Al_2O_3	Fe_2O_3	CaO	MgO	SO_3	Na_2O_3及K_2O	烧失量
含量/%	40～60	17～35	2～15	1～10	0.5～2	0.1～2	0.5～4	1～26

粉煤灰的化学成分是评价粉煤灰质量优劣的重要技术参数。根据粉煤灰中CaO含量的高低，将其分为高钙灰和低钙灰。CaO含量在20%以上的叫高钙灰，其质量优于低钙灰。另外，粉煤灰的烧失量可以反映锅炉燃烧状况，烧失量越高造成的能源浪费越大，粉煤灰质量越差。

煤粉经燃烧后颗粒变小，孔隙率提高，比表面积增大，活性程度和吸附能力增强，电阻值加大，耐磨强度变高，三维压缩系数和渗透系数变小。粉煤灰有着良好的物理、化学性能和利用的价值，因而成为一种“二次资源”。粉煤灰中的 C、Fe、Al 及稀有金属可以回收，CaO、SiO_2 等活性物质可广泛用作建材和工业原料，Si、P、K、S 等组分可用于制作农业肥料与土壤改良剂，其良好的物化性能可用于环境保护及治理。因此，粉煤灰资源化具有广阔的应用和开发前景。

① 粉煤灰作建筑材料。这是我国大量利用粉煤灰的途径之一，它包括配制粉煤灰水泥、粉煤灰混凝土、粉煤灰烧结砖与蒸养砖、粉煤灰砌块、粉煤灰陶粒等。

粉煤灰水泥又叫粉煤灰硅酸盐水泥，它是由硅酸盐水泥熟料和粉煤灰加入适量石膏磨细而成的水硬胶凝材料，能广泛用于一般民用工程、工业建筑工程、水工工程和地下工程。粉煤灰混凝土是以硅酸盐水泥为胶结料，砂、石等为骨料，并以粉煤灰取代部分水泥，加水拌和而成。新中国成立以来，我国曾在刘家峡等大型水利大坝工程中采用了粉煤灰混凝土。粉煤灰的成分与黏土相似，可以替代黏土生产粉煤灰烧结砖、粉煤灰蒸养砖、粉煤灰免烧免蒸砖、粉煤灰空心砖等。粉煤灰硅酸盐砌块是以粉煤灰作原料，再掺入少量石灰、石膏及骨料，经蒸汽养护而成的一种新型墙体材料，具轻质、高强、空心和大块等特点，与砖相比具有工效高、投资省等优点，但要求其中 Al_2O_3、SiO_2 含量高，细度好，含碳量低等，具体要求见粉煤灰硅酸盐砌块建材标准（JC 238-18）。

② 粉煤灰作土建原材料和作填充土。粉煤灰能代替砂石、黏土用于高等级公路路基和修筑堤坝。其用作路坝基层材料时，掺和量高、吃灰量大，且能提高基层的板体性和水稳定性。目前我国公路尤其是高速公路常采用粉煤灰、黏土和石灰掺和作公路路基材料。我国三门峡、刘家峡、亭下水库等水利工程，秦山核电站、北京亚运工程等，以及国内一些大的地下、水上及铁路的隧道工程等，均大量掺用了粉煤灰，一般掺用量为 25%～40%，不仅节约大量水泥，而且提高了工程质量。利用粉煤灰对煤矿区的煤坑、洼地、塌陷区进行回填，既降低了塌陷程度，吃掉了大量灰渣，还复垦造田，减少了农户搬迁，改善了矿区生态，是一举多得的事情。

③ 粉煤灰作农业肥料和土壤改良剂。粉煤灰具有质轻、疏松多孔的物理特性，还含有磷、钾、镁、硼、钼、锰、钙、铁、硅等植物所需的元素，因而广泛应用于农业生产。在土壤中直接施用粉煤灰，可改良土质，改善土壤的水、肥、气、热条件，促进作物的早熟和丰产，提高作物的抗旱能力。因其含有大量农作物所必需的营养元素硅、钙、镁、磷、钾等，粉煤灰还可直接用作农业肥料和制造各种复合肥。

④ 利用粉煤灰回收工业原料。从粉煤灰中可以回收煤炭资源、金属物质，分选空心微珠或作环保材料等。

a. 回收煤炭资源。我国热电厂粉煤灰含碳量一般在 5%～7%，含碳量大于 10%的电厂约占 30%，据统计，仅湖南省各热电厂每年从粉煤灰中流失的煤炭就达 20×10^4 t 以上。因此，从粉煤灰中回收煤炭资源，不仅有利于再生利用其作建材原料，而且节约了宝贵的资源，非常必要。

煤炭的回收方法与排灰方式有关。一般用浮选法回收湿排粉煤灰中的煤炭，用静电分选法回收干灰中的煤炭。浮选法回收煤炭资源，回收率可达 85%～94%，静电分选炭回收率一般在 85%～90%，回收煤炭后的灰渣可作建筑原料。

b. 回收金属物质。粉煤灰含 Fe_2O_3 一般在 4%～20%，最高达 43%，当 Fe_2O_3 含量大于 5%时，即可回收。Fe_2O_3 经高温焚烧后，部分被还原成 Fe_3O_4 和铁粒，可通过磁选回收。Al_2O_3 是粉煤灰的主要成分，一般含 17%～35%，可作宝贵的铝资源。铝回收还处于研究阶段，一般要求粉煤灰中 Al_2O_3 高于25%方可回收。目前铝回收有高温熔融法、热酸淋洗法、直接熔解法等多种方法。

粉煤灰中还含有大量稀有金属和变价元素，如铂、锗、镓、钪、钛、锌等。美国、日本、加拿大等国进行了大量开发，并实现了工业化提取铂、锗、钒、铀。我国也做了很多工作。如用稀硫酸浸取硼，其溶出率在72%左右，浸出液螯合物富集后再萃取分离，得到纯硼产品；粉煤灰在一定条件下加热分离镓和锗，回收80%左右的镓，再用稀硫酸浸提、锌粉置换以及酸溶、水解和还原，制得金属锗，所以粉煤灰又被誉为“预先开采的矿藏”。

c. 分选空心微珠。空心微珠是 SiO_2、Al_2O_3、Fe_2O_3 及少量 CaO、MgO 等组成的熔融结晶体，它是在1400～2000℃下或接近超流态时，受到 CO_2 的扩散、冷却固化与外部压力作用而形成的。快冷时形成能浮于水上的薄壁珠，慢冷时则形成圆滑的厚壁珠。空心微珠的容重一般只有粉煤灰的1/3，其粒径多在75～125μm，它在粉煤灰中的含量最多可达50%～70%，通过浮选或机械分选，可回收这一资源。

空心微珠具有多种优异性能，如耐热、隔热、阻燃，是新型保温、低温制冷绝热材料与超轻质耐火原料。它还是塑料，尤其是耐高温塑料的理想填料，用它作聚乙烯、苯乙烯的充填材料，不仅可提高其光泽、弹性、耐磨性，而且具有吸声、减振和耐磨效果。利用粉煤灰空心微珠再生塑料，价格低廉、节约资源，经济效益十分显著。因空心微珠表面多微孔，可作石油化工的裂化催化剂和化学工业的化学反应催化剂，也可用作化工、医药、酿造、水工业等行业的无机球状填充剂、吸附剂、过滤剂。在军工领域，它被用作航天航空设备的表面复合材料和防热系统材料，并常被用于坦克刹车中。空心微珠比电阻高，且随温度升高而升高，因而又是电瓷和轻型电器绝缘材料的极好原料。

d. 用粉煤灰作环保材料。利用粉煤灰可开发环保材料。例如：制造人造沸石和分子筛，不但节约原材料，而且工艺简单，生产产品质量达到甚至优于化工合成的分子筛；制造絮凝剂，具有强大的凝聚功能和净水效果；作吸附材料，浮选回收的精煤具有活化性能；还可制作活性炭或直接作吸附剂，直接用于印染、造纸、电镀等各行各业工业废水和有害废气的净化、脱色、吸附重金属离子，以及航天航空火箭燃料剂的废水处理，吸附饱和后的活化煤不需再生，可直接燃烧。

(3) 高炉渣的综合利用

高炉渣是冶金工业中数量最多的一种渣。目前我国每年排出量已达 3000×10^4t 左右，而其利用率只有80%左右，每年仍有数百万吨炉渣弃置于渣场。据统计，目前我国渣场堆积的历年高炉渣有1亿多吨，占地1万多亩。高炉渣不仅占用了大量土地，而且每年要耗用数千万元的资金用于设置渣场和运输、处理弃渣。而在工业发达国家，如美、英、法、德和日本等国，自20世纪70年代以来就基本上把高炉渣全部加以利用，年年达到产用平衡。

高炉渣是高炉炼铁的废物。炼铁的原料是铁矿石、焦炭、助熔剂（石灰石或白云石）、烧结矿和球团矿等。在高炉冶炼过程中，由于大部分铁矿石中的脉石主要由酸性氧化物 SiO_2、Al_2O_3 等组成，当炉内温度达到1300～1500℃时，炉料熔融，矿石中的脉石、焦炭中的灰分和助熔剂等非挥发组分形成以硅酸盐和铝酸盐为主，浮在铁水上面的熔渣，这就是高炉渣。

高炉渣的产生量与矿石品位的高低、焦炭中的灰分含量及石灰石、白云石的质量等有关，也和冶炼工艺有关。通常每炼1t生铁产渣300～900kg。

高炉渣含有15种以上成分，其化学成分与普通硅酸盐水泥相似，主要是Ca、Mg、Al、

Si、Mn 的氧化物，它们约占高炉渣总质量的 95%，少数渣中含 TiO_2、V_2O_5 等。由于矿石的品位及冶炼生铁的种类不同，高炉渣的化学成分波动较大。而在冶炼炉料固定和冶炼正常时，高炉渣的化学成分变化不大，对综合利用有利。

我国高炉渣的应用主要是把热熔渣制成水渣，用于生产水泥和混凝土，其次是开采老渣山，生产矿渣骨料，少量高炉渣用于生产膨珠和矿渣棉。图 6-2 是我国高炉渣的主要处理工艺和综合利用途径。

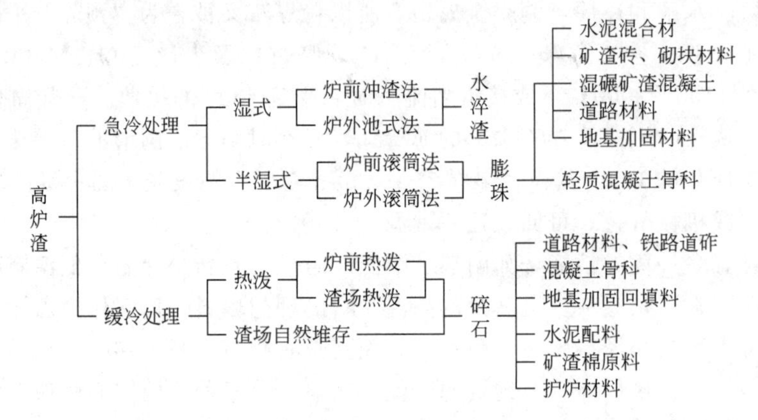

图 6-2　我国高炉渣的主要处理工艺和综合利用途径

① 用水淬渣作建材。我国高炉水淬渣主要用于生产水泥和混凝土。在水泥生产中，掺入 15%以下水淬渣的水泥叫普通硅酸盐水泥，掺入 15%以上水淬渣的水泥叫矿渣硅酸盐水泥。目前，我国约有 75%的水泥中掺有粒状高炉渣。湿碾矿渣混凝土，是以水淬渣为原料，配以水泥熟料、石灰、石膏等，放入轮碾机中加水碾磨与骨料拌和而成。其物理性能与普通混凝土相似。

② 用膨珠作轻骨料。膨珠全称膨胀矿渣珠，它是在适量水冲击和成珠设备的配合作用下，被甩到空气中使水蒸发成蒸汽并在内部形成空隙，再经空气冷却形成的珠状矿渣。膨珠质轻、面光、自然级配好，且吸声、隔热性能好，以它作骨料配制的轻质混凝土，性能良好，广泛应用于建筑业。

③ 用重矿渣作骨料和道砟。矿渣碎石的物理性能与天然岩石相近，其稳定性、坚固性、撞击强度以及耐磨性、韧度均满足工程要求。安定性好的重矿渣，经破碎、分级，可以代替碎石用作骨料配制混凝土和在公路、铁路、机场道路建设中作道砟。

④ 用高炉渣生产矿渣棉。矿渣棉是以高炉渣为主要原料，加入白云石、玄武岩等成分，与燃料一起加热熔化后，采用高速离心法或喷吹法制成的一种棉丝状矿物纤维。矿渣棉具有质轻、保温、隔声、隔热、防震等性能，可以加工成各种板、毡、管壳等制品。许多国家都用高炉渣生产矿渣棉。

⑤ 利用高钛矿渣作护炉材料。高钛矿渣的主要矿物成分是钙钛矿、安诺石、钛辉矿及 TiC、TiN 等。利用高钛矿渣中钛的低价氧化物在高温冶炼过程中溶解，并在低温时自动析出沉积于炉缸、炉底的侵蚀严重部位的特点，可减缓渣铁的侵蚀作用，从而达到护炉的作用。我国首钢、鞍钢、包钢等均采用高钛矿渣作护炉材料。

除上述主要用途外，高炉渣还可以用来生产微晶玻璃、陶瓷、铸石等，并能加工成硅钙肥，作为肥料用于农业。

(4) 钢渣的综合利用

钢渣数量在冶金工业渣中仅次于高炉渣。钢渣成分复杂多变，使得钢渣的综合利用困难。1970 年以前，各钢厂均采用弃渣法处理钢渣，不仅占用大量土地，而且也污染环境。据 1988 年统计，全国各钢厂堆存钢渣达 1 亿多吨，占地 1 万多亩，成为严重的公害。近几十年来，我国对钢渣的处理利用进行了大量研究与开发，到 1990 年钢渣利用率已达 61%左右，利用 1t 钢渣的经济效益高达 40 元左右，取得了良好的经济效益、社会效益和环境效益。

炼钢的基本原理与炼铁相反，它是利用空气或氧气去氧化炉料（主要是生铁）中所含的碳、硅、锰、磷等元素，并在高温下与熔剂（主要是石灰石）起反应，形成熔渣。钢渣就是炼钢过程排出的熔渣。钢渣的主要化学成分是 CaO、SiO_2、Al_2O_3、FeO、Fe_2O_3、MgO、MnO、P_2O_5，有的还含有 V_2O_5 和 TiO_2。钢渣与高炉渣的主要区别是：钢渣中铁的氧化物以 FeO 为主，含量在 25%以下；而高炉渣中铁的氧化物以 Fe_2O_3 形式存在，一般含量在 5%以下。

当前，我国采用的炼钢方法主要有转炉炼钢、平炉炼钢和电炉炼钢。按炼钢方法，钢渣可分为转炉钢渣、平炉钢渣和电炉钢渣；按不同生产阶段，平炉钢渣又分为初期渣和末期渣，电炉钢渣分为氧化渣和还原渣；按钢渣性质，又可分为碱性渣和酸性渣等。

转炉吹氧炼钢是现代炼钢的主要方法，它生产周期短，大都一次出渣。目前我国转炉炼钢比例已达 60%以上，转炉钢渣约占钢渣总量的 70%。以目前的技术水平，每生产 1t 转炉钢约产生 130～240kg 的钢渣。平炉在国外已基本被淘汰，我国也不再建平炉，并将逐步淘汰现有平炉。平炉炼钢周期比转炉长，分氧化期、精炼期和出钢期，并且每期都出渣。目前每生产 1t 平炉钢约产钢渣 170～210kg，其中初期渣占 60%、精炼渣占 10%、出钢渣占 30%。电炉炼钢是以废钢为原料，主要生产特殊钢。电炉生产周期也长，分氧化期和还原期，并分期出渣。目前，每生产 1t 电炉钢约产 150～200kg 钢渣，其中氧化期渣占 55%。

我国在 20 世纪 50 年代就开始研究钢渣的利用。目前已成功地把钢渣用作钢铁冶炼的熔剂、水泥掺和料，或用于生产钢渣矿渣水泥、作筑路与回填工程材料、作农业肥料和回收废钢等。据 1986 年调查，我国钢渣综合利用情况为：造地占 60%，筑路占 23%，生产水泥占 6.4%，作烧结熔剂占 5.8%，其他占 4.8%。

① 作钢铁冶炼熔剂。钢渣可用作烧结剂。转炉钢渣一般含 40%～50%的 CaO，1t 钢渣相当于 0.7～0.75t 石灰石，把钢渣加工成粒径小于 10mm 的钢渣粉，便可代替部分石灰石作烧结配料用。钢渣作烧结熔剂，不仅回收了钢渣中的 Ca、Mg、Mn、Fe 等元素，而且提高了烧结机利用系数和烧结矿的质量，降低了燃料消耗量。

钢渣还可用作高炉炼铁熔剂。钢渣中含有 10%～30%的 Fe、40%～60%的 CaO、2%左右的 Mn，若把钢渣加工成 10～40mm 的粒渣，可用作炼铁熔剂，不仅可以回收钢渣中的 Fe，而且可以把 CaO、MgO 等作为助熔剂，从而节省大量石灰石、白云石资源。钢渣中的 Ca、Mg 等均以氧化物形式存在，不需要经过碳酸盐的分解过程，因而还可以节省大量热能。

② 用钢渣生产水泥。高碱度钢渣有很好的水硬性，把它与一定量的高炉水渣、煅烧石膏、水泥熟料及少量激发剂配合球磨，即可生产钢渣矿渣水泥。钢渣水泥具水化热低、后期强度高、抗腐蚀、耐磨等特点，是理想的大坝水泥和道路水泥。

电炉还原渣具有很高的白度，与煅烧石膏和少量外加剂混合、研磨，即可生产 325 号白水泥。利用电炉还原渣作白水泥，具有投资少、能耗低、效益高、见效快等特点，是钢渣利用的有效途径之一。

③ 作筑路与回填工程材料。钢渣碎石具有密度大、强度高、表面粗糙、稳定性好、耐磨与耐久性好、与沥青结合牢固等特点，因而广泛用于铁路、公路、工程回填。由于钢渣具有活性，能板结成大块，特别适用于沼泽、海滩筑路造地。钢渣作公路碎石，用量大并具有良好的渗水与排水性能，其用于沥青混凝土路面，耐磨防滑。钢渣作铁路道砟，除了前述优点外，还具有导电性小、不会干扰铁路系统的电信工作等优点。

钢渣替代碎石存在体积膨胀这一技术问题，国外一般是洒水堆放半年后才使用，以防钢渣体积膨胀，碎裂粉化。我国用钢渣作工程材料的基本要求是：钢渣必须陈化，粉化率不能高于5%，要有合适级配，最大块直径不能超过300mm，最好与适量粉煤灰、炉渣或黏土混合使用，严禁将钢渣碎石作混凝土骨料使用。

④ 作农肥和酸性土壤改良剂。钢渣含Ca、Mg、Si、P等元素，当钢渣中的P_2O_5超过4%时，可以磨细作为低磷肥使用。生产实践表明，钢渣磷肥可以用于酸性土壤与缺磷碱性土壤，也适用于水田与旱地耕作，具有很好的增产效果。

⑤ 回收废钢。钢渣一般含7%～10%废钢，加工磁选后，可回收其中90%的废钢。鞍山钢铁公司从德国引进了240×10^4t钢渣磁选加工线，1989年初投入运行，年处理各种钢渣240×10^4t，单位成本5.33元/t，利润8082×10^4元/年，社会效益、经济效益和环境效益显著。

6.4.2 石油与化工工业固体废物的资源化处理

石油与化工工业固体废物是指在石油炼制生产过程中与化工生产加工过程中产生的各种固体、半固体及液体废物。石油与化工工业固体废物的主要特点是：有机物含量高；有害甚至有毒的危险废物多；再资源化途径广阔。

目前，我国石油化工企业产生的固体废物数量呈逐年增加趋势，虽然大部分废物得到了处理，但处理后产生的二次污染仍然对环境造成了相当的危害。以石油炼制为例，在用硫酸中和废碱液回收环烷酸、粗酚过程中就产生了相当数量的酸性污水。这种污水有害物质浓度极高，其pH值为2～5，油含量为2000mg/L。若直接排入污水处理厂，就会造成活性污泥死亡，使污水处理厂不能正常工作；若直接排入水体，必定会导致水体中动植物死亡。对此，目前只好采取集中储存，限量排入污水处理厂的办法，即使这样，也给污水处理厂运行带来许多困难。很多炼油厂仅因此项年上交排污罚款就达数百万元，而且仍然严重污染了地面水体。

石油化工固体废物主要有以下几类：废碱液、废酸液、废催化剂、反应废物、污水处理厂污泥等。下面分别介绍它们的资源化处理途径。

(1) 废碱液的处理

废碱液主要来自石油产品的碱洗精制，如石油化工生产原料中所含的硫化物会分解生成硫化氢等酸性化合物，为除去这些有害物质，往往用碱加以洗涤。碱洗后一般生成Na_2S、Na_2CO_3、含酚钠盐等，还有部分未反应的碱一起成为废碱液，并且其中还溶解了某些烃类。由于被洗的产品不同，废碱液的性质和组成也不相同。

目前废碱液的资源化处理，一般是采用酸性物质进行中和，并回收其生成的有用物质。如石油炼制过程中产生的废碱液，可采用硫酸中和法回收环烷酸、粗酚，还可采用二氧化碳中和法回收环烷酸和碳酸钠。另外，像精制常压柴油过程中产生的废碱液可用加热闪蒸法生产贫赤铁矿浮选剂，液态烃碱洗过程中产生的废碱液可用于造纸，等等。

(2) 废酸液的处理

废酸液主要来源于油品酸精制和烷基化装置排出的废硫酸催化剂。其成分除硫酸外，还有硫酸酯、磺酸等有机物及其叠合物。含酸废液除了用废碱液中和外，大部分石油化工公司对废酸液进行回收利用。

① 热解法回收硫酸。将废酸送往硫酸厂，并将废酸喷入燃料热解炉中。废酸和燃料一起在燃烧室中热解，分解成 SO_2 和 H_2O，而其中的油和酸酯分解成 CO_2。燃烧裂解后的气体，在文丘里洗涤器中除尘后，冷却至 90℃左右，再通过冷却器和静电酸雾沉降器除去水分和酸雾，并经干燥塔除去残余水分，以防止设备腐蚀和转化器中催化剂活性失效。在 V_2O_5 的作用下，SO_2 转化成 SO_3，用稀酸吸收，制成浓硫酸。

② 废酸液浓缩。废酸液浓缩的方法很多，目前使用较广泛、工艺较成熟的方法为塔式浓缩法。此法可将 70%～80%的废酸液浓缩到 95%以上。这种装置工艺成熟，在国内运行已近 40 年，目前仍然是稀酸浓缩的重要方法，其缺点是生产能力小，设备腐蚀严重，检修周期短，费用高，处理一吨废酸需消耗燃料油 50 公斤。

在石油化工生产中，对生产丙烯酸甲酯时产生的废酸液，一般用浓度为 99.5%以上的液氨中和，使之转化为硫酸铵，再用空气浮选法除去聚合物，这样生产的固体硫酸铵可作农肥，达到以废治废，综合利用的目的。另外，还有从己二酸废液中回收二元酸等资源化处理。

(3) 废催化剂的处理

废催化剂主要产生于石油化工生产中的催化重整、催化裂化、加氢裂化等装置，因为这些装置在生产过程中需要使用一定的催化剂，当使用一定时间后，这些催化剂的活性会降低或失活而成为废催化剂。对于废催化剂的处理主要有以下几种途径。

① 代替白土用于油品精制。催化裂化装置所使用的催化剂在再生过程中，有部分细粉催化剂由再生器出口排入大气，严重污染周围环境。采用高效三级旋风分离器可将细粉催化剂回收，回收的催化剂可代替白土用于油品精制，既可以降低精制温度，其含水量又无须严格控制。

② 贵重金属的回收。石油化工过程中的化学反应多数采用贵稀金属作催化剂，如镍、银、钴、锰等。这些金属往往附于载体之上，使废催化剂成为一种有用的资源，可送专门工厂回收其中的贵重金属。

③ 用废催化剂生产釉面砖。釉面砖的主要化学组分与催化裂化装置所用催化剂的化学组分基本相同。在制造釉面砖的原料中加入 20%的废催化剂，制造出的釉面砖质量符合要求。

对一些不含重金属的废催化剂，在无更好的处理方法的情况下，应进行隔离填埋。

(4) 反应废物的处理

在石油炼制和石油化工生产中，会产生一些反应废物，如白土渣、丁二烯二聚物、苯酚、苯乙烯和醋酸酯等。这类废物的主要特征是含有机物较多，基本上都可综合利用，不能利用的也可进行焚烧处理。

白土渣表面多孔，比表面积为 150%～450%。表面吸附芳香烃或其他油品的白土渣，具有一定的可燃性，可作燃料。乙烯氧化制备乙二醇时，会产生多乙二醇重组分，可用作纸张涂料。用裂解法制取烷基苯的生产中，用 $AlCl_3$ 作催化剂，在沉降罐中沉降下来的泥脚主要是烯烃三氯化铝与苯的溶合物，其处理措施是水解中和生产 NH_4Cl。

(5) 污水处理厂污泥的处理

石油化工污水处理一般采用的还是隔油、浮选和活性污泥法，其主要废物是隔油池池底泥、浮选渣及剩余活性污泥。这些污泥要先进行沉降脱水、机械过滤等预处理。目前油泥用来作燃料用于烧砖等；浮选渣过滤后埋填；剩余活性污泥少部分用作绿化肥料，大部分还是填埋处理，焚烧方法应用较少。

6.4.3 机械工业固体废物的资源化处理

机械工业是我国国民经济中的一个非常重要的工业部门，它担负着生产各类机械设备、车辆、电机和电器、仪器和仪表等任务。机械工业固体废物是指机械工业在生产中产生的各种废渣。下面仅就机械工业特有的几种废渣的资源化处理作简单的介绍。

(1) 废旧型砂的处理

型砂是近代铸造生产中主要的造型材料。目前，全世界用型砂铸造方法生产的铸件约占80%～90%，国内更为普遍。型砂的作用是制作各种铸型（砂型和砂芯的组合体），以供浇注铁水或钢水，铸成各种铸铁件或其他铸件。新砂经过使用后便成为旧砂，经机械振动、水力和水爆清砂后排出，必须再生后方可以利用，否则铸件质量达不到要求，甚至无法进行正常的造型操作。再生的主要任务是破碎结块的型砂和破坏浇铸时在砂粒表面形成的惰性薄膜，其次是清除粉尘和其他污染物。

旧砂的再生方法很多，根据型砂的种类和性能不同，采用的再生方法也不一样，大致可分为湿法再生、干法再生、综合再生法和化学再生法四类。

① 湿法再生。湿法再生一般是将振动落砂的旧砂先经机械破碎，然后用压力水冲去砂粒表面的惰性膜，同时清除粉尘和其他可溶性有害成分（如水玻璃砂的碱分），最后经烘干、过筛后返回制砂间配制新砂。对于水玻璃砂，增加水温或使水带弱酸性，则再生效果可以提高。如果将水力清砂或水爆清砂与湿法再生结合使用，或使用水力旋流器进行湿法再生，则效果更好。国内的湿法再生均与水力清砂或水爆清砂组合使用，一些工厂已在生产中应用多年。该法不仅能处理黏土砂，也能处理水玻璃砂。但后者的废水通常呈碱性，应设法进一步处理，以免造成新的污染。湿法再生的缺点是占地面积大、动力消耗大。

② 干法再生。干法再生的具体方法有多种，如联合机械再生法、气流撞击法、离心力撞击法、喷丸法、球磨法和流动焙烧法等，目前应用较多的是前三种。

联合机械再生法是将旧砂在一个再生联合装置中依次顺序完成磁选、输送、破碎、冷却、除尘、过筛等工序，以达到再生回收的目的。采用再生联合装置，既简化了常规的再生单项处理设备，又大大缩短了再生工艺流程，缩小了占地面积，也改善了作业环境。

气流撞击法（亦称气流加速法）是利用高速气流加速砂粒运动，造成砂粒间的相互摩擦、冲撞，使附着于砂粒表面的惰性薄膜和污染物脱落，并将产生的粉尘从砂中分离出去。该法的优点是结构简单、操作方便、设备磨损部分少，但再生效率较低，需反复再生几次，且设备较庞大，占地面积也较大。

离心力撞击法是利用高速旋转设备产生的离心力，造成砂粒和砂群间的相互冲撞摩擦，以消除砂粒表面的惰性膜或胶壳，并分离粉尘。强力再生机的特点是：结构紧凑，辅助设施少，占地面积小，制造、安装容易，造价低廉，动力消耗小，再生、除尘效果好，砂粒不易粉化，适应范围广，不仅能再生树脂砂，也可再生其他型砂。

③ 综合再生法。综合再生法是将两种以上的再生方法联合在一起，如湿法再生后加机械法、湿法再生后加熔烧法、熔烧法再生后加机械法等多种方式，目前国内尚缺少研究和应用的经验。

④ 化学再生法。鉴于水玻璃砂粒表面上的硅胶膜十分牢固，一般的再生方法难以清除干净。为了同时回收原砂和水玻璃，国外已提出一种化学净化法。其作用原理是在沸腾的碱液中进行选择性溶解，碱液的浓度范围为1%～15%，温度为100℃时处理时间约1h。砂粒表面的惰性膜溶解后，洗去型砂上的碱液，然后经干燥、筛选，便可回收配制新砂。溶液中的水玻璃可回收利用，回收率一般在70%以上。

旧砂经过再生后，其性能仍然与新砂有较大的差别，故旧砂一般不能全部利用，一般回用率为50%～85%不等，因而有一部分旧砂必须排弃。另外，有些工厂由于原砂来源比较方便，或者由于缺少再生设备，因而将旧砂全部排弃。为此，从环保方面必须考虑废砂的综合利用。

废砂的主要用途是作建筑材料，如用废砂作混凝土的掺和料或制成灰砂砖和烧制硅酸盐水泥等。废砂也可用作填坑、筑路和筑坝的材料。但国内目前对废砂的综合利用尚缺乏系统的经验和成熟的工艺，有待进一步研究和实践。据近年统计，机械系统每年排放300余万吨废砂，成为急待解决的问题之一。

(2) 废旧金属的回收利用

废旧金属是机械工业生产中经常产生的固体废物，它们是来自金属加工过程的切屑、金属粉末、边角余料、残次品、废旧工具、铸造生产中的浇冒口、报废的铸件以及陈旧报废的机器设备（或零部件）。废旧金属分黑色金属和有色金属两大类。前者是指各种钢、铁材料，也是数量最多的一类；后者是除钢、铁以外的其他金属，其数量远少于前一类。

废旧金属的处理与利用方法很多，归纳起来有如下措施。

① 分类收集。为了处理与利用的方便，应根据不同材质加以分类收集，如不同种类的铸铁或铸钢、不同牌号的各类钢材、不同种类的有色金属或合金等，均应分门别类进行收集和存放，然后按不同性质加以处理和回收利用。

② 回炉熔炼。回炉熔炼是回收利用废旧金属最简便和最常用的方法，无论哪一种金属均可通过回炉熔炼加以回收利用。

③ 修旧利废。修旧利废是指直接利用废旧金属材料制成新的工业或民用产品，或者是将废旧制品（包括各种零部件和工具）加以修复或改制，再度用于生产。实践证明，这是一种有效的和经济合理的方法。例如，金属的边角余料或残次制品，可直接用来加工制作机械设备的零部件和各种民用器具。各种废旧工具，如链刀、锯条、铣刀、拉刀等，均可加以修复或改制成其他刀具再度使用。对于陈旧报废的机械设备，应尽可能将全部零部件拆卸下来，并按用途详细分类，以便重新用于生产。其中，一些完好的通用零部件可直接用于生产，较次的可经加工处理后再用。对于表面有金属镀层的零件，通常表面已部分损伤而不能直接应用，此时可采用电化学退镀法进行退镀处理，一方面将母体金属重新利用，另一方面可以回收各种贵重的有色金属。

④ 金属粉末和切屑的利用。金属粉末是在机械切割、研磨和刃磨等工序中产生的。在大批量生产中，一般用固定设备加工单一零部件，从而可以做到分类收集。对于钢铁粉末，通常可以利用磁力分选器将其与磨料及润滑冷却液分开。这样分类收集的钢铁粉末及化学成

分单一清楚，可作为粉末冶金的原始混料成分用于批量生产。在小批量生产中，由于一台机床要加工不同合金零件，难以将金属粉末分类处理，一般只能将它们集中起来送去回炉炼钢。

钢铁粉末利用的另一种方法是利用它的磁性。粉末受到磁铁吸引，即在其两极上形成疏松的瘤状物。将磁铁两极上的瘤状物接通，并把高速旋转的、需要抛光的零件置于其间，于是每个金属颗粒都成为一把独特的微型刀具。成千上万把微型刀具既快又好地进行抛光，可使工件表面研磨至13级精度，并可节省抛光膏和洗涤剂。

大量的金属切屑产生于车、铣、刨、钻等加工工序，其中主要是钢铁切屑。在实际生产中，按钢铁牌号进行分类比较困难。通常只能混在一起回炉熔炼，这样只能炼出品位很低的合金钢，而且熔炼过程中直接损耗率很高，因而是很不经济的。

目前国外已经出现利用切屑的新方法：一种方法是将切屑直接在1000～1200℃的高温下进行热冲压制成新的零件，废物利用率可达100%；另一种方法是将切屑直接加工成钢粉制件而不经熔炼铸造。先用汽油或煤油洗去切屑上的油污，然后装入球磨机或振动式磨机内，添上酒精磨碎，直至粒度达到要求。制得的钢粉用合成橡胶煤油溶液拌匀，再用500t压力机压成毛坯，然后进行热锻或热轧。用这种工艺制造的刀具，寿命及稳定性比标准刀具高两倍。

对于各种有色金属的粉末和切屑，一般是分类收集后回炉熔炼而加以再生回收。

⑤ 利用废旧黄铜制备铜粉。黄铜是机械工业生产中应用较多的有色金属之一，它是含有其他金属元素的铜锌合金。黄铜废料主要是金属加工过程中产生的大量切屑和粉末，另外还有其他废旧铜材，如散热管（片）等。它们除可以回炉熔炼外，还可以直接加工成铜粉。由于铜粉在工业上的广泛使用，利用廉价的废旧黄铜制备铜粉具有极为重要的意义。

美国专利介绍了一种利用废旧黄铜制备铜粉的新工艺，它的处理对象是不含硅，而锡、镍含量均小于5%的铜锌合金，包括工业青铜、红铜（低锌黄铜）、黄铜、铜焊料、锰青铜和手饰铜等。而锡青铜、磷青铜、含锡或镍大于5%的白铜和硅青铜则不适用。制备的基本过程与原理是：在无氧和温度高于70℃的条件下，让黄铜（块度小于6.5mm）与盐酸或硫酸作用足够的时间，使非铜杂质溶解。将得到的铜用水冲洗、烘干，然后在氧化气中加热至450～500℃，使至少10%（质量分数）的铜生成氧化铜。将铜与氧化铜的混合物研磨到所要求的细度，然后在400～500℃的温度下让还原气体（H_2 或 CO）与之充分接触，使其中的氧化铜还原为铜，这样就得到了纯铜粉。

6.4.4 城市垃圾的资源化技术

目前在整个世界范围内，城市生活垃圾的增长速度明显超过人口的增长速度，城市生活垃圾问题成为一个世界性的难题。城市垃圾的资源化方法，除可以采用各种分选方法，分选出空瓶、空罐头盒以及铁等金属加以回收利用以外，还可以利用**堆肥化**（composting）、**焚烧**（incineration）和**热解**（thermal destruction）等方法进一步对其进行处理和利用。另外，还可用垃圾中的炉灰制砖，利用垃圾饲养蚯蚓等。以下简要介绍几种常见的城市垃圾资源化技术。

（1）固体废物的堆肥化处理

堆肥化按需氧程度可分为好氧堆肥和厌氧堆肥。现代化堆肥工艺特别是城市垃圾堆肥工艺，基本上都是好氧堆肥。好氧堆肥温度高（一般为50～65℃，最高可达80～90℃），基质分解比较彻底，堆制周期短，异味小，可以大规模采用机械处理。厌氧堆肥是利用厌氧微生物完成分解反应，空气与堆肥相隔绝，堆制温度低，工艺比较简单，产品中氮保存量比较多，但堆制周期太长（需 3～12 个月），异味浓烈，分解不够充分。

堆肥化的产物称作堆肥（compost）。它是一类腐殖质含量很高的疏松物质，故也称“腐殖土”。早在 1000 年前，中国和印度等东方国家的农民就有将作物秸秆、落叶、野草、海草和人畜粪便等堆积在一起使其发酵获得肥料的方法。但在堆肥系统化、工厂化方面的巨大进展则是始于 1925 年。此后堆肥的工艺也在不断地发展。与此同时，堆肥化由以制作肥料为目的而逐渐转化为以处理固体废物为目的，同时生产出有机肥料。堆肥化的原料有城市垃圾，由纸浆厂和食品厂等排水处理设施来的污泥、家畜粪尿、树皮、锯末、糠壳和秸秆，等等。

（2）固体废物的焚烧处理

焚烧法历史悠久，所积累的经验丰富，技术可靠。焚烧设备主要有流化床焚烧炉、转窑式焚烧炉、多膛式焚烧炉、固定床型焚烧炉等。采用转窑式焚烧炉焚烧废塑料时，对负荷变动适应性强，但是焚烧发烟物或有机污泥时，粉尘量大。采用流化床焚烧炉时，废物颗粒和气体间的传质、传热速度快，温度易于控制，特别在流化床炉的上半部分可进行干燥过程，故往往采用多段流化床焚烧炉。采用固定床型焚烧炉焚烧纤维质废物时效率较高。

熔融型焚烧处理是将废物在 1400～1650℃的高温下焚烧，可以把废物的可燃部分燃烧与不可燃部分熔融在同一过程中进行，然后经冷却、凝固变成最安全的适于填埋的固体烧结物。在最终填埋处置时，因为不含有机物及恶臭成分，并有很高的密度，故不会有粉尘飞扬，且填埋后也不会有有害物浸出。烧结物通常为黑色砾石形粒状物，减容比（指容量减少的比率）大，可用作建筑材料、骨料和铺路材料。

（3）固体废物的热解处理

部分固体废物在高温下分解为可燃气、油类等物质。固体废物中所蕴藏的热量以上述物质的形式贮留起来，成为便于贮藏、运输的有价值的燃料。热解与充分供氧、废物完全燃烧的焚烧过程是有本质区别的。焚烧是放热反应，而热解是吸热过程。而且，焚烧的结果产生大量的废气和部分废渣，环保问题严重。除显热利用外，无其他利用方式。而热解的结果则产生可燃气、油等，可多种方式回收利用。

固体废物热解是一个复杂、连续的化学反应过程，在反应中包含着复杂的有机物断键、异构化等化学反应。在热解过程中，其中间产物存在两种变化趋势：一种是由大分子变成小分子直至气体的裂解过程；另一种是由小分子聚合成较大分子的聚合过程。在利用固体废物热解制造燃料时，由于固体废物的类型、热解温度和加热时间不同，生成的燃料可以是气体、油状液体，也可以二者兼有。如果被热解处理的固体废物中塑料和橡胶的含量较大，则回收的液态油占总装料量的百分比就要高于一般垃圾。除此之外，固体废物热解产物的产率也与温度有关，分解温度越高则产气越多，分解温度低则产油多。

城市固体废物、污泥，工业废物如塑料、树脂、橡胶，以及农业废料、人畜粪便等具有潜在能量的各种固体废物都可以采用热解方法，从中回收燃料。

焚烧热回收利用与热解燃料化处理是固体废物利用的途径。焚烧热回收是一种直接利用法，可用来生产蒸汽和发电，已达到工业规模程度。热解燃料化利用法是一种间接回收利用法，它把固体废物转变为可以贮存和输送的燃料形式如沼气、燃油和燃气。其能源回收性好，环境污染小，这也是热解处理技术最优越、最有意义之处。

【阅读材料】 **拉夫运河化学垃圾污染事件**

拉夫运河（Love Canal）位于美国纽约州，是一个世纪前为修建水电站挖成的一条运河，20 世纪 40 年代就已干涸而废弃不用。1942 年，美国电化学公司胡克公司购买了这条大约 1000 米长的废弃运河，当作垃圾仓库来倾倒工业废弃物。这家电化学公司在 11 年的时间里，向河道内倾倒的各种废弃物达 800 万吨，倾倒的致癌废弃物达 4.3 万吨。

1953 年，这条已被各种有毒废弃物填满的运河被公司填埋覆盖好后转赠给了当地的教育机构。此后，纽约市政府在这片土地上陆续开发了房地产，盖起了大量的住宅和一所学校。厄运从此降临到居住在这些建筑物中人们的身上。从 1977 年开始，当地的居民不断发生各种怪病，孕妇流产、儿童夭折、婴儿畸形、癫痫、直肠出血等病症频频出现。一次夏季暴风雨后，那里的地面开始渗出一种黑色液体，并且草木开始发黑枯萎，在室外玩耍的孩童皮肤呈现灼伤症状，这引起了人们的恐慌。后经有关部门监测分析表明，当地共有 82 种化学物质散溢在地表，其中仅致癌物就有 11 种之多，如氯仿（$CHCl_3$）、三氯酚（$C_6H_3Cl_3O$）、二溴甲烷（CH_2Br_2）等。

当时的美国总统卡特宣布封闭当地住宅，关闭学校，并将居民撤离。事后，经过一番诉讼，胡克公司和纽约政府被认定为加害方，共赔偿受害居民经济损失和健康损失费达 30 亿美元。

拉夫运河化学垃圾污染事件是典型的固体废物无控填埋污染事件。

复习思考题

1. 固体废物一般是指什么样的物质？
2. 简述固体废物处理的原则。
3. 什么是固体废物的最终处置？最终处置分为哪几类？
4. 固体废物的焚烧和热解处理有什么区别？
5. 举例国内外最新前沿固体废物处理技术，并简要概述如何减少固体废物的产生。

第7章 物理性污染及其控制技术

【导读】 我们把物理学研究范畴的噪声、振动、电磁辐射、放射性、光、热等产生的环境污染称为物理性污染。物理性污染如何产生、有何危害、如何防治是本章回答的问题，也是当今社会人们需要了解和解决的迫切问题。

【提要】 本章主要介绍了噪声污染、振动污染、电磁辐射污染、放射性污染、光污染及热污染的概念、危害、特征、评价标准和控制技术方法。

【要求】 通过本章的学习，了解和掌握物理性污染的概念、污染特征、危害和防护措施。

7.1 噪声污染和振动污染及其控制技术

在人类生存的社会环境中，声音是一种必不可少的信息交流、感情传递的工具，同时声音也是自然界的一种现象。随着经济发展、城市规模扩大和人口增加，随之而来的是工程机器的轰鸣，建筑工地上的振动、摩擦以及汽车的电动机和喇叭等发出的声音，我们把这些统称为噪声。当噪声对人体和周围环境造成不良影响时，就形成了噪声污染。噪声污染与水污染、大气污染、固体废物污染一样作为环境污染的一种，已经成为人类的一大公害。

振动和噪声一样，是当前人类生存环境的一大公害。过强的振动会使房屋、桥梁等建筑强度降低甚至损坏，使机器和交通工具等设备的部件损耗增大。振动本身可以形成噪声源，以噪声的形式影响和污染环境。

7.1.1 噪声的概念

从物理学上讲，噪声是一种声音强弱和频率变化不和谐的、没有规律的声振动。从社会学的角度来说，噪声是一种可以对人的心理和生理造成不同程度的伤害并会干扰人的正常活动的声音。

判断一种声音是不是噪声，仅仅从物理角度判断是不够的，有时候接受者的主观因素往往起着决定性的作用。比如说美妙的音乐对于正在欣赏它的人来说是一种享受，但是对于正在阅读、思考的人来说就是一种噪声。即使是同一种声音，当人处于不同状态不同心情时，对其也会产生不同的主观判断，此时声音可能成为噪声或乐音。因此，凡是干扰人们休息、学习和工作并使人产生不舒适感觉的声音，即不需要的声音，统称为**噪声**，如广场舞曲对于正在学习的学生就是噪声。噪声的测量单位是**分贝**（dB）。

7.1.2 噪声源及其分类

向外辐射噪声的振动物体称为**噪声源**。噪声源可分为**自然噪声源**和**人为噪声源**两大类。自然噪声包括火山爆发、地震、雪崩和滑坡等自然现象产生的空气声、地声（在地内传播）和水声（在水中传播）。此外，自然界中还有潮汐声、雷声、瀑布声、风声、陨石进入大气层的轰声，以及动物发出的声音等。人为噪声根据其来源可分为交通噪声、工业噪声、建筑施工噪声和社会生活噪声等。在影响城市环境的各种噪声来源中，交通噪声占30%，工业噪声占8%～10%，建筑施工噪声占5%，社会生活噪声占47%，其他噪声占8%～10%。社会生活噪声影响面最广，是城市生活环境的主要噪声污染源。

(1) 交通噪声

交通噪声主要指飞机、火车、各种机动车辆等交通工具在运行时所产生的噪声。随着工业技术的飞速发展和人们生活水平的不断提高，城市中交通工具的使用量也在逐年增加，其产生的噪声已经成为城市噪声的主要来源。据测定，汽车在行驶中的噪声为80～90dB(A)，在城市快速通道上行驶的汽车噪声可以达到100dB(A）以上。交通噪声主要来源于汽车发动机声、进气和排气声、启动和制动声、轮胎与路面之间的摩擦碰撞声，以及鸣喇叭声。交通噪声的大小与行车速度和交通量有关。一般噪声级大小与行车速度和交通量成正相关：交通量每增加1倍，噪声增加3dB(A）左右；平均行车速度每增加10km/h，噪声源强增加2～3dB(A)。典型机动车辆的噪声级范围见表7-1。

表7-1 典型机动车辆噪声级范围

车辆类型	匀速时噪声级(A计权)/dB(A)	加速时噪声级(A计权)/dB(A)
民航客机	89～110	110～140
火车	102～106	108～116
重型货车	84～89	89～93
中型货车	79～85	85～91
轻型货车	76～84	82～90
公共汽车	80～85	82～89
中型客车	73～77	83～86
轿车	69～74	78～84
摩托车	75～83	81～90
拖拉机	79～88	83～90

交通噪声的防范措施主要有：①合理规划城市布局，加强噪声管理；②加大交通干线绿化力度，大力开展城市绿化种植；③路面降噪，将减振和吸声材料用于道路建设与车辆结构上，如修建低噪声水泥混凝土路面。

(2) 工业噪声

工业噪声是指工业企业在生产过程中由机器运转或机器振动产生的噪声。工业噪声分为机械性噪声（由机械的撞击、摩擦和固体的振动、转动而产生的噪声）、空气动力性噪声（由空气振动而产生的噪声）、电磁性噪声（由电机中交变力相互作用而产生的噪声）三种。常见机械设备的噪声级范围见表7-2。

表 7-2　常见机械设备噪声级范围

设备名称	噪声级(A计权)/dB(A)	设备名称	噪声级(A计权)/dB(A)
柴油机	110～125	轧钢机	92～107
汽油机	95～100	切管机	100～105
织布机	100～105	汽锤	95～105
纺纱机	90～100	鼓风机	95～115
球磨机	100～120	空压机	85～95
印刷机	80～95	车床	82～87
蒸汽机	75～80	电锯	100～105
超声波清洗机	90～100	电刨	100～120

工业噪声不仅给工人带来危害，对附近居民的影响也很大。不同的工厂噪声的污染情况也不一样，比如对水泥厂来说，它的噪声产生的原因主要有三类，分别为空气动力性噪声、机械性噪声、电磁原件噪声。资料表明，我国约有20%的工人暴露在听觉受损的强噪声中，有近亿人受到噪声的严重干扰。工业噪声的噪声源一般是固定的，污染范围比交通噪声要小，防治也相对容易。

(3) 建筑施工噪声

建筑施工噪声包括打桩机、推土机、混凝土搅拌机等施工机械产生的噪声。随着现代城市建设的发展，工程建设项目日益增多，施工现场多在居民区，有时是昼夜施工，施工所形成的噪声污染问题也日益突出，成为当前环境噪声污染的重要来源。表7-3列出了常见建筑施工机械的噪声级范围。

表 7-3　常见建筑施工机械噪声级范围

设备名称	噪声级(A计权)/dB(A)	设备名称	噪声级(A计权)/dB(A)
打桩机	95～105	推土机	80～95
挖土机	70～95	铺路机	80～90
混凝土搅拌机	75～90	凿岩机	80～100
固定式起重机	80～90	风镐	80～100

(4) 社会生活噪声

社会生活噪声是指社会活动和家庭生活设施产生的噪声，如商业、娱乐、体育、游行、庆祝、宣传等活动产生的噪声。常见的社会生活噪声有：①宠物叫声，如狗和鸽子的叫声；②家用电器声，如空调和洗衣机声等；③家庭娱乐声，如打麻将或喝酒时猜拳行令等声音；④练习乐器声，如弹钢琴、拉二胡、吹笛子等发出的声音；⑤室内装修声，如砸墙、砌砖和使用电锯、电钻等发出的声音；⑥家庭内部或邻里之间的吵架声。表7-4列出了一些典型的社会生活噪声级范围。

表 7-4　典型社会生活噪声级范围

设备名称	噪声级(A计权)/dB(A)	设备名称	噪声级(A计权)/dB(A)
洗衣机	50～80	电视机	60～83
吸尘器	60～80	电风扇	30～65
排风扇	45～50	缝纫机	45～75
抽水马桶	60～80	电冰箱	35～45

实际上人们遇到的社会生活噪声远不止这么多。虽然社会生活噪声一般在80dB(A)以下，但在人口稠密的城市里，在活动范围狭小的空间里，如果不注意控制音量，在任何时间和地点都有可能成为影响他人的社会生活噪声。

7.1.3 噪声的特征

(1) 噪声的物理特征

噪声在能量形式上是一种声波，因此具有声波的声学特征。噪声对环境的影响和它的强弱有关。噪声越强，影响越大，污染就越重。衡量噪声强弱的物理量为噪声级。下面简单介绍几个与声音强弱有关的物理量及噪声级。

① 频率。声波的频率等于造成该声波的物体振动的频率，单位为**赫兹**（Hz）。一个物体每秒振动的次数，就是该物体振动的频率，也即由此物体引起的声波的频率。声波频率的高低，反映声调的高低。频率高，声音尖锐；频率低，声调低沉。人耳能听到的声波的频率范围为20～20000Hz。20Hz以下的称为次声，20000Hz以上的称为超声。人耳从1000Hz开始，随着声波频率的降低，听觉会逐渐迟钝。

② 声压。在空气中传播的声波可使空气密度时疏时密，密处与大气压相比其压力上升，疏处则下降。在声音传播的过程中，空气压力相对于大气压的变化称为**声压**，其单位为**帕斯卡**（Pa）。描述声压级别大小的物理量是声压级。

③ 声强。**声强**就是声音的强度。1s内通过与声音前进方向垂直的$1m^2$面积上的能量称为声强（用I表示），其单位为W/m^2。声强与声压（用p表示）的平方成正比，声波的强弱用声强级表示。

④ 噪声级。声压级只反映了人们对声音强度的感觉，不能反映人们对频率的感觉，而且人耳对高频声音比对低频声音较为敏感，因此，表示噪声的强弱，就必须同时考虑声压级和频率对人的作用，这种共同作用的强弱称为**噪声级**。噪声级可用噪声计测量。噪声计中设有A、B、C三种计权网络，其中A网络可将声音的大部分低频滤掉，能较好地模拟人耳听觉特性。由A网络测出的噪声级称为A声级，单位为分贝，计作dB(A)。A声级越高，人们越觉吵闹，因此现在大都采用A声级来衡量噪声的强弱。但是，许多地区的噪声是时有时无、时强时弱的，如道路两旁的噪声，当有车辆通过时，测得的A声级就大，当没有车辆行驶时，测得的A声级较小，这与从具有稳定噪声源的区域中测得的A声级数值不相同，后者随时间的变化甚小。为了较准确地评价噪声强弱，1971年国际标准化组织公布了**等效连续声级**，它的定义是把随时间变化的声级变为某一时间段声能稳定的声级，因此被认为是当前评价噪声最佳的一种方法。为便于应用，一般进行噪声测量时，都是以一定时间间隔读数来计算等效连续A声级。

(2) 噪声的污染特征

① 噪声是一种声波，具有能量性，不具备积累性。声源关闭，噪声便消失。

② 噪声污染具有局部性和分散性。噪声污染从声源到受害者的距离很近，而且随着距离的增加，噪声污染的影响越来越小，直至消失。在城市生活中，噪声源往往不是单一的，噪声来源很广，往往是交通噪声、社会生活噪声的综合。

③ 噪声污染在其影响的范围内很难避免。声能是以波动的形式传播的，因此噪声，特别是低频声具有很强的绕射能力。此外，由于噪声以340m/s的速度传播，即使闻声而跑，也避之不及。噪声可以说是“无孔不入”。

④ 噪声污染具有间接性。噪声一般不直接致病或致命，其危害是慢性的或间接性的。

7.1.4 噪声的危害

噪声污染已经成为人类面临的一大危害，与水污染、大气污染被看成是全球三个主要环境问题。

(1) 对人体健康的影响

研究表明，30dB(A) 以下属于非常安静的环境，如播音室、医院等应该满足这个条件。40dB(A) 属于正常的环境，如一般居民区、办公室应保持这种水平。50～60dB(A) 则属于比较吵的环境，此时脑力劳动受到影响。若大于 60dB(A) 则是有害的噪声，就可能影响人们的睡眠和休息，干扰工作，妨碍谈话，使听力受损害，甚至引起心血管系统、神经系统、消化系统等方面的疾病。

噪声对人体主要产生两类不良影响：一是对听觉器官的伤害；二是对神经系统、心血管系统和内分泌系统的损害。

噪声会造成听觉器官损伤。人短期处于噪声环境中时，即使离开噪声环境，也会造成短期的听力下降，但当到安静环境中时，经过较短的时间即可以恢复，这种现象叫听觉适应。如果长年无防护地在较强的噪声环境中工作，在离开噪声环境后听觉敏感性的恢复就会延长，经数小时或十几小时，听力才可以恢复。这种可以恢复听力的损失称为听觉疲劳。随着听觉疲劳的加重会造成听觉机能恢复不全，形成噪声性耳聋。因此，预防噪声性耳聋首先要防止听觉疲劳的发生。一般情况下，85dB(A) 以下的噪声不至于危害听觉，而 85dB(A) 以上的噪声则可能对听觉产生危害。统计表明，在高噪声车间里，噪声性耳聋的发病率有时可达 50%～60%，甚至高达 90%。目前大多数国家听力保护标准定为 90dB(A)。但在此噪声标准下工作 40 年后，噪声性耳聋发病率仍在 20%左右，故听力保护标准有日渐提高的趋势。

噪声通过人的听觉器官长期作用于中枢神经，可使大脑皮层的兴奋和抑制平衡失调，形成“噪声病”。长期的实验表明：80～85dB(A) 时，表现为头痛、睡眠不好；90～100dB(A) 时，情绪激动，感到疲劳；100～120dB(A) 时，头晕、失眠、记忆力明显下降；140～145dB(A) 时，耳痛引起恐惧症。噪声还容易影响人的工作效率，干扰人们的正常谈话。在噪声环境中工作往往使人烦躁、注意力不集中、差错率明显上升。在 65dB(A) 以上的噪声环境中，必须提高嗓门交谈；而在 80dB(A) 以上时，即使大叫大喊，也无济于事。

当人们突然暴露于极其强烈的噪声之下时由于声压很大，常伴有冲击波，可引起耳膜破裂出血，耳朵完全变聋，语言紊乱，神志不清，发展为脑震荡和休克，甚至死亡。

噪声是一种恶性刺激波。长期作用于中枢神经可导致条件反射异常，使脑血管张力遭到损害。这些变化在早期是可能复原的，时间过长，就可能形成顽固的兴奋灶，并累及自主神经系统，产生头痛、头晕、耳鸣、失眠或嗜睡和全身无力等神经衰弱症状，严重者可能会精神错乱。

噪声还可能引起高血压，可致心肌损害，使冠心病和动脉硬化的发病率逐渐增高。噪声使人们的健康水平下降，抵抗力减弱，导致某些疾病的发病率增加。噪声会影响人的睡眠：连续的噪声可以加快熟睡的回转，使人多梦，熟睡时间缩短；突然的噪声可以使人惊醒。一般来说，40dB(A) 的连续噪声可使 10%的人受到影响，70dB(A) 即可影响 50%的人；而突然的噪声在 40dB(A) 时，可使 10%的人惊醒，到 60dB(A) 时，可使 70%的人惊醒。

在噪声环境下，人对一种声音的听阈会因受噪声的影响而提高。这个被提高的听阈叫作掩蔽噪声。噪声能掩盖讲话的声音而影响正常交谈、通信，也能掩蔽警报信号。

（2）对动植物的影响

噪声对自然界的生物也有影响。实验证实，把一只豚鼠放在170dB(A）的强声环境中，5min后就死亡。解剖后的豚鼠肺和内脏都有出血现象。有人给奶牛播放轻音乐后，牛奶的产量大大增加，而强烈的噪声使奶牛不再产奶。20世纪60年代，美国空军的F-104喷气飞机，在俄克拉荷马城上空做超声速飞行试验，每天飞越8次，高度为1000m，整整飞了6个月。结果在飞机轰鸣声的作用下，一个农场的10000只鸡只剩下4000只。解剖鸡的尸体后发现，暴露于轰鸣声下的鸡脑神经细胞与未暴露的有本质区别。强噪声会使鸟的羽毛脱落，不产卵，甚至会使其体内出血和死亡。噪声能够促进果蔬的衰老，使呼吸强度和内源乙烯释放量提高，并能激活各种氧化酶和水解酶的活性，使果胶水解，细胞被破坏，导致细胞膜透性增加。

（3）对物质结构的影响

声音是由物体振动而产生的。振动波在空气中来回运动和振动时，产生了声波。强烈的声波，能冲撞任何建筑物。150dB(A）以上的噪声，由于声波的振动，会使玻璃破碎，建筑物产生裂缝，金属结构产生裂纹和断裂现象，这种现象叫声疲劳。在160dB(A）以上，导致墙体震裂以致倒塌。当然，在建筑物受损的同时，发声体本身也因“声疲劳”而损坏。例如，英法合作研制的协和式飞机在试航过程中，航道下面的一些古老教堂建筑物等，因飞机轰鸣声的影响受到破坏，出现了裂缝。航天器在起飞和进入大气层时，都处在强噪声环境中，在声频交变负载的反复作用下，会引起铆钉松动，有时还会引起蒙皮撕裂（喷气飞机也如此）。随着航天器发动推力的不断增加，噪声对航天器结构的影响也越来越大。

7.1.5 环境噪声国家标准

噪声标准是噪声控制的基本依据，但在不同的地区、不同的时间，噪声标准也不同，因此在制定噪声标准时，应有所区别，对环境影响大的噪声源，亦应有其特定的标准。此外，制定噪声标准时，还应以保护人体健康为依据，以经济合理、技术上可行为原则。环境噪声标准主要包含声环境质量标准和环境噪声排放标准等。

（1）声环境质量标准

表7-5列出了《声环境质量标准》(GB 3096—2008）中规定的城市5类区域的环境噪声最高限值。该标准适用于城市区域。乡村生活区域可参照该标准执行。

表7-5 城市5类区域环境噪声最高限值（等效声级 L_{eq}） 单位：dB(A)

类别	昼间	夜间
0	50	40
1	55	45
2	60	50
3	65	55
4	70	55

注：1. 0类标准适用于疗养区、高级别墅区、高级宾馆区等特别需要安静的区域。位于城郊和乡村的这一类区域分别按严于0类标准5dB(A）执行。

2. 1类标准适用于以居住、文教机关为主的区域。乡村居住环境可参照执行该类标准。

3. 2类标准适用于居住、商业、工业混杂区。

4. 3类标准适用于工业区。

5. 4类标准适用于城市中的道路交通干线、道路两侧区域，穿越城区的内河航道两侧区域，穿越城区的铁路主、次干线两侧区域的背景噪声（指不通过列车时的噪声水平）限值也执行该类标准。

6. 夜间突发的噪声，其最大值不准超过标准值15dB(A)。

(2) 环境噪声排放标准

环境噪声排放标准主要包括《工业企业厂界环境噪声排放标准》(GB 12348—2008)、《建筑施工场界环境噪声排放标准》(GB 12523—2011)、《机场周围飞机噪声环境标准》(GB 9660—1988)。

工业企业厂界环境噪声排放标准见表7-6。

表7-6 工业企业厂界环境噪声排放标准(等效声级 L_{eq}) 单位:dB(A)

厂界外声环境功能区类别	昼间	夜间
0	50	40
1	55	45
2	60	50
3	65	55
4	70	55

注:1. 0类标准适用于以居住、文教机关为主的区域。
2. 1类标准适用于居住、商业、工业混杂区及商业中心区。
3. 2类标准适用于工业区。
4. 3类标准适用于交通干线道路两侧区域。
5. 4类标准适用于工厂及有可能造成噪声污染的企事业单位的边界。
6. 夜间频繁突发的噪声(如排气噪声),其峰值不准超过标准值10dB(A);夜间偶然突发的噪声(如短促鸣笛声),其峰值不准超过标准值15dB(A)。标准昼间、夜间的时间由当地人民政府按当地习惯和季节变化划定。

建筑施工场界环境噪声排放标准见表7-7。

表7-7 建筑施工场界环境噪声排放标准(等效声级 L_{eq}) 单位:dB(A)

施工阶段	主要噪声源	噪声限值	
		昼间	夜间
土石方	推土机、挖掘机、装载机等	75	55
打桩	各种打桩机等	85	禁止施工
结构	混凝土搅拌机、振捣棒、电锯等	70	55
装修	起重机、升降机等	65	55

注:表中所列噪声值是指与敏感区域相应的建筑施工场地边界线处的限值。如有几个施工阶段同时进行,以高噪声阶段的限值为准。

机场周围飞机噪声环境标准见表7-8。

表7-8 机场周围飞机噪声环境标准

使用区域	标准值/dB(A)
一类区域	≤70
二类区域	≤75

注:一类区域指特殊住宅区,居住、文教区;二类区域指除一类区域以外的生活区。

7.1.6 噪声控制技术

噪声由声源发生,经过一定的传播途径到达接受者,才会发生危害作用。因此对噪声的控制治理必须从分析声源、传声途径和接受者这三个环节组成的声学系统出发,综合考虑,制定出技术上成熟、经济上合理的治理方案。

(1) 控制噪声源

降低噪声源所产生的噪声，这是防治噪声污染最根本的途径。对噪声源的控制，一般可采取下面的一些方法。

① 改进设备的结构设计。金属材料消耗振动能量的能力较弱，因此用它做成的机械零件，会产生较强的噪声。但如用材料内耗大的高分子材料来制作机械零件，则会使噪声大大降低。例如，将纺织厂织机的铸铁传动齿轮改为尼龙齿轮，则可使噪声降低 5dB(A) 左右。改革设备结构来降低噪声也有明显的效果。例如，风机叶片的形状对风机产生噪声的大小有很大影响，若将风机叶片由直片形改为后弯形，则可降低噪声约 10dB(A)；又如将齿轮传动装置改为带轮传动，可使噪声降低 16dB(A)。

② 改革生产工艺和操作方式。在生产过程中，尽量采用低噪声的设备和工艺，例如以焊接代替铆接，以液压加工代替冲压式锻打加工等。

③ 提高机械的加工质量和装配精度。可以减少机械各部件间的摩擦、振动或由于运动不平衡而产生的噪声。例如，将轴承滚珠加工精度提高一级，就可使轴承噪声降低 10dB(A)。

④ 采用消声方法消除空气动力性噪声。许多机械设备的进、排气管道和通风管道，都会产生强烈的空气动力性噪声。消声器就是阻止或减弱噪声传播而允许气流通过的一种装置。把消声器装在设备的气流通道上，可以使该设备本身发出的噪声和管道中的空气动力性噪声降低。好的消声器应当具备三个性能：消声量大，空气动力性能好，结构性能好。根据消声机理，消声器主要分为阻性消声器和抗性消声器两大类，另外还有阻抗复合式消声器、微穿孔板消声器、高压排气消声器、干涉型消声器和有源消声器等。

a. 阻性消声器。阻性消声器的消声原理是利用装置在管道（或气流通道）内壁或中部的阻性材料（吸声材料）的吸声作用使噪声衰减，从而达到消声目的。阻性消声器的种类和形式很多，一般按气流通道的几何形状，可以分为直管式、片式、折板式、蜂窝式、迷宫式、声流式、盘式、弯头式等。阻性消声器结构简单，对中、高频噪声的消声效果好，但对低频噪声的消声性能较差，不适合在高温、高湿的环境中使用，多用于风机、燃气轮机进排气的消声处理。

b. 抗性消声器。抗性消声器并不直接吸收声能，它是通过在流道截面旁接共振腔的方法，利用声波的反射、干扰来达到消声的目的。常见的抗性消声器有扩张室式和共振腔式两种。抗性消声器适用于消除低、中频噪声，可以在高温、高速、脉动气流下工作，其缺点是消声频率带窄，对高频噪声消声效果较差。

c. 阻抗复合式消声器。为了在低、中、高频均获得较好的消声效果，将阻性、抗性两种结构的消声器复合起来使用，这种结构的消声器就是阻抗复合式消声器。一般情况下，抗性部分放在前面（入口端），阻性部分放在后面，特别用于有脉动气流存在的场所。

d. 微穿孔板消声器。微穿孔板消声器是近年来研制的一种新型消声器，属于共振兼阻性消声范畴。它是以微穿孔板吸声结构作为消声器的贴衬材料，由于共振孔很小（小于1mm），通过提高声阻达到消声作用。选择微穿孔板上不同的穿孔率和板后不同的腔深，就可在较宽的频率范围内获得消声效果。这种消声器可在医药、食品行业使用，也可在高温、潮湿、含油雾及带有短暂火焰的环境下使用。

e. 高压排气消声器。高压排气或放空所产生的空气动力性噪声，也称喷注噪声，是环境噪声中的强声源之一，例如电厂的锅炉放空排气和安全阀、冶金和化工行业的高速高压气体排放等均是这类噪声源。高压排气消声器的消声机理是降低气流速度，降低排放压力，改变喷注的结构。消声器主要采用小孔喷注、多孔扩散、节流降压等形式。

f. 干涉型消声器。干涉型消声器是根据声波的干涉原理制作的。声波通过不同长度的传播途径，在主通道的汇合处，振幅相等、相位相反的两个声波，彼此相互干涉，从而降低了噪声的辐射。这个类型的消声器对单频或频率范围较窄的低频噪声有较好的消声效果，对于宽频带的噪声则没有什么效果。

g. 有源消声器。有源消声器是利用电子线路和功率放大设备产生与原噪声相位相反的声音，抵消原噪声，从而达到降噪目的的一种装置。它是由传声器、放大器、反相器、功率放大器、扬声器组成的系统，是一种能够减小传声器邻区声压的电声反馈系统。

(2) 在传播途径上降低噪声

噪声在传播过程中，其强度是随距离的增加而逐渐减弱的，因此在城市、工厂的总体设计时进行合理布局，做到“闹静分开”。例如将工厂区和居民区分开，把高噪声的设备与低噪声的设备分开，利用噪声在传播过程中的自然衰减，减小噪声的污染范围。利用山冈、山坡、高大建筑物、树林等自然屏障来阻止和屏蔽噪声的传播也能起到一定的减噪作用。特别是将城市绿化和降噪结合起来考虑，更能起到美化环境和降低噪声污染的双重效果。

对于工业噪声，在噪声的传播途径上最有效的措施是采用声学控制技术，包括吸声、隔声、隔振、减振等。下面分别介绍这些技术。

① 吸声降噪。吸声降噪是利用一定的吸声材料或吸声结构来吸收声能，从而达到降低噪声强度的目的。

a. 吸声降噪原理。利用吸声材料松软多孔的特性来吸收一部分声波，当声波进入多孔材料的孔隙之后，能引起孔隙中的空气和材料的细小纤维发生振动，由于空气与孔壁的摩擦阻力、空气的黏滞阻力和热传导等作用，相当一部分声能就会转变成热能而被耗散掉，从而起着吸声降噪作用。

b. 吸声材料。吸声材料多为多孔材料（porous materials），目前常用的吸声材料主要有无机纤维材料、泡沫塑料、有机纤维材料和建筑吸声材料等几大类。

ⅰ. 无机纤维材料。主要有超细玻璃棉、矿渣棉、岩棉及其制品等。

ⅱ. 泡沫塑料。泡沫塑料制品的种类很多，但用作吸声材料的仅是少数开孔型泡沫塑料制品。如软性聚氨酯泡沫塑料、尿醛塑料、酚醛泡沫塑料等。泡沫塑料的优点是防潮、防蛀、成型好、施工方便，但其缺点是易老化、防火性能差。

ⅲ. 有机纤维材料。主要是植物性纤维材料（如棉麻、甘蔗木丝、稻草）及其制品（如软质纤维板、木丝板等），现在已多为化学纤维所代替，这类材料吸声系数高、密度小、弹性大、施工方便，应用也较为普遍。

ⅳ. 建筑吸声材料。主要有微孔吸声砖、膨胀珍珠岩、加气混凝土等。这些材料对于中、高频声波有很大的吸声作用，但对低频声波吸收效果较差，为了弥补这一不足，通常采用共振吸声结构来加以处理。

c. 共振吸声结构。共振吸声结构是利用共振原理做成的各种吸声结构，用于对低频声波的吸收，常用的有薄板共振吸声结构、薄膜共振吸声结构、穿孔板共振吸声结构、微穿孔板共振吸声结构和空间吸声体等。

ⅰ. 薄板共振吸声结构。由薄板（胶合板、石膏板、硬质纤维板、金属板等）及薄板和刚性壁面之间的空气层组成。当声波入射到薄板上时，薄板则发生振动并弯曲变形。由于板内及板与固体支点之间的摩擦损耗，使部分声能被吸收。当入射声波频率与薄板吸声结构的固有频率相等时则发生共振，此时的吸收效果最好。

ⅱ. 薄膜共振吸声结构。由人造革、漆布、不透气的帆布、塑料薄膜等膜状材料及膜与刚性壁面之间的空气层所组成。它的吸声原理与薄板吸声结构基本相同。有时还可在膜后设置吸声材料，以进一步改善低频吸声性能。

ⅲ. 穿孔板共振吸声结构。由穿孔板（表面上打孔的金属板或非金属板）及板与刚性壁面之间的空气层所组成。每一个孔和后面的空腔都组成了一个共振器。当入射声波的频率和系统的共振频率一致时，穿孔板孔颈处的空气则产生激烈的振动摩擦，使部分声能转变为热能，加强了吸声效应，使声能衰减，达到了降低噪声的目的。若将穿孔板后填充多孔吸声材料，可提高吸声效果。

ⅳ. 微穿孔板共振吸声结构。微穿孔板的构造与穿孔板类似，板厚和孔径小于 1mm，穿孔率在 1%～3%。它的降噪原理是利用微孔的阻尼作用使微孔板有足够的声阻，当声波传过时，小孔中的空气进行往复运动产生摩擦从而使声能降低。微穿孔板吸声结构是一种新型吸声结构，它有可观的吸声系数和吸声频率范围，可在高温、高湿及有气流冲击和腐蚀的条件下使用。

d. 吸声降噪技术。吸声降噪是一种简单易行的噪声治理技术，它的降噪过程可用图 7-1 来加以说明。当室内有噪声源时，对室内的人来说，除了听到由噪声源传来的直达声外，还可听到由房间壁面多次反射所形成的混响声，这一协同作用的结果使室内的噪声增大［图 7-1(a)］，如果我们在室内壁面上贴上吸声材料或装上吸声结构，噪声源所发出的声波碰到吸声材料，部分声能就会被吸收，使反射声能减弱，总的噪声级就会降低［图 7-1(b)～(d)］。这就是噪声的吸声处理。吸声降噪的关键是做好吸声处理的设计，一般有以下几个步骤。

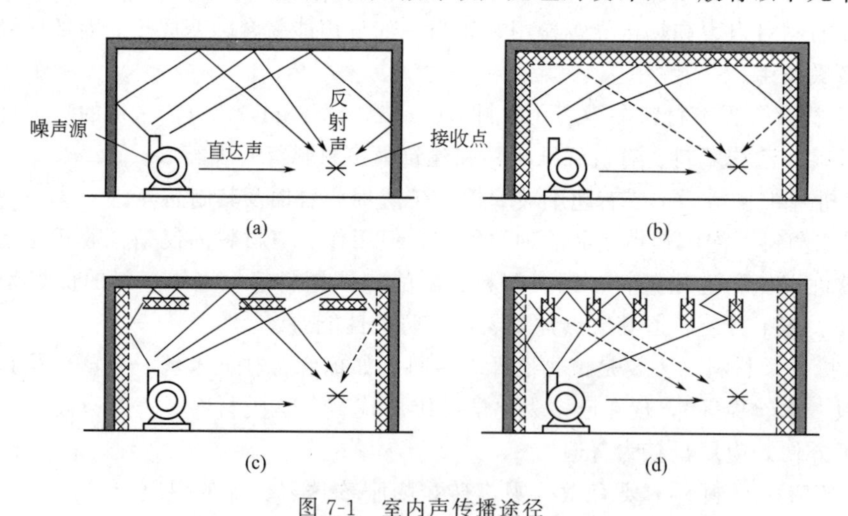

图 7-1　室内声传播途径

(a) 吸声处理前；(b) 吸声处理Ⅰ；(c) 吸声处理Ⅱ；(d) 吸声处理Ⅲ

ⅰ. 测量待处理房间的噪声级和频谱。

ⅱ. 根据有关噪声标准确定房间内允许的噪声级并算出各频带需要的降噪量。

ⅲ. 通过计算或测量求出房间的平均噪声系数，确定吸声降噪所需增加的吸声量。

ⅳ. 选择合适的吸声材料（或吸声结构）种类、厚度及安装方式，并确定吸声材料的面积。

ⅴ. 根据上述原则画出房间内吸声材料的布置图。

② 隔声降噪

a. 隔声降噪的基本原理。隔声是噪声控制工程中常用的一种技术措施，它是利用墙体、各种板材及构件作为屏蔽物或是利用围护结构把噪声控制在一定范围之内，使噪声在空气中的传播受阻而不能顺利通过，从而达到降低噪声的目的。隔声降噪的原理如图 7-2 所示。当声波 E_0 入射到障碍物表面时，一部分声能 E_1 被反射，另一部分进入障碍物。而进入障碍物的声能一部分在传播过程中被吸收（E'），到达另一面的声能又有一部分 E''被反射，只有小部分声能 E_2 透过障碍物进入空气中。因此，噪声经过障碍物以后，强度就会大大降低。由此可以看出，隔声实际上包括隔声体（障碍物）对噪声的吸收和反射两个过程。

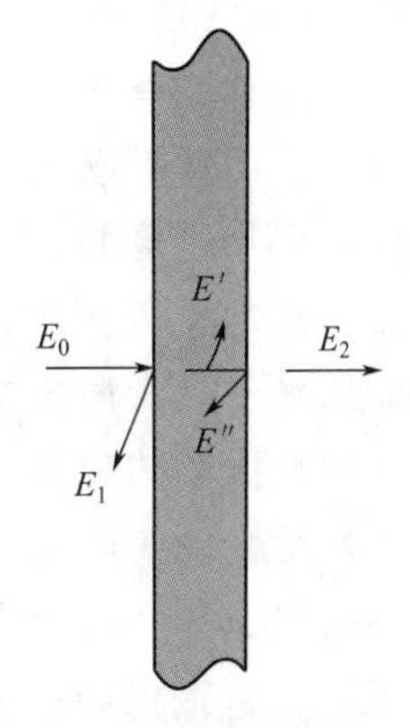

图 7-2　隔声降噪原理示意图

b. 常用的隔声构件

ⅰ. 隔声罩和隔声间。对体积较小的噪声源（小设备或设备的某些产生噪声的部件），直接用隔声罩罩起来，就可以获得显著的降噪效果，这是目前抑制机械噪声行之有效的处理措施。隔声罩一般用厚 1～3mm 的钢板制成。当一个车间内有很多噪声源时，采用隔声罩很不经济。这时可建立一个隔声间，它还可以作为操作控制室或休息室。隔声间可用金属板或土木结构建造，并要考虑通风、照明和温度的要求，特别是要采用特制的隔声门窗。

ⅱ. 隔声屏。隔声屏是放在噪声源和受声点之间的用隔声结构所制成的一种“声屏障”，它可以阻挡噪声直接传播到屏障后的区域，使该区域的噪声降低。隔声屏兼有隔声、吸声的双重功能，是简单有效的降噪设施。它具有灵活、方便、可拆装的优点，可作为不易安装隔声罩时的补救降噪措施。隔声屏一般用砖、砌块、木板、钢板、塑料板、低频玻璃等厚重材料制成，面向声源的一侧最好加吸声材料。

(3) 噪声接受者的防护

在噪声接受点进行个人防护是控制噪声的最后一个环节。在其他措施无法实现或只有少数人在强噪声环境中工作时，加强个人防护也是一种经济有效的方法。个人防护主要是利用隔声原理来阻挡噪声进入人耳，从而保护个人的听力和身心健康。目前常用的防护用具有耳塞、防声棉、耳罩、头盔等。

7.1.7　振动污染及控制技术

(1) 振动及危害

振动是一种很普遍的运动形式，当一个物体处于周期性往复运动的状态时，就可以说物体在振动。

振动本身可以形成噪声源，以噪声的形式影响和污染环境。当振动的频率在 20～20000Hz 的声频范围内时，振动源又是噪声源。这种振动会以弹性波的形式在固体中传播，并在传播中向外辐射噪声，当引起共振时，会辐射很强的噪声。

振动能直接作用于人体、设备和建筑等，损伤人的机体，引起各种病症，损坏设备，使建筑物开裂、倒塌等。振动是一种瞬时性的能量污染，过量的振动会使人感到不舒服和疲劳，甚至导致人体损伤。过强的振动会使房屋、桥梁等建筑强度降低甚至损坏，使机器和交通工具等设备的部件损耗增大。

振动对人的影响主要取决于振动频率、振幅或加速度（振动强度）。人体各部分器官都有自己的固有频率，对人体最有害的振动频率是与人体某些器官的固有频率相吻合的频率（即共振频率）。当振动频率为4～8Hz时，对人的胸腔和腹腔系统危害最大；当振动频率为20～30Hz时能引起“头-颈-肩”系统的共振；当振动频率为60～90Hz时，能引起眼球共振；当振动频率为100～200Hz时，能引起“下颚-头盖骨”的共振。

对于低频振动，不同的频率、强度和持续时间对人体引起危害的严重程度是不同的，轻则使人感到不舒服、注意力转移、头晕，振动停止后这些生理影响是可以消除的。中频振动则会引起骨关节变化和引起血管痉挛。长期处于高频振动下作业的人，例如以压缩空气为动力的风动工具和凿岩机操作者会产生一种振动病，使手指变白，俗称“白指病”。

（2）振动的来源

环境振动污染主要来源于自然振动和人为振动。自然振动主要由地震、火山爆发等自然现象引起。自然振动带来的灾害难以避免，只能加强预报，减少损失。人为振动的主要来源是工厂、施工现场、公路和铁路等场所。在工业生产中，振动源主要是锻压、铸造、切削、风动、破碎、球磨等动力机械，以及矿山爆破，凿岩机打孔，空气压缩机和高压鼓风机等。施工现场的振动源主要是各类打桩机、振动机、碾压设备以及爆破作业等。

（3）振动控制技术

环境振动的传播过程主要是由振动源通过传递介质传播给接受者，比如机器振动通过基础传播给其他建筑物。在环境保护中遇到的振动源主要有：工厂振源（往复旋转机械、传动轴、电磁振动等）、交通振源（汽车、机车、路轨、路面、飞机、气流等）、建筑工地（打桩、搅拌、压路机等）以及大地脉动和地震等。传递介质主要有地基地坪、建筑物、空气、水、道路、构件设备等。接受者除人群外，还包括建筑物及仪器设备等。根据振动的性质及其传播的途径，振动的控制方法可归纳为以下三类。

① 减少振动源的扰动。振动的主要来源是振动源本身的不平衡力引起的对设备的激励。减少或消除振动源本身的不平衡力（即激励力），从振动源来控制，改进振动设备的设计和提高制造加工装配精度，使其振动最小，是最有效的控制方法。例如，鼓风机、高压水泵、蒸汽轮机、燃气轮机等旋转机械，大多属于高速旋转类，其微小的质量偏心或安装间隙的不均匀常带来严重的危害。为此，应尽可能调好其静、动平衡，提高其制造质量，严格控制安装间隙，以减少其离心偏心惯性力的产生。性能差的风机往往动平衡不佳，不仅振动剧烈，还伴有强烈的噪声。

② 防止共振。振动机械激励力的振动频率若与设备的固有频率一致，就会引起共振，使设备振动得更厉害，起到放大作用，其放大倍数可以从几倍到几十倍。共振带来的破坏和危害是十分严重的。木工机械中的锯、刨加工，不仅有强烈的振动，而且常伴随壳体等共振，产生的抖动使人难以承受，操作者的手会感到麻木。高速行驶的载重卡车、铁路机车等，往往使较近的居民楼房等产生共振，在某种频率下，会发生楼面晃动、玻璃窗强烈抖动等现象。

③ 采用隔振技术。振动的影响，特别是对于环境来说，主要是通过振动传递来达到的，减少或隔离振动的传递，振动就得以控制。一般来说在振动源与其他结构之间铺设隔振材料，如橡胶板、软木、毛毡等，可起到隔振作用。在振动机械基础的四周开一定宽度和深度的沟槽——防振沟，里面填充松软物质（如木屑等）或不填，用来隔离振动的传递，这也是以往常采用的隔振措施之一。在设备下安装隔振元件——隔振器，是目前工程上应用最为广泛的控制振动的有效措施。安装这种隔振元件后，能真正起到减少振动与冲击力的传递的作

用，只要隔振元件选用得当，隔振效果可在85%～90%以上。

7.2 电磁辐射污染及其控制技术

电磁辐射污染又称电磁波污染或称射频辐射污染，当电磁辐射强度超过人体所能承受的或仪器设备所允许的限度时就构成电磁辐射污染，它以电磁场的场力为特征，并和电磁波的性质、功率、密度及频率等因素密切相关。它是一种无形的污染，已成为人们非常关注的环境公害，给人类社会带来的影响已引起世界各国重视，并被列为环境保护项目之一。

7.2.1 电磁辐射

在电磁振荡的发射过程中，电磁波在自由空间以一定的速度向四周传递能量的过程或现象称为电磁波辐射。

电磁波有很多种，各种电磁波的波长与频率各不相同。电磁波波长（λ）与频率（ν）的关系可用下式表示：

$$\lambda\nu = c \tag{7-1}$$

式中，c 为真空中的光速，其值为 2.993×10^{8} m/s，实际应用中常以空气代表真空。在空气中，不论电磁波的频率如何，它每秒传播的距离均为固定值（3×10^{8} m/s）。

这里电磁波是指长波、中波、短波、超短波和微波。

电磁辐射按其产生方式可分为人工电磁辐射和天然电磁辐射两种。人工产生的电磁辐射主要来自脉冲发电、高频交变电磁场和射频辐射等（见表7-9）。天然产生的电磁辐射主要来自地球的热辐射、太阳的辐射、宇宙射线和雷电等，这些电磁辐射与人工产生的电磁辐射相比很小，可以忽略不计。

表7-9 人工电磁辐射

分类		设备名称	污染源与部件
放电所致污染源	电晕放电	电力线（送配电线）	静电感应、电磁感应、大地漏泄电流
	辉光放电	放电管	白炽灯、高压汞灯及其他放电管
	弧光放电	开关、轨道电器、放电管	发电机、整流器、点火系统等
	火花放电	电气设备、发动机、汽车、冷藏车等	整流器、发电机、放电管、点火系统等
工频辐射场源		大功率输电线、电气设备、轨道电器	高电压、大电流的电气设备
射频辐射场源		无线电发射机、雷达等	广播、电视与通风设备的振荡与反射系统
		高频加热设备、热合机、微波干燥机等	工业用射频设备的工作电路与振荡系统等
		理疗机、治疗机	医学用射频设备的工作电路与振荡系统等
建筑物反射		高层楼群及大的金属构件	墙壁、钢筋、起重机等

7.2.2 电磁污染的危害

(1) 电磁辐射对人体的危害

高强度的电磁辐射以热效应和非热效应两种方式作用于人体，使人体组织温度升高，导致身体发生机能性障碍和功能紊乱，严重时造成自主神经紊乱，表现为心跳、血压和血象等方面的失调，还会损伤眼睛导致白内障。此外，长期处于高电磁辐射环境中，会使血液、淋巴液和细胞原生质发生改变，影响人体的循环系统、免疫系统、生殖和代谢功能，严重的还会诱发癌症，并会加速人体癌变细胞的增殖。

(2) 电磁辐射对机械设备的危害

电磁辐射可直接影响电子设备、仪器仪表的正常工作，造成信息失真、控制失灵等。如造成火车、飞机、导弹或人造卫星的失控，干扰医院的脑电图、心电图信号，使之无法正常工作。

(3) 电磁辐射对安全的危害

电磁辐射会引燃引爆，特别是高场强作用下，易引起火花而导致可燃性油类、气体和武器弹药的燃烧与爆炸事故。

7.2.3 电磁污染的防控

控制电磁污染的手段一般从两个方面进行考虑：一是将电磁辐射的强度减小到容许的强度；二是将有害影响限制在一定的空间范围内。电磁污染的防控方法有电磁屏蔽、接地导流、吸收衰减以及合理规划和加强管理、加强个人防护等。

(1) 电磁屏蔽

电磁屏蔽是采用一些能抑制电磁辐射扩散的材料，将电磁辐射源与外界隔离开来，将电磁辐射有效地控制在所规定的空间内，阻止它向外扩散与传播，达到防止电磁污染的目的。在电磁场传播的途径中安设电磁屏蔽装置，电磁屏蔽装置一般为金属材料制成的封闭壳体，当交变的电磁场传向金属壳体时，一部分被金属壳体表面所反射，另一部分在壳体内部被吸收，这样透过壳体的电磁场强度便大幅度衰减。电磁屏蔽的效果与电磁波频率、壳体厚度和屏蔽材料有关。一般来说，频率越高，壳体越厚，材料导电性能越好，屏蔽效果也就越好。

(2) 接地导流

将辐射源的屏蔽部分或屏蔽体通过感应产生的射频电流由接地极导入地下，以免成为二次辐射源，接地极埋入地下的形式有板式、棒式、格网式多种，通常采用前两种。接地法的效果与接地极的电阻值有关，使用的材料电阻值越低，其导电效果越好。

(3) 吸收衰减

电磁辐射的吸收是根据匹配、谐振原理，选用适宜的具有吸收电磁辐射能的材料，将泄漏的能量衰减并吸收转化为热能的方法。石墨、铁氧体、活性炭等是较好的吸收材料。

(4) 合理规划，加强管理

在城市规划中，应注意工业射频设备的布局，对集中使用辐射源设备的单位划出一定的范围，并确定有效的防护距离。加强无线电发射装置的管理，对电台、电视台、雷达站等的布局及选址，必须严格按照有关规定执行，以免居民受到电磁波的辐射污染。实行远距离控制和自动作业，如遥控和遥测，提高制度化程度，以减少工作人员接触高强度电磁辐射的机会。

(5) 加强个人防护

加强宣传教育，提高公众认识。鉴于当前电磁辐射对人体健康的危害日益严重，特别是这种看不见、摸不着、闻不到的危害不易为人们察觉，往往会被忽视，当无屏蔽条件的操作人员直接暴露于微波辐射近区场时，必须采取个人防护措施，可穿戴防护头盔、防护眼镜、防护服装等，以减轻电磁污染对人体的伤害。

7.3 放射性污染及其控制技术

7.3.1 放射性物质

凡具有自发地放出射线特征的物质，叫**放射性物质**。这些物质的原子核处于不稳定状态，在其蜕变的过程中，自发地放出由粒子或光子组成的射线，并辐射出能量，同时本身转变成另一种物质，或是成为原来物质的较低能态。其放出的光子或粒子，将对周围介质包括机体产生电离作用，造成放射性污染和损伤。

射线的种类主要有以下三种。

① α 射线。由 α 粒子（氦的原子核 ^4_2He）组成，带有 2 个正电荷，质量数为 4，对物质的穿透力较小。

② β 射线。由 β 粒子（高速运动的电子）组成，带有 1 个负电荷，对物质的穿透力比 α 粒子强 100 倍。

③ γ 射线。γ 射线是波长在 10^{-8} 级以下的电磁波。不带电荷，但具有很强的穿透力，对生物组织造成的损伤最大。

表示射线辐射量的单位有 4 种，分别如下所述。

① 居里（Ci）：表示物质放射源的强度的单位。1Ci 相当于每秒衰变 3.7×10^{10} 次。

② 伦琴（R）：表示 X 或 γ 射线照射量的单位。1R 的照射量能在 1kg 空气中产生 2.58×10^{-4} 库仑电荷，即 $1R=2.58\times10^{-4}C/kg$。

③ 拉德（rad）：表示吸收剂量的单位，曾经使用的度量单位，1rad=0.01Gy。

④ 雷姆（rem）：表示剂量当量的单位，曾经使用的度量单位，1rem=0.01sv。

7.3.2 放射线性质

放射性物质在本身的转变过程中，并非同时放出三种射线，多数仅放出一种，至多两种。放射线的性质有以下几个方面：

① 每一种射线都具有一定的能量。

② 它们都具有一定的电离能力。

③ 它们各自具有不同的贯穿能力，即粒子在物质中所走的路程长短。路程又称射程，射程的长短主要是由电离能力决定的。

④ 它们能使某些物质产生荧光。利用这种致光效应检测放射性核素的存在与放射性的强弱。

⑤ 特殊的生物效应，如损伤细胞组织，对人体造成急性和慢性伤害，有时还可以改变某些生物的遗传特性。

7.3.3 放射性污染

放射性污染通常是指对人体健康带来危害的人工放射性污染，放射性污染具有以下特点。

① 绝大多数放射性核素有毒性，按致毒物本身质量计算，均远远高于一般的化学毒物。

② 辐射损伤产生的效应，可能影响遗传，给后代带来隐患。

③ 放射性剂量的大小，只有辐射探测仪器方可探测，非人的感觉器官所能感觉到。

④ 射线的辐照具有穿透性，特别是 γ 射线可穿过一定厚度的屏障层。

⑤ 放射性核素具有蜕变能力。当形态变化时，可使污染范围扩大。

⑥ 放射性活度只能通过自然衰变而减弱。

7.3.4 放射性污染源

放射性污染源主要有核工业的“三废”、核试验的沉降物以及其他各方面的放射性污染。

(1) 核工业的“三废”

① 核燃料的生产过程产生的放射性废物的来源，包括铀矿开采、铀水法冶炼、核燃料精制与加工过程。

② 核反应堆运行过程产生的放射性废物的来源，包括生产性反应堆、核电站与其他核动力装置的运行过程。

③ 核燃料处理过程产生的放射性废物的来源，包括废燃料元件的切割、脱壳、酸溶，以及燃料的分离与净化过程。

(2) 核试验的沉降物

核试验的沉降物主要为核武器试验的沉降物。在进行大气层、地面或地下核试验时，排入大气中的放射性物质与大气中的飘尘相结合，由于重力作用或雨雪的冲刷而沉降于地球表面。

(3) 其他各方面的放射性污染

① 医疗照射引起的放射性污染。使用医用射线源对癌症进行诊断和医治过程中，患者所受的局部剂量差别较大，大约比通过天然源所受的年平均剂量高出几十倍，甚至上千倍。

② 一般居民消费用品产生的放射性污染。包括含有天然或人工放射性核素的产品的使用，如放射性发光表盘、夜光表及彩电产生的照射等。

7.3.5 放射性废液及其危害

(1) 放射性废液的分类

① 高水平废液。又称居里级废液，每升含放射性强度在 10^{-2}Ci 以上。

② 中水平废液。又称毫居里级废液，每升含放射性强度在 10^{-5}～10^{-2}Ci 之间。

③ 低水平废液。又称微居里级废液，每升含放射性强度在 10^{-5}Ci 以下。

各国原子能机构采用的这种分类，其强度标准在国际上尚未统一，大约有一个数量级的出入。

(2) 放射性废液对人的危害

过量的放射性物质进入人体（即过量的内照射剂量）或受到过量的放射性外照射，会发生急性的或慢性的放射病，引起恶性肿瘤、白血病，或损害其他器官，如骨髓、生殖腺等。

7.3.6 放射性“三废”的处理与防治

放射性污染关系到人体健康，人们对其产生的污染察觉不到，必须借助仪器，因此对其主要进行处置，目前主要采取以下措施和方法。

① 核工业厂址应选在周围人口密度较稀，气象和水文条件有利于废水废气扩散、稀释，以及地震烈度较低的地区。核企业工艺流程的选择和设备选型应考虑废物产生量少和运行安

全可靠，严格防止泄漏事故的发生。

② 加强对核企业周围可能遭受放射性污染地区的监护，经常检测环境介质中的放射水平的变化，保障居民和工作人员不受放射性伤害。

③ 对从事放射性工作的人员，应做好外照射防护工作。尽量减少外照射时间，增大人体与放射源的距离，进行远距离操作，在放射源与人体间设置屏蔽，阻挡或减弱射线对人体的伤害。

④ 加强对核工业废气、废水和废物的净化处理。

7.4 光污染及其防治

7.4.1 光污染

光对人居环境、生产和生活至关重要，但超量照射会对人体特别是眼部和皮肤产生不良的影响。人类活动造成的过量光辐射对人类和环境产生不良反应的影响称为**光污染**。光污染包括可见光污染、红外线污染、紫外线污染和激光污染。

① 可见光污染。可见光污染比较常见的是眩光，如汽车夜间行驶所使用的远光灯、球场和厂房中布置不合理的照明设施都会造成眩光污染。在眩光的强烈照射下，人的眼睛会因受到过度刺激而损伤，甚至有导致失明的可能。

杂散光是光污染的又一种形式。在阳光强烈的季节，装饰有钢化玻璃、釉面砖、铝合金板、磨光石面及高级涂面的建筑物对阳光的反射系数一般为65%～90%，要比绿色草地、深色或毛面砖石的建筑物的反射系数大10倍，产生明晃刺眼的效应。在夜间，街道、广场、运动场上的照明光通过建筑物反射进入相邻住户，其光强有可能超过人体所能承受的范围。这些杂散光不仅有损视觉，而且还能导致神经功能失调，扰乱人体内的自然平衡，引起头晕目眩、食欲下降、困倦乏力、精神不集中等症状。

② 红外线污染。红外线是一种热辐射，可造成人体高温伤害。强的红外线可以灼伤人的皮肤和视网膜；波长较长的红外线可灼伤人的眼角膜；长期在红外线的照射下，可以引起白内障。

③ 紫外线污染。紫外线对人体的伤害主要是眼角膜和皮肤受损。造成眼角膜损伤的紫外线波长为250～305nm，其中波长为280nm的作用最强。紫外线对皮肤的伤害作用主要是引起红斑和小水疱；对眼角膜的伤害作用表现为一种叫作畏光眼炎的极痛的角膜白斑伤害。

④ 激光污染。激光技术在国防军工、工农业、卫生和科技领域中的应用日益广泛，并已进入现代生活领域，包括在一些公共场所和娱乐场所中，因此接触激光的人员和机会也越来越多。激光光谱大部分属于可见光范围。激光具有指向性好、能量集中、波长单一等特点，在通过人眼晶状体的聚焦作用后，到达眼底时的光强度可增大几百至几万倍，所以激光对人眼有较大的伤害作用。激光光谱还有一部分属于紫外和红外范围，会伤害眼结膜、虹膜和晶状体。功率很大的激光能危害人体深层组织和神经系统，当人们受到过度的激光辐射后，会出现种种不适，严重的还会出现痉挛、休克等。

7.4.2 光污染的防治

光污染的防治对策主要有以下几个方面。

① 在城市中，尽量减少在建筑物表面使用隐框玻璃幕墙，加强立法管制灯火，避免光污染的产生。

② 在工业生产中，对光污染的防护措施包括：在有红外线及紫外线产生的工作场所，应适当采取安全办法，如采用可移动屏障将操作区围住，以防止非操作者受到有害光源的直接照射等。

③ 个人防护光污染的最有效的措施是保护眼部和裸露皮肤勿受光辐射的影响，因此佩戴护目镜和防护面罩是十分有效的。

7.5 热污染及其防治

在生产和生活中有大量的热量排入环境，这会使水体和空气的温度升高，从而引起水体、大气的热污染。

7.5.1 热污染的产生及危害

(1) 城市热岛效应

城市热岛效应即城市中的气温明显高于外围郊区气温的现象。在近地面温度图上，郊区气温变化很小，而城区则是一个高温区，就像突出海面的岛屿，由于这种岛屿代表高温的城市区域，所以就被形象地称为城市热岛。

冬季，由于城市热岛效应，使气温升高，出现暖冬现象，使城市取暖季节比郊区缩短，节省城市取暖的能源消耗，削减大气污染。另外，减少城市积雪时间和深度，延长无霜期，利于植物生长，这些都是有利的一面。但夏季城市热岛可加强城市高温的酷热程度，尤其是对于低纬度城市，这种“过热环境”使居民感到不适，不仅使人们工作效率降低，严重时会引起中暑和心血管功能失调等疾病；空调降温又消耗能量，污染环境，影响城市生态环境质量，而且夏季高温易导致火灾多发，加剧光化学烟雾的危害等。

(2) 水体的热污染

工业生产过程产生大量的废热水流入水体后，使水体的热负荷或温度增高，从而引起水体物理、化学和生物过程的变化，既影响了环境生态平衡，又浪费能源。

水体的热污染会使水体溶解氧含量降低，影响水生生物生长；加重水体中某些重金属及有毒物质的毒性；加剧水体富营养化进程；使河面蒸发量大，失水严重；水温升高，降低冷却效率，造成资源浪费；对农业生产造成影响。热污染还会引起致病微生物的滋生与繁殖，给人类健康带来危害。

7.5.2 热污染的防治

热污染的防治措施如下所述：

① 在源头上，应尽可能多地开发和利用太阳能、风能、潮汐能、地热能等可再生能源。

② 加强绿化，增加森林覆盖面积。绿色植物具有光合作用，可以吸收 CO_2，释放 O_2，还可以产生负离子。

③ 提高热能转化和利用率及对废热的综合利用。

④ 提高冷却排放技术水平，减少废热排放。

⑤ 有关职能部门应加强监督管理，制定法律、法规和标准，严格限制热排放。

【阅读材料】 家用电器的电磁辐射

家用电器在我们的生活中充当着至关重要的角色，生活里的每一步，都离不开家电的帮助。任何电器只要通上电流就有电磁辐射，大到空调、电视机、电脑、微波炉、加湿器，小到吹风机、手机、充电器甚至接线板都会产生电磁辐射，但各种电器产生的辐射量不尽相同。

通过对家用电器的电磁场强度的测量发现，不同电器产生的电磁场强度明显不同，电场和磁场的强度都会随着与电器距离的增大而迅速减小。

(1) 电视

电磁辐射量约 20mGs，市场上电视机的种类有很多种，其中：①CRT 电视（普通电视）辐射最大；②等离子电视辐射比较大；③液晶电视辐射最小。

(2) 电脑

电磁辐射量：① 对于笔记本电脑，键盘上为 25mGs，距离笔记本电脑 20cm 处为 0.5mGs；②对于台式电脑在距离液晶屏幕 30cm 处为 0.6mGs，机器处为 1mGs 左右。有的公司生产的台式电脑在距离液晶屏幕 50cm 处为 4mGs。

电脑的辐射主要存在于：①台式电脑主机；②无线鼠标、键盘和其他无线设备。

(3) 加湿器

电磁辐射量：正面超过 100mGs，距离加湿器 40cm 处就降为 1mGs 以下。

(4) 电热毯

电磁辐射量：距离电热毯 5cm 处为 20～100mGs。

(5) 冰箱

电磁辐射量：正面底部 5mGs，距离冰箱 30cm 处就降为 1mGs 以下。

(6) 空调

电磁辐射量：距离室外机 50cm 处为 15mGs，距离空调 1m 处为 1.6mGs。

(7) 吸尘器

电磁辐射量：200mGs。

(8) 电须刀

电磁辐射量：100mGs。

(9) 吹风机

电磁辐射量：距离 15cm 处 10mGs；把手处 100mGs 以上。可能对脑有影响，请不要长时间使用。

(10) 电熨斗

电磁辐射量：3mGs。

(11) 微波炉

电磁辐射量：距离微波炉 10cm 处为 40～102mGs，距离微波炉 50cm 处为 4.3～8.2mGs。

(12) 电磁炉、电火锅

电磁辐射量：距离电磁炉、电火锅 10cm 处为 80～370mGs，50cm 处为 5.5～7.2mGs。

(13) 电饭锅

电磁辐射量：煮饭、保温使用中 30cm 以内 2～10mGs。应保持距离，用完后拔下插头。

(14) 洗衣机

电磁辐射量：贴近洗衣机超过 100mGs；距离正面处 30cm，距离侧面处 70cm，就降为 1mGs 以下。

(15) 衣类烘干机

电磁辐射量：正面超过 100mGs，距离 40cm 处就降为 1mGs 以下。

一般情况下，家用电器周围的电磁场强度远小于安全准则的限值，电磁辐射在安全使用的前提下不会带来有害的健康效应。以下是安全提示。

① 别让电器扎堆。不要把家用电器摆放得过于集中或经常一起使用，特别是电视、电脑、电冰箱不宜集中摆放在卧室里，以免使自己暴露在超剂量辐射的危险中。

② 电脑后不逗留。电脑的摆放位置很重要。尽量别让屏幕的背面朝着有人的地方，因为电脑辐射最强的是背面，其次为左右两侧，屏幕的正面辐射最弱。

③ 用水吸电磁波。室内要保持良好的工作环境，如舒适的温度、清洁的空气等。因为水是吸收电磁波的最好介质，可在电脑的周边多放几瓶水。不过，必须是塑料瓶和玻璃瓶的才行，绝对不能用金属杯盛水。

④ 减少待机。当电器暂停使用时，最好不让它们长时间处于待机状态，因为此时可产生较微弱的电磁场，长时间也会产生辐射积累。

⑤ 及时洗脸洗手。电脑荧光屏表面存在着大量静电，其聚集的灰尘可转射到脸部和手部皮肤裸露处，时间久了，易发生斑疹、色素沉着，严重者甚至会引起皮肤病变等，因此在使用后应及时洗脸洗手。

⑥ 接手机别性急。手机在接通瞬间及充电时通话，释放的电磁辐射最大，因此最好在手机响过一两秒后接听电话。充电时则不要接听电话。

⑦ 补充营养。电脑操作者应多吃些胡萝卜、白菜、豆芽、豆腐、红枣、橘子以及牛奶、鸡蛋、动物肝脏、瘦肉等食物，以补充人体内维生素 A 和蛋白质。还可多饮茶水，茶叶中的茶多酚等活性物质有利于吸收与抵抗放射性物质。

(摘自百度百科)

复习思考题

1. 生活中常见的噪声有哪些？会造成什么危害？
2. 噪声的控制技术有哪些？如何进行选择？
3. 生活中常见的振动有哪些？会造成哪些危害？
4. 电磁辐射污染源有哪些？如何防护？
5. 放射性污染的来源有哪些？处理措施是什么？
6. 简述光污染和热污染的危害及防护措施。

第8章 化工和制药行业典型污染物及控制技术

【导读】 化工和制药行业是与人类生活关系最密切的工业，又是环境污染的重灾区，其“环境污染”和“特殊贡献”两重性是人类必须面对的挑战。化工和制药行业不仅与工程技术密切相关，而且还与安全生产和环境保护密切相关，并受到法律法规的约束。实际上，只有做到绿色生产，才能真正体现化工和制药行业的价值，只有对环境友好才能确保青山绿水，实现可持续发展。

【提要】 本章主要讲述了化工和制药两个行业典型污染物的来源，并以具体实例说明化工和制药行业对现今社会所带来的危害、化工和制药行业污染的发展趋势以及应对污染应采取的措施。

【要求】 了解化工和制药行业的污染源和典型污染物特点；掌握化工和制药行业典型有机污染物的控制技术。

8.1 化工和制药行业概述

8.1.1 化工行业概述

化工行业就是从事化学工业生产和开发的企业和单位的总称。化工行业可分为三大类：**石油化工**、**基础化工**以及**化学化纤**。其中基础化工分为九小类，即化肥、有机品、无机品、氯碱、精细与专用化学品、农药、日用化学品、塑料制品以及橡胶制品。

化工行业在国民经济中占有重要地位，是许多国家的基础产业和支柱产业。化学工业的发展速度和规模对社会经济的各个部门有直接影响，世界化工产品年产值已超过15000亿美元。由于化学工业门类繁多、工艺复杂、产品多样，生产中排放的污染物种类多、数量大、毒性高，因此，化工行业是污染大户。同时，化工产品在加工、贮存、使用和废弃物处理等各个环节都有可能产生大量有毒物质而影响生态环境、危及人类健康。化学工业发展走可持续发展道路对于人类经济、社会发展具有重要的现实意义。

8.1.2 制药行业概述

制药行业是我国的朝阳产业，市场潜力巨大。目前我国制药企业有6700家，产值突破

1万亿元，成为全球最大的化学原料药生产和出口国（2009年数据）。主要门类有化学原料药及制剂、中药材、中药饮片、中成药、抗生素、生物制品、生化药品、放射性药品、制药机械、药用包装材料等。

制药企业包括原料药制造业、中药业及西药业。原料药制造业是特用化学品工业中最精密的一环，主要通过合成方法从事原料药（原料药是西药制剂的主原料，亦为药品产生疗效的主成分）的制造，所以其性质与一般化学品合成产品极为类似，即用基本化学溶剂及中间体原料经数个步骤反应制造而成。中药业及西药业是指将原料经物理变化或化学变化后制为新的医药类产品的工业，包含通常所说的中西药制造。此外，兽用药品还包含医药原药及卫生材料。中西医制造业中均包含制剂制造业，也就是利用标准厂房及制剂设备，依据配方制备研究，将原料药品加工制造成不同剂型、剂量药品的工业。

制药工业是国家环保规划要重点治理的12个行业之一，其产值占全国工业总产值的1.7%，而污水排放量却占到2%。

8.2 化工和制药行业污染物

8.2.1 水污染

目前，工业废水和城市生活废水是我国水环境污染的污染源之一，尤其是随着生产规模的不断扩大及工业技术的飞速发展，含有高浓度有机废水的污染源日益增多。通常根据高浓度有机废水的性质和来源可以将其分为三大类：第一类为不含有害物质且易于生物降解的高浓度有机废水，如食品工业废水；第二类为含有有害物质且易于生物降解的高浓度有机废水，如部分制药业和化学工业废水；第三类为含有有害物质且不易于生物降解的高浓度有机废水，如有机化学合成工业和农药废水。由于高浓度有机废水采用一般的废水治理方法难以满足净化处理的经济和技术要求，因此对其进行净化处理、回收和综合利用研究已逐渐成为国际上环境保护技术的热点研究课题之一。

化工和制药行业废水产生量大、成分复杂、难处理、不易降解和净化，危害性非常大。各类污水组成互不一致，千差万别。以化工行业为例，COD主要为难降解有机物；含有较多苯系、萘系及杂环类难降解有机物，BOD/COD值很低；较难进行生化处理，流入地表水后由于其COD很难降解，使得河流无法发挥自净作用，容易造成地表水和地下水污染。以制药行业为例，以氨氮来评价污水处理水质，很难解决湖泊富营养化问题，并引发地表水、地下水的硝酸盐污染问题。

(1) 化工废水污染特点

化工废水是在化工生产过程中所排出的废水，其成分取决于生产过程中所采用的原料及工艺，可分为生产污水和生产废水两种。**生产废水**是指不经处理即可排放或回用的化工废水，如化工生产中的冷凝水。**生产污水**是指那些污染较为严重，需经过处理后才可排放的化工废水。化工废水的污染特点有以下几个方面。

① 有毒性和刺激性。化工废水中含有许多污染物，有些是有毒或剧毒的物质，如氰、酚、砷、汞、镉和铅等，这些物质在一定浓度下，大多对生物和微生物有毒性或剧毒性；有些物质不易分解，在生物体内长期积累会造成中毒，如六六六、DDT等有机氯化物；有些是致癌物质，如多环芳烃化合物、芳香族胺以及含氮杂环化合物等。此外，还有一些有刺激

性、腐蚀性的物质，如无机酸、碱类等。

② 生化需氧量（BOD）和化学需氧量（COD）都较高。化工废水特别是石油化工生产废水，含有各种有机酸、醇、醛、酮、醚和环氧化合物等，其特点是生化需氧量和化学需氧量都较高，有的甚至高达几万毫克每升。这种废水一经排入水体，就会在水中进一步氧化水解，从而消耗水中大量的溶解氧，直接威胁水生生物的生存。

③ pH 不稳定。化工生产排放的废水，时而呈强酸性，时而呈强碱性，pH 很不稳定，对水生生物、构筑物和农作物都有极大的危害。

④ 营养化物质较多。化工生产废水中有的含磷、氮量过高，造成水域富营养化，使水中藻和微生物大量繁殖，严重时还会形成“赤潮”，造成鱼类窒息而大批死亡。

⑤ 废水温度较高。由于化学反应常在高温下进行，排出的废水水温较高。这种高温度水排入水域后，会造成水体的热污染，使水中溶解氧降低，从而破坏水生生物的生存条件。热污染会影响到渔业生产，一方面水温升高可使水中溶解氧减少，另一方面又使鱼的代谢率增高而需要更多的溶解氧，鱼在热应力作用下发育受到阻碍，甚至死亡。

⑥ 油污染较为普遍。石油化工废水中一般都含有油类，不仅危害水生生物的生存，而且增加了废水处理的复杂性。

⑦ 恢复比较困难。受化工有害物质污染的水域，即使减少或停止污染物排出，要恢复到水域的原来状态，仍需很长时间，特别是对于可以被生物所富集的重金属污染物质，停止排放后仍很难消除污染状态。

（2）制药废水污染特点

化学制药的生产包括原料药生产和药物制剂生产，通过化学合成工艺和从药用植物中分离提纯得到原料药。其生产流程长、工艺复杂，且原辅材料种类多，物料净收率较低，副产品多，三废多。制药企业在工业生产中产生的废水是我国污染最严重、最难处理的工业废水之一，具有有机物及无机盐含量高、毒性大、BOD_5 和 COD_{Cr} 比值低且波动大、可生化性很差、间歇排放、水量波动大等特点。

8.2.2 固体废物污染

化工和制药行业固体废物中不仅含有大量的危险固体废物，还含有少量的硫、磷等易引起地球化学循环的元素。因此，化工和制药行业固体废物的无控制排放将直接导致污染事件。2004 年，我国较大的固体废物污染事件共 47 次，绝大部分是由工业固体废物混乱管理引起。而且在 2005 年 12 月到 2006 年 1 月两个月内，环保总局（现生态环境部）通报的 6 起突发环境事件中，也有 2 起事件是由化工废渣的无控制迁移扩散引起的。

化工和制药行业固体废物不仅会改变堆场所在地的土质和土色，还直接危害到周边环境生态系统，包括动植物种群、种间的变化，生物多样性的衰减等，同时由于雨水的淋洗作用，使得化工和制药行业固体废物中的一些污染物如重金属、人工化学品等直接流入地表水及渗透到地下水中，威胁整个地下生态系统。总的来说，化工废渣主要在以下 3 方面对环境造成危害：一是占用土地。据环保总局对我国工业固体废物的统计显示，2004 年化工废渣产生量约为 67000kt，其体积大约为 20000km^3，一旦泄漏，一般其污染半径是堆存地半径的几十倍，甚至上百倍。我国历史堆积的 6000kt 铬渣污染的土壤大约为 10000～20000kt。二是污染水源。部分化工废渣中含有剧毒物质，特别是一些含重金属的废渣，在堆积过程中易与周围环境发生物理化学作用，形成新的物质形态，进入地下水系统并随之迁移，流向水源地或天然排泄区，造成环境污染。据估算，我国受铬渣污染的水源水大约为 $12\times10^{13}m^3$，相当于 3000 个三峡水库，或 166 年全国总用水量。三是破坏周边环境。由于化工废渣的大量堆积以及本身主要是由钙镁等矿物质组成，缺乏有机质，因此对周边原生的生物多样性产生致命影响，生物多样性丧失后，受损生态系统的恢复会变得极其缓慢，同时由于渗滤液对下游和周围地区产生污染，也间接影响到周围地区的生物多样性。

8.2.3 大气污染

化工企业的废气主要来自石油化学工业、煤炭化学工业、酸碱工业、化肥工业、塑料工业、制药工业、染料工业、橡胶工业等排出的生产废气。按照所含污染物性质大致可分为三大类：第一类为含无机污染物的废气，主要来自氮肥、磷肥（含硫酸）、无机盐等行业；第二类为含有机污染物的废气，主要来自有机原料及合成材料、农药、燃料、涂料等行业；第三类为既含有机污染物又含无机污染物的废气，主要来自氯碱、炼焦等行业。

(1) 化工废气污染的特点

化工生产过程中排放的气体即化工废气，通常含有易燃、易爆、有刺激性和有臭味的物质。污染大气的主要有害物质有硫的氧化物、氮的氧化物、烃类、碳的氧化物、氟化物、氯和氯化物、恶臭物质和浮游粒子等。化工废气污染主要有以下几个特点。

① 易燃、易爆气体较多。化工废气中的易燃、易爆气体有低沸点的酮、醛，易聚合的不饱和烃等。在石油化工生产中，特别是发生事故时，会向大气排出大量易燃、易爆气体，如不采取适当措施进行处理，容易引起火灾、爆炸事故，危害很大。为了防止发生火灾和爆炸，通常都把这些易燃、易爆气体排到专设的火炬系统进行焚烧处理。

② 大都有刺激性或腐蚀性。化工生产排出很多的刺激性和腐蚀性气体，有二氧化硫、氮氧化物、氯气、氯化氢和氟化氢等，其中以二氧化硫和氮氧化物的排放量最大。这是因为化工生产过程中需要加热和燃烧的设备较多，这些设备无论用煤、重油还是天然气作燃料，在燃烧过程中都会产生大量的二氧化硫和氮氧化物等气体。此外，在硫酸生产和使用硫酸的生产过程中，也会产生大量的二氧化硫。二氧化硫气体直接损害人体健康，腐蚀金属、建筑物和器物的表面，而且还易氧化成硫酸盐降落至地面，污染土壤、森林、河流和湖泊。在硝酸、硫酸、氮肥、尼龙和染料的生产过程中，会产生大量的氮氧化物，除直接损害人体健康外，对农林业也有极大破坏作用。

③ 浮游粒子种类多、危害大。化工生产排出的浮游粒子种类繁多，包括粉尘、烟气和酸雾等。其中以各种燃烧设备排放的大量烟气和化工生产排放的各种酸雾对环境的危害较大。烟气中微小炭粒子吸附性很强，能吸附烟气中的焦油状烃类。其中如苯并芘是一种致癌物质，容易被烟气吸附而污染环境，威胁人体健康。特别是浮游粒子与有害气体同时存在时能产生协同作用，对人体的危害更为严重。

(2) 制药企业的废气污染

制药企业的制造方法以有机合成法为主，其他常用方法有发酵法、合并有机合成法等。以有机合成法为例，化学原料经过化学合成反应、脱水、萃取、离心、结晶等步骤，再烘干加以分装。生产过程中产生的大气污染物主要可分为两大类：一类是产生于提取等生产工序中的有机溶媒废气如挥发性有机污染物（VOCs）和制药过程中产生的臭气；另一类是产品的粉碎、干燥、包装等过程中产生的药尘。此外，在医药制造过程中还会产生发酵尾气、酸碱废气以及诸如药尘类的废气。

8.3 典型污染物的污染控制技术

8.3.1 有机溶剂废气的防治技术

我国化工和医药产业存在的突出问题主要是粗放式增长方式，即“高投入、高消耗、高污染、高排放；低产出、低效益、低集中度、低科技含量”。由于医药化工企业使用的有机溶剂种类多，使用量大，排放点分散，这使得挥发性有机废气（VOCs 废气）的治理任重而道远。

制药企业的有机溶剂废气主要来自提取和精制等生产工序的萃取分离、溶剂蒸馏回收以及输送、存储等过程。

因为有洁净度的要求，大部分制药企业都是封闭车间，整体排风，因此生产车间的有机溶剂几乎都以有组织形式排放。

对有机溶剂废气的处理方法有多种，但每种处理方法都有其适用性和局限性，因此有机废气处理工艺的选择，需要结合有机溶剂的物理化学特征。常见的处理工艺有两类：一类是**破坏性方法**，如燃烧法等主要用于处理无回收价值或有一定的毒性的气体；另一类是**非破坏性方法**，即吸收法、吸附法、冷凝法，以及新发展的生物膜法、脉冲电晕法、臭氧分解法、等离子体分解法等。

(1) 燃烧法

燃烧法是应用比较广泛的有机废气治理方法，特别是对低浓度有机废气。燃烧法可分为**蓄热式热力焚烧法和蓄热式催化燃烧法**。

① 蓄热式热力焚烧技术（RTO）：蓄热燃烧采用了蓄热体，可将燃烧产生的热量保留在燃烧器内，维持燃烧器内较高的温度水平，起到节能作用。RTO 不采用催化剂，得到广泛应用。

② 蓄热式催化燃烧技术（RCO）：它是在催化氧化和蓄热式焚烧法的基础上采用了一系列节能设计，并通过材料选择继而发展成为现代先进的有机废气处理技术。低温氧化条件，避免了 RTO 由于高温而产生 NO_x 二次气态污染物，同时大幅降低运行温度从而大量节约运行能量。

燃烧法的优点是：对 VOCs 处理效率高，一般在 90%以上。但是对于低浓度有机废气不能满足燃烧所维持的温度，需要投加其他燃料，在不具备综合处理的情况下，废气处理设施运转费用较高。

(2) 吸收法

吸收法是利用有机溶剂的物理和化学性质，使用水或化学吸收液进行吸收。吸收装置种类很多，如喷淋塔、填充塔、气泡塔、筛板塔、各类洗涤器等。根据吸收效率、设备本身阻力以及操作难易程度选择塔器种类，有时可选择多级联合吸收。着重考虑不造成二次污染和废弃物的再处置问题。

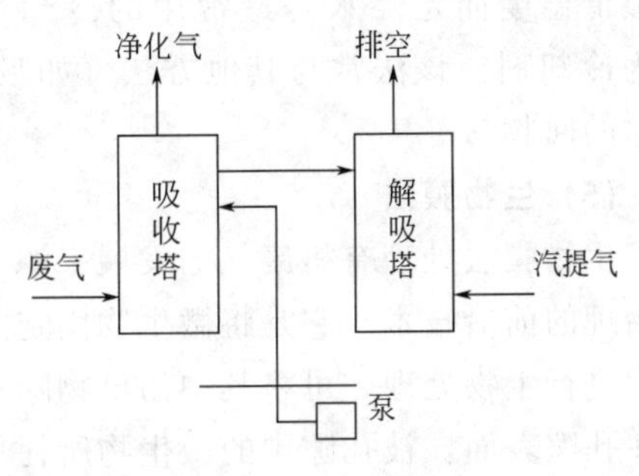

图 8-1 吸收法工艺原理图

吸收法工艺原理如图 8-1 所示。

(3) 吸附法

在处理有机废气的方法中，吸附法的应用也极为广泛，与其他方法相比具有去除效率高、净化彻底、能耗低、工艺成熟、易于推广且实用的优点，具有很好的环境效益和经济效益。吸附法处理废气的关键是吸附剂，对吸附剂的要求是具有密集的细孔结构，内表面积大，吸附性能好，化学性质稳定，耐酸碱、耐水、耐高温高压，不易破碎，对空气阻力小。常用的吸附材料为颗粒状活性炭和活性炭纤维，吸附率可达95%以上。但吸附法处理设备庞大，流程较复杂。吸附法主要用于低浓度高风量有机废气净化，成功运用于丙酮、甲苯、二甲苯、苯、乙酸乙酯、苯乙烯等的处理。

以两箱活性炭纤维有机废气吸附回收装置为例，两台吸附器并联组成，废气经过滤等前处理后由风机引入，再经入口挡板阀进入吸附器A吸附，到一定量后由顶部引入蒸汽进行脱附，同时吸附器B开始吸附。吸附器A中被吸附的有机物质经蒸汽脱附后离开活性炭纤维表面，同蒸汽一起进入冷凝器冷凝，冷凝后液体进入分层槽沉降分离，分离出的有机物进入储槽回收，少量不凝气送到风机入口再次吸附。脱附完成后由干燥风机对吸附器A进行干燥，脱除蒸汽及凝结水后重新进入吸附，同时吸附器B开始脱附干燥。整个过程由PLC程序控制，自动切换，交替进行吸附、解吸、干燥工艺过程的操作。装置工艺流程见图8-2。该装置具有以下特点：吸附率高，可实现达标排放；能耗小，运行成本低，回收有机物品质好，可直接回用于生产；全自动运行，无人值守；有卓越的安全性能，适用于有爆炸危险的场所；操作和检修容易，装置运行可靠性高。该装置适用于吸附回收多种有机物质，如甲苯、乙酸丁酯、丁醇等。

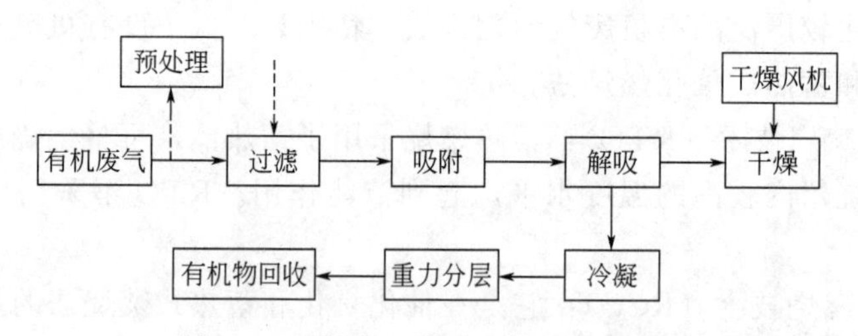

图8-2 活性炭吸附处理装置工艺流程

(4) 冷凝法

冷凝法是通过将操作温度控制在有机溶剂的冷凝点以下，从而将有机污染物冷凝、回收。冷凝法是回收有价值有机物的较好的方法，但要获得高的回收率，系统就需要较高的压力和较低的温度，故常将冷凝系统与压缩系统结合使用。冷凝剂的选用，根据要求的最低温度而定。水是最常用的冷却剂，但在室温条件下常用冷盐水或CFC（氯氟烃）作为冷却剂。该法常与其他方法（如吸附、吸收等）联合使用，适用于高沸点和高浓度有机物的回收。

(5) 生物膜法

生物膜法处理有机废气的发展来源于污水生物处理，生物膜法是大风量、低浓度有机废气治理的前沿技术。它是将微生物固定附着在多孔性介质填料表面，并使污染空气在填料床层中进行生物处理，可将其中污染物除去，并使之在空隙中降解；挥发性有机物等污染物吸附在孔隙表面，被孔隙中的微生物所耗用，并降解成CO_2、H_2O和中性盐。用于有机废气生物膜法的处理装置，目前主要有生物过滤器和生物滴滤过滤器，在国外已应用于甲苯、二氯甲烷、硫化氢、二硫化碳等废气的处理。采用生物法处理有机废气，运行费用低，处理效果稳定，但处理效率较低，一般在60%～85%。

(6) 组合处理技术

由于有机废气的种类繁多、组分复杂、物化性质各不相同，往往一种控制技术不可能完全处理所有有机废气，如燃烧法和冷凝法仅对高浓度有机废气的去除在经济上是比较划算的，而吸附法和吸收法仅仅是对其进行了转移，没有从根本上去除，因此应根据污染物性质、污染物浓度、生产的具体情况、安全性、净化要求、经济性等条件，对各种控制技术进行工艺优化，采用新的组合或耦合技术，如冷凝-吸附、吸收-冷凝、吸附-催化燃烧、吸附-光催化氧化、变压吸附-深冷、变压吸附-膜分离等组合工艺，进一步提高有机废气的去除率，降低成本和减少二次污染。在此将介绍两种常用的废气处理组合技术。

① 固定床吸附-低压水蒸气置换再生-冷凝回收工艺。在低浓度有机废气的吸附回收工艺中，通常使用固定床吸附-低压水蒸气置换再生-冷凝回收工艺。采用两个或多个固定吸附床交替进行吸附和吸附剂的再生，实现废气的连续净化。该工艺如图8-3所示。

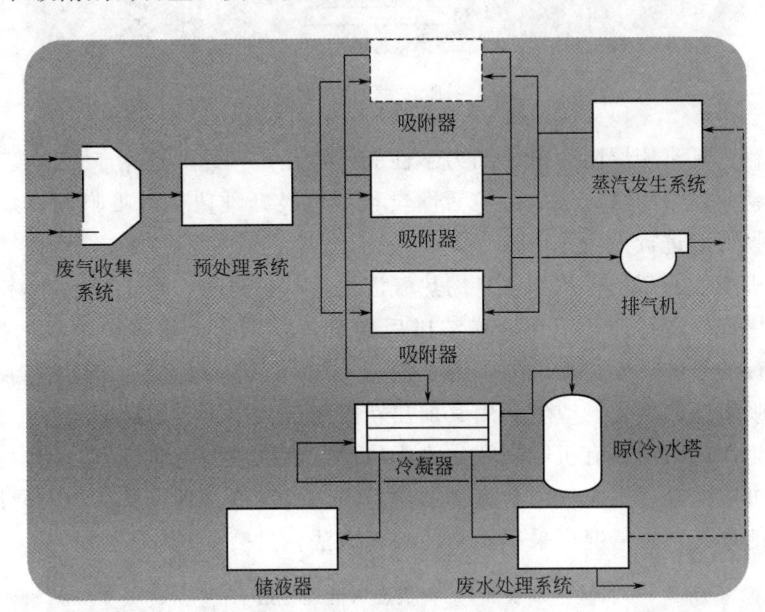

图 8-3 固定床吸附-低压水蒸气置换再生-冷凝回收工艺

在该工艺中，通常使用活性炭纤维毡和颗粒活性炭作为吸附剂，主要用于较低浓度有机废气中溶剂的回收。当废气中的有机物浓度较高或者沸点较高时，可以先采用冷凝技术对有机物进行部分回收，然后对冷凝后的低浓度废气再采用吸附回收工艺进行净化。

② 吸附浓缩-燃烧技术。吸附技术主要适用于低浓度有机废气的净化，而燃烧技术则适用于高浓度有机废气的净化。目前在工业上经常碰到的是低浓度、大风量的有机废气的排放，当不需要进行回收时，直接进行催化燃烧和高温焚烧需要消耗大量的能量，设备的运行成本非常高。为此发展了吸附浓缩-催化燃烧或高温焚烧技术，当废气中不含使催化剂中毒的物质时，通常采用催化燃烧进行后处理，反之则采用高温焚烧。

吸附浓缩-催化燃烧技术是将吸附技术和催化燃烧技术有机地结合起来的一种方法，适合于大风量、低浓度或浓度不稳定的废气治理。该工艺见图8-4。

在该工艺中通常采用蜂窝状活性炭作为吸附剂。蜂窝状活性炭是专门为了该工艺而研制

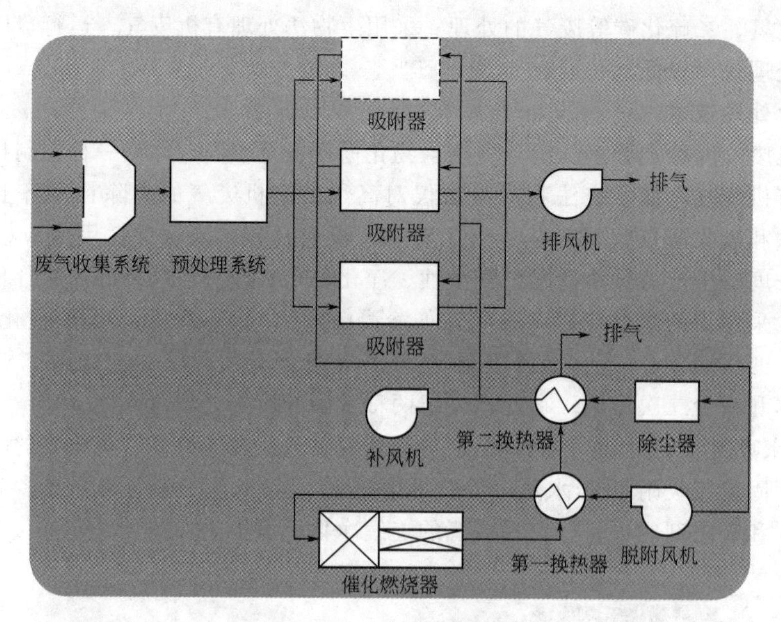

图 8-4　吸附浓缩-催化燃烧工艺

的一种吸附材料，具有床层阻力低、动力学性能好等优点，尤其适用于低浓度有机废气的净化。目前有些企业也采用薄床层的颗粒活性炭和活性炭纤维毡作为吸附剂，采取频繁吸附、脱附的方式对吸附剂进行再生。

吸附了有机废气的床层采用小气量的热气流进行吹扫再生，再生后的高温、高浓度有机废气进入催化燃烧器进行催化氧化。增浓以后的废气在催化燃烧器中可以维持自持燃烧状态，在平稳运行的条件下催化燃烧器不需要进行外加热。催化燃烧后产生的高温烟气经过调温后可以用于吸附床的再生，或者利用其加热新鲜空气后用于吸附床的再生。因此该工艺的特点是将大风量、低浓度的有机废气转化为小风量、高浓度的有机废气，然后再进行催化燃烧净化。如此可以充分利用废气中有机物的热值，大大降低处理设备的运行费用。

对于不同的废气产生情况可采用不同的治理方法，见表 8-1。

表 8-1　有机废气治理方法

净化方法	方法要点	选用范围
冷凝法	采用低温，使有机物冷却组分冷却至露点以下，液化回收	适用于高浓度废气净化（对沸点小于 38℃ 的有机废气不适用）
吸附法	用适当的吸收剂对废气中有机物分级进行物理吸附，温度范围为常温	适用于低浓度废气的净化（不适用于相对湿度大于 50% 的有机废气）
吸收法	用适当的吸收剂对废气中有机物分级进行物理吸附，温度范围为常温	对废气浓度限制较小，适用于含有颗粒物的废气净化
燃烧法	将废气中的有机物进行氧化分解或直接燃烧掉，温度范围为 600～1100℃	适用于中、高浓度范围无回收价值或有一定毒性的废气的净化
催化燃烧法	在氧化催化剂作用下，温度范围为 200～400℃ 时，将烃类氧化为 CO_2 和 H_2O	适用于各种浓度的废气净化，适用于连续排气的场合

实际上，制药企业在运营过程中，已将溶剂的回收利用作为生产工艺的一个主要部分，溶剂在提取有效成分后，一般都经过蒸馏塔进行回收。

8.3.2 化工与制药行业废水的处理方法

废水的处理方法主要分为**物化法**和**生化法**。物化法由于要消耗大量的化学药剂，运行成本非常高，所以很少采用。现在普遍采用生化法。而生化法可分为普通活性污泥法、A/O法、A^2/O法、SBR法（序批式活性污泥法），以及它们的各种变法。

其中普通活性污泥法在过去采用得较普遍，但是该方法的总氮（以N计）脱除效率仅为30%左右，脱氮效果很难满足要求日益严格的环保标准。所以近100年来，国外在普通活性污泥法基础上开发了A/O法、A^2/O法、SBR法，以及它们的各种变法。其中SBR法、CASS法（循环活性污泥法）总氮脱除效率为50%左右，A/O法、A^2/O法总氮脱除效率为60%～70%左右。目前总氮脱除效率最高的是多段式循环法，脱除效率为80%以上。总氮脱除效率越高的工艺对操作人员素质要求越高，投资越大，所以受到一定的制约。制药、化工类废水氨氮含量达300～400mg/L，带来较大的环境问题，在选取处理工艺路线时，较多选用SBR法、CASS法等较简单工艺。

(1) 制药废水处理方法

目前国内制药行业普遍采用厌氧-好氧相结合的废水处理方法，较为经济，这种处理方法的主要特点是：高浓度有机废水首先经过厌氧消化处理，使废水中大部分有机污染物在较少的能耗下得到降解，剩余少量有机物再通过能耗较高的好氧生化处理途径使废水稳定达标排放。如某制药集团以玉米为原料生产青霉素等原料药，采用厌氧-CASS工艺处理青霉素等抗生素废水。废酸水、洗布水、高浓度废水以及其他浓度的废水均进行预处理后进入调节池，混合进行水量、水质调节。混合后COD_{Cr}浓度在3100mg/L左右，氨氮在300mg/L左右。再进行水解酸化、好氧生化处理。水解酸化停留时间10h，能有效改善废水的可生化性能。好氧处理装置采用CASS池系统、生物接触氧化工艺处理，处理后排放指标见表8-2。

表8-2 某药厂污水处理后排放指标 单位：mg/L

基本控制项目	进水	出水	二级标准
化学需氧量(COD)	3100	275	300
生化需氧量(BOD_5)	—	—	100
氨氮(以N计)	375	7.4	25
总氮(以N计)	—	—	—

从表8-2中可以看出，药厂出水满足（GB 8978—1996）二级标准要求，特别是氨氮去除效率为98%。但是众所周知，CASS类工艺的总氮（以N计）脱除效率仅为50%左右，只要曝气强度够，曝气时间足够长，氨氮很容易转化为硝态氮。与地面水质量标准相比，总氮（以N计）100mg/L以上的排水是正常Ⅴ类水体的50倍以上，首先大量硝态氮流入湖泊成为富营养化主因之一，其次硝酸盐本身毒性很低，但是它进入人体之后可以被还原为亚硝酸盐，毒性加大，是硝酸盐毒性的11倍。我国胃癌低发区水源中硝酸盐平均为5.6×10^{-6}，明显低于高发区的29.2×10^{-6}（$P<0.02$）。

(2) 化工废水处理方法

某煤气集团，目前气化厂气化炉4开1备，总体设计能力为日产煤气264万立方米，实际运行产气量为340万立方米，运行负荷130%。

如图 8-5 所示，酚回收装置、低温甲醇洗、甲醇合成等产生的工艺污水（COD 为 5500～6000mg/L，氨氮为 200mg/L，油为 200mg/L，总酚为 1200mg/L）先经过 SBR 工艺进行专项处理，通过好氧、缺氧交替作用，最大限度地降解污水中的有机污染物和氨氮以及总氮等污染物后，与甲醇污水及生活污水合并，经水质、水量调节后，进入接触好氧池进行好氧生化处理，后分为两路：一路采用与工艺污水 1∶1 的水量回流到 SBR 池中，作为高浓度工艺污水的稀释水和反硝化水进一步得到脱氮处理；另一路进入核桃壳过滤器去除油、悬浮物后，最后进入活性炭过滤器除去色度。经处理后的污水达到《污水综合排放标准》(GB 8978—1996) 一级标准，排入河流。

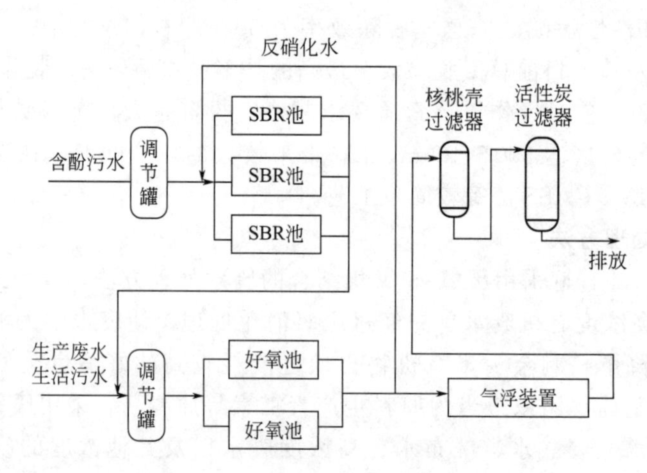

图 8-5 某煤化工厂废水处理流程图

从出水指标（表 8-3）看排水完全满足国家污水综合排放标准，因为水中氨氮、挥发酚完全可以通过强曝气来去除。进入大气的氨氮、挥发酚形成刺激性恶臭，引发周围居民投诉，引发较大的群体性事件。COD 主要为难降解有机物，污水中含有较多苯系、萘系及杂环类难降解有机物，BOD/COD 值很低，而在化工厂生化处理后即使排往园区污水处理厂，其 COD 也不会继续降解，流入地表水后由于 COD 很难降解，使得河流无法发挥自净作用，造成地表水和地下水污染，出现较大的水环境污染事件。

表 8-3 某化工厂污水排放情况 单位：mg/L

基本控制项目	进水	出水	二级标准
化学需氧量(COD)	4135	275	300
生化需氧量(BOD_5)	400	40	100
氨氮(以 N 计)	103	9.4	25
总氮(以 N 计)	—	—	—
挥发酚	500	0.5	0.5

【阅读材料 1】 3·21 响水化工企业爆炸事故

2019 年 3 月 21 日 14 时 48 分许，江苏省盐城市响水县陈家港化工园区内江苏天嘉宜化工有限公司化学储罐发生爆炸事故，并波及周边 16 家企业。事故原因是天嘉宜化工有限公司厂区旧固废库内长期违法贮存的硝化废料（主要成分是二硝基二酚、三硝基一酚、间二硝基苯、水和少量盐分等）持续积热升温导致自燃，燃烧引发爆炸。事故共造成78人死亡、76人重伤，640人住院治疗，直接经济损失19.86亿元。

事故也造成周边空气和水质污染。爆点下风向3500m处二氧化硫浓度和氮氧化物浓度分别超出《环境空气质量标准》（GB 3095—2012）二级标准的57倍和348倍；园区新丰河闸内氨氮浓度超出《地表水环境质量标准》（GB 3838—2002）标准127倍、二氯甲烷超标41.5倍、苯胺类超标31.4倍、化学需氧量超标7.4倍、二氯乙烷超标1.5倍、苯超标1.4倍、三氯甲烷超标0.5倍。

陈家港化工园区因污染物处理不到位，加之个别企业有偷排污染物现象，导致该化工园区污染严重。因为受化工气体影响，家家户户要关门，熏得直流泪的情况也时有发生。盐城师范学院城市与资源环境学院的学生写了一篇关于环境调查的论文，陈家港周边65%的居民对饮用水不满意，其中5%表示“完全无法忍受”。2005年之后，该区域滩涂的丹顶鹤未再出现，附近海域原来成群结队的虎头鲸再也没有回来。

爆炸发生后，盐城市委决定彻底关闭响水县陈家港化工园。该化工园关闭后，当地村民表示，当地空气和水质量都有了改善。但因该化工园曾是响水县的支柱产业，带动了周边经济快速发展，如今周边村民的就业成了新问题。

因此，协同推动经济发展和环境保护显得尤为重要，将环保与经济发展有机统一，在保护环境前提下发展经济，在经济发展中保护环境，两者是融合关系，将环境保护寓于经济发展之中，经济发展会更好地保护环境。

（相关数据来源于百度百科）

【阅读材料2】 哈药集团制药总厂致歉信全文——污染事件承担全部责任

2011年6月5日，中央电视台《朝闻天下》播出“哈药总厂污染物排放调查”，对哈药总厂环境污染“水陆空立体排放”进行了详细报道，污染情况触目惊心，引发各方关注。6月11日，哈药集团制药总厂负责人和该厂环境保护部负责人专程抵达北京，在中国经济网演播厅，就哈药“超标排放事件”，正式向公众道歉，并宣读了致歉信。以下为哈药集团制药总厂致歉信全文。

尊敬的社会各界朋友：

非常感谢大家对哈药总厂的关心、关注和关爱。在此，我谨代表哈药总厂的全体干部员工，对哈药总厂在污水处理设施检修期间发生超标排放向广大公众表示诚恳的歉意！作为一个负责任的品牌企业，发生这样的事，我们深感内疚和自责！事情的发生对一直以来信任和支持哈药总厂的广大消费者的心理造成了极大伤害！对企业周边的居民生活造成了不良影响！也对企业的声誉和形象造成了难以弥补的巨大损失！事情的发生，充分暴露出企业在环保管理工作中存在着严重的失职、失责、失查问题，暴露出企业在迅速发展壮大的过程中，环保危机和环保忧患意识的缺失，暴露出企业在落实环保法律、法规的工作中还存在着很大差距，暴露出企业在基础管理和特殊时段的应急处理能力严重不足。对此，企业和我负有不可推卸的责任！为此，我们接受任何处罚都不过分！哈药总厂和我本人及企业领导愿意为此事承担一切责任，接受一切处罚！

在哈药总厂处于转型升级的关键时期，企业在技术改造、创新和品质、品牌建设的同时，更应该兼顾环保和社会评价。节能减排、发展循环经济是贯彻落实科学发展观和党中央关于“转变生产方式、调整产业结构”的重要方面，是企业的第一社会责任，是哈药总厂全体干部员工义不容辞的使命和义务！尽管我们是五十多年的老企业，尽管环保治理的某些技术还存在一定的难度，有些甚至是世界性难题，但是作为一个有高度社会责任感的企业，我们没有任何推脱和搪塞的理由，我们要以最坚定的决心、最大的投入、最切实的行动，竭尽全力把环保工作做细、做实、做好。

通过此事，我们深刻反思了企业环保工作中存在的问题，并决心从以下几个方面着力整改：

一、提高全员环保责任意识。广泛开展全厂范围内环保知识和技能的学习和培训，使环保安全真正融入每一位员工的思想和行动上，守住环保安全这条企业的“生命线”。

二、全面排查企业各个环节、生产结点以及管理上的漏洞和潜在的隐患，进一步细化和完善环保管理制度，强化巡检和交接班管理，扫除可能出现的盲区。

三、坚决实行环保安全问责制，对于环保工作中出现的任何问题实行“一票否决”制。

四、制定整改措施，加大投入，强化环保的深度处理，树立品牌企业的良好形象。在本次检修中，我们计划加大投入，使污水处理、气味控制和固废处理全部达到环保要求。

五、以此为戒，举一反三，以“环境优先”为原则，坚决杜绝类似事情再次发生。

感谢社会各界对哈药总厂的监督和批评。在此，我们郑重承诺：哈药总厂一定接受此事的沉痛教训，进一步完善环保安全内控体系建设，同时依托新厂区建设和老厂区的优化，使节能减排和环保治理工作有一个质的飞跃，尽快实现调整结构、转型升级和科学发展的目标，为建设生态文明、创建更优美和谐的社会环境而不懈努力！

在按照原计划正常检修的基础上，我厂又进一步完善和细化了包括污水处理、气味控制、固体废物管理在内的全面整改方案：

一、加大投入，强化污染治理工作

（一）污水处理

1. 源头减排。一是在检修期间，坚决停止主要污染车间的生产。除已实施的部分生产品种停产、减产外，继续增加部分车间的限产或停产，减少COD日排放量，降低污水处理负荷。二是将部分高浓度废水外委处理。三是加快高浓度废水气浮预处理项目建设进度，该项目总投资143万元，预计2011年6月15日即可投入使用。

2. 解决排水色度偏高方案。在污水处理末端采用芬顿工艺进行强化处理，目前已经着手实施，预计在6月15日前完成药剂替换，7月20日前完成反应设施改造，投入运行后可大幅度降低排水色度。

3. 末端污水处理。通过此次检修，将清掏调节池淤泥约3000立方米、更换曝气设施1900套、更换两台曝气风机；初沉间更换大型屋面板1500平方米、大型钢屋架11品，更换格栅机2套、刮泥机3台（套），清掏淤泥1200立方米；一级好氧曝气系统曝气系统检修；过滤罐清掏、装填石英砂100立方米；供风系统更换风机，新建风机房一座，新安装两台多级离心风机等。

此次事件的发生，正是在这次检修期间。我们将按照既定方案竭尽全力地加快实施进度，预计到2011年6月15日调节池、初沉池可全部投入运行。一级好氧曝气系统待供风机到货即可立即安装调试运行。检修完成后，我们将进行整体工艺优化，充分发挥每个处理单元的最大处理能力，使污水处理达到最佳状态，降低排水指标，满足拟签订的协议标准要求。

4. 建设新的生化处理设施。为便于设施检修，我厂计划投资3000万元，新建约30000立方米生化池，现已经进入项目前期招标阶段。

5. 尽快与下游污水处理厂签订排水协议。加快与下游群力污水处理厂沟通、谈判进度，尽快达成协议，实现资源、技术共享，共同配合保证达标排放。

（二）气味控制

1. 污水处理气味。在气味处理设施内部增设硫化氢在线监测设备及pH自控系统，实现碱液自动补加，保证处理效果的稳定。处理设施排气中硫化氢浓度控制在国家规定的同高度排放源的排放浓度范围内，确保不发生异常情况。

2. 基质烘干气味。一是改进基质运输车辆，采取密闭措施，控制运输过程中的气味。二是改进基质干燥炉前储存方式，增加储存设施。三是强化生产现场气体收集工作，使生产现场空间处于负压状态，控制气味外逸，同时降低生产现场室内气体浓度。四是增加对干燥系统气体喷淋吸收的能力，适当扩大设备处理能力。在现有气体处理设施中增加pH自控系统，实现碱液自动补加，保证处理效果的稳定；增加过滤设备，废碱液经过滤后排放。

3. 生产气味。一是加快已列入2011年项目计划内的生产车间气味治理项目的实施进度，主要包括南区、北区溶媒混合气味治理项目，发酵车间消毒尾气治理项目，109车间甲醇、丙酮回收项目。目前部分项目正在实施过程中，其中甲醇、丙酮吸收塔主体工程已经完成。二是对各种易挥发物料在转运过程中实施密闭化管理，减少跑冒滴漏；严格控制降温处理后的排脚液排放温度，最大限度减少挥发气味；对发酵车间处理后的消毒尾气采取错时排放，减轻叠加效应；加强气味处理设施运行管理，严格监督执行岗位标准操作程序。三是正积极与多个环保公司联系，如环科阳光科技（深圳）有限公司、哈尔滨室吉麦克有限公司、福建新大陆环保有限公司等，并请有关专家近期来厂进行技术交流。

（三）固体废物处理

一是重新修订管理规定，完善现有危废贮存场所两座，新建两处$300m^2$、$30m^2$的危废贮存场所。二是固体废物按类设置专用的贮存容器和存放场所，并设有明显标志。三是对于产生的危险废弃物严格执行有关规定，交由有资质的单位处理。四是建立建全危废台账。

二、强化管理

此次事件的发生，反映出企业在细节管理上存在着很多漏洞和不足，24小时在线监测没有及时发现问题。因此，我们将进一步完善管理制度和流程，强化责任。

一是全面排查企业内部的环保设备、设施，进一步健全和完善管理制度和流程，确保24小时死看死守，无死角和盲区。

二是进一步健全和完善环保应急处理机制和应急预案。

三是及时引进先进的环保技术和设施，提高企业的污染处理能力和水平。

三、加快异地扩建新厂区、优化调整现有厂区步伐

企业现有厂区优化调整及外延式扩张建设新厂区规划已列入“十二五”重点推进工程，我厂将采用一流的设备、工艺和环保技术，新建科学、规范、环保的现代化生产车间，项目建成后，现有的高污染车间将实现异地质量、工艺、环保等技术的全面升级，彻底解决长期困扰企业的环保难题。

哈药集团制药总厂

二〇一一年六月十一日

（来源：中国经济网）

复习思考题

1. 化工行业的典型污染物主要有哪些？
2. 化工行业的有机物如何控制？
3. 制药行业的典型污染物主要有哪些？
4. 制药行业的有机物如何控制？

第9章 环境监测技术

【导读】 判断环境质量，仅对某一污染物进行某一地点、某一时刻的分析测定是不够的，必须对各种有关的污染因素、环境要素在一定时间和空间范围内进行测定，分析其综合测定数据，才能对环境质量做出正确评价。环境监测是通过对人类和环境有影响的各种物质的含量、排放量的检测，跟踪环境质量的变化，确定环境质量水平，为环境管理、污染治理等工作提供基础和保证。环境监测是环境科学中重要的基础，需要理论知识与实践技能相结合。

【提要】 本章首先对环境监测进行了概述，介绍了环境监测的目的、意义、内容、要求、分类和特点等；阐述了目前常用的污染物分析方法；最后对地表水、地下水、水污染源和空气污染的监测方法进行了重点介绍。

【要求】 通过本章的学习，了解环境监测在环境保护工作和研究中的重要性，掌握环境监测的基本理论、基本技术和基本方法，熟悉水、大气、土壤和噪声环境监测的方法。

9.1 环境监测概述

环境监测是通过对人类和环境有影响的各种物质含量和排放量的检测，跟踪环境质量的变化，确定环境质量的水平，为环境质量评价和环境治理等工作提供基础和保证。环境监测是环境学科中重要的知识基础，是一门理论与实践并重的应用学科，需要通过实践才能掌握、应用和提高。

9.1.1 环境监测的目的和意义

(1) 环境监测的目的

环境监测的目的是准确、及时和全面地反映环境质量现状及其发展趋势，从而为环境规划与管理、环境影响评价、污染控制和政府宏观决策等提供科学依据。其可归纳为：

① 检验和判断环境质量是否符合国家规定的环境质量标准。

② 根据污染的特点、分布情况和环境条件，追踪污染源，分析污染变化趋势，为实现监督管理和控制污染提供依据。

③ 收集和整理环境本底长期监测的数据，为研究环境容量，实施总量控制、目标管理和预测预报环境质量提供数据。

④ 为保护人类健康，合理使用自然资源，保护环境，制定和修订环境法规、标准和规划等提供科学依据。

(2) 环境监测的意义

总体来讲，环境监测的意义主要体现在以下三方面：

① 环境监测是掌握环境质量状况和发展趋势的重要手段。

② 环境监测是科学管理环境的基础。环境监测是环境保护的基础性工作，必须为环境管理和经济建设服务，及时向环境保护行政管理部门提供环境质量信息和变化趋势，为相关部门监督污染物排放、控制新污染源产生、提高资源和能源利用率等方面提供决策依据。

③ 环境监测是正确处理环境事故和污染纠纷的技术依据。环境监测可以作为环境执法监督的技术基础和仲裁依据，为环境管理决策、环境规划、实施总量控制和排污收费、环境指标考核、环境工程、监视污染源排污、评价治理措施及效果验收提供服务。

9.1.2 环境监测的内容和要求

(1) 环境监测的内容

① 根据监测对象划分。环境监测内容可分为**水污染监测**、**大气污染监测**、**固体废物监测**、**生物监测**和**物理污染监测**等。

a. 水污染监测。该项目主要分为两类。一类是反映水质污染的综合指标，如温度、色度、pH 值、电导率、悬浮物、溶解氧（DO）、化学需氧量（COD）和生化需氧量（BOD）；另一类是有毒害性的物质含量，如酚、氰、砷、铅、铬、镉、汞、镍和有机农药等。

b. 大气污染监测。总体上包括大气中污染物的监测、大气降水中污染物的监测和气象条件的监测。大气污染物主要以分子状态和粒子状态两种形态存在于大气中。分子状态的污染物监测项目主要有 SO_2、NO_x、CO、HCN、NH_3、烃类、卤化氢、氧化剂、甲醛和挥发酚等物质的含量。常规粒子污染物的监测项目主要有总悬浮颗粒（TSP）、灰尘自然降尘量和尘粒的化学组成（铬、铅和砷化合物等）。

大气降水的监测内容是以降雨（雪）形式从大气中沉降到地球表面沉降物的主要成分和性质。监测项目主要有 pH 值，电导率，K^+、Na^+、Ca^{2+}、Mg^{2+}、NH_3、SO_4^{2-}、NO_3^- 和 Cl^- 等的含量。

气象监测主要是测定影响污染物的气象因素，如风向、风速、气温、气压、降雨量以及与光化学烟雾形成有关的太阳辐射和能见度等方面的情况。

c. 固体废物监测和生物监测。固体废物主要包括工业固体废物和城市垃圾等，监测固体废物的有害性质和有害成分对土壤、水体、空气和动植物的危害，如固体废物中铬、铅、镉和汞等重金属在自然条件下的浸出，农作物中农药残留等。生物监测是利用生物个体、种群或群落对环境污染或变化所产生的反应来阐明环境污染状况，从生物学角度为环境质量的监测和评价提供依据，主要包括水生生物监测、植物对大气污染反应及指示作用的监测、生物体内有害物质的监测和环境致突变物的监测等。

d. 物理污染监测。它是指对环境造成污染的噪声、振动、电磁辐射和放射性等物理能量进行监测。物理污染对人体的损害并非都是一蹴而就的，很多时候人体并无感觉，但超过其阈值会直接危害人类健康，尤其是放射性物质所放射的 α、β 和 γ 射线对人体损害很大。

② 根据环境污染的来源和受体分类。环境监测的内容可分为三个方面：**污染源监测**、

环境质量监测和环境影响监测。

a. 污染源监测。其主要监测内容是人为污染源，即由人类活动造成环境破坏的污染源。污染源监测主要用环境监测手段确定污染物的排放来源、排放浓度和污染物种类等，为控制污染源排放和环境影响评价提供依据，同时也是解决污染纠纷的主要依据。

b. 环境质量监测。包括空气环境质量监测和水环境质量监测。由于气象因素对空气环境有很大影响，空气环境质量监测不但要监测环境中的污染物，同时还要测定气象参数（如温度、湿度、风速、风向、逆温层高度和大气稳定度等）。水环境质量监测包括海洋、河流、湖泊、水库等地表水和浅层的地下水监测，同时也包括水中的悬浮物、溶解物和沉积物等的监测以及水文条件测定。

c. 环境影响监测。它是依据环境污染受体（人、动植物、土壤、建筑物和设备等）可能受到大气污染物、水体污染物、固体废物和噪声等危害而进行的监测。这类监测可以是连续的，也可以是定点的。

(2) 环境监测的要求

① 代表性。代表性指所采集的样品必须能够反映样品总体的真实情况。

② 完整性。完整性主要是强调整个监测过程按监测方案切实完成（包括监测过程中的每一细节），保证按预期计划取得有系统性和连续性的有效样品，而且无缺漏地获得这些样品的监测结果和有关信息。

③ 可比性。可比性是指用不同测定方法测量同一水样中的某种污染物时，得出结果的吻合程度。

④ 准确性。准确性指测定值与真实值的符合程度。

⑤ 精密性。精密性表现为测定值有良好的重复性和再现性。

9.1.3 环境监测的分类

环境监测可以按其监测目的或者监测介质对象进行分类，也可以按专业部门进行分类（如气象监测、卫生监测和资源监测等）。

(1) 按监测目的分类

① 监视性监测（又称例行监测或常规监测）。对指定的有关项目进行定期的、长时间的监测，确定环境质量及污染源状况，评价控制措施的效果，衡量环境标准实施情况和环境保护工作进展。这是监测工作中量最大、面最广的工作。

监视性监测包括对污染源的监督监测（包括污染物浓度、排放总量、污染趋势等）和环境质量监测（包括所在地区的空气、水体、噪声、固体废物等）。

② 特定目的监测（又称特例监测）。根据特定的目的，环境监测可分为以下 5 种。

a. 污染事故监测。在发生污染事故，特别是突发性环境污染事故时进行的应急监测，往往需要在最短的时间内确定污染物的种类，对环境和人类的危害，污染因子扩散方向、速度和危及范围，控制的方式、方法，为控制和消除污染提供依据，供管理者决策。这类监测通常采用流动监测（车、船等）、简易监测、低空航测和遥感等手段。

b. 仲裁监测。主要针对污染事故纠纷、环境法律执行过程中所产生的矛盾进行监测。仲裁监测应由国家指定的具有质量认证资质的部门进行，提供具有法律效力的数据（公证数据），供执法部门和司法部门仲裁。

c. 考核验证监测。包括对环境监测技术人员和环境保护工作人员的业务考核、上岗培训考核、环境检测方法验证和污染治理项目竣工时的验收监测等。

d. 咨询服务监测。为政府部门、科研机构和生产单位所提供的服务性监测。例如建设新企业进行环境影响评价时，需要按照评价的要求进行监测；政府或单位开发某地区时，该地区环境质量是否符合开发要求以及项目与相邻地区环境的相容性等，都可通过咨询服务监测工作获得相关参考意见。

e. 研究性监测。研究性监测又称科研监测，它是针对特定目的而进行的科学研究方面的监测，如环境本底的监测和研究，有毒有害物质对从业人员的影响研究，新的污染因子监测方法研究，痕量甚至超痕量污染物的分析方法研究，复杂样品、干扰严重样品的监测方法研究，以及为监测工作本身服务的科研工作监测等。

(2) 按监测介质对象分类

按照监测介质对象，环境监测可分为水质监测、空气监测、土壤监测、固体废物监测、生物监测、生态监测、噪声和振动监测、电磁辐射监测、放射性监测、热监测、光监测及卫生（病原体、病毒、寄生虫）监测等。

9.1.4 环境监测的特点

根据环境监测的对象、手段、时间和空间多变性及污染物的复杂性，其特点可归纳为以下几点。

(1) 综合性

① 监测手段包括化学、物理、生物、物理化学、生物化学和生物物理等一切可以表征环境质量的方法。

② 监测对象包括空气、水体（江、河、湖、海和地下水等）、土壤、固体废物和生物等客体，只有对这些监测对象进行综合分析，才能确切地描述环境质量状况。

③ 对监测数据进行统计处理和综合分析时，会涉及该地区的自然和社会各个方面的情况。因此，必须综合考虑才能正确阐明数据的真正内涵。

(2) 连续性

由于环境污染具有时间和空间分布性等特点，只有坚持长期测定，才能从大量数据中了解其变化规律，预测其变化趋势。通常数据样本掌握得越多，预测的准确度就越高。因此，监测网络和监测点位的选择一定要科学、合理，而且监测点位的代表性一旦得到确认，就必须长期坚持监测，以确保前后数据的可比性。

(3) 追溯性

环境监测包括确定监测目的、制订监测计划、运送和保存采样样品及处理实验数据等，这是一个复杂而又有联系的系统，任何一步的差错都将影响最终数据的质量。特别是区域性的大型监测，由于参加人员众多、实验室和仪器不一样，必然会在技术和管理水平上存在差别。因此，为了使监测结果具有一定的准确度，数据具有可比性、代表性和完整性，需要有一个量值追溯体系予以监督。为此，往往需要建立环境监测的质量保证体系。

9.2 环境监测污染物分析方法

常用的污染物分析方法可分为**化学分析法**、**光学分析法**、**色谱分析法**和**电化学分析法**四类，每一类又可以根据采用的分析原理和仪器分成若干种。

9.2.1 化学分析法

化学分析法是以特定的化学反应为基础的分析方法，主要分为**重量分析法**和**容量分析法**两类。

(1) 重量分析法

重量分析法操作麻烦，对于污染物浓度低的，会产生较大误差。目前，重量分析法主要用于大气中总悬浮颗粒、降尘、烟尘、生产性粉尘及废水中悬浮固体、残渣、油类、硫酸盐和二氧化硅等的测定。随着称量工具的改进，重量法得到了进一步发展，如近几年常采用微量测重法测定大气飘尘和空气中的汞蒸气等。

(2) 容量分析法

容量分析法具有操作方便、快速、准确度高、应用范围广和费用低等特点，在环境监测中得到较多应用，但灵敏度不高，对于测定浓度太低的污染物，不能得到满意的结果。容量分析法目前主要用于水中的酸碱度、NH_3-N（氨氮）、COD、BOD、DO、Cr^{6+}、硫离子、氰化物、氯化物、硬度和酚等的测定。

9.2.2 光学分析法

光学分析法是根据物质的光学性质而建立起来的，主要包括**分光光度法**和**光谱分析法**。

(1) 分光光度法

通过被测物质在特定波长处或一定波长范围内对光的吸收度，对该物质进行定性和定量分析的方法称为分光光度法，其具有灵敏度高、操作简便、快速等优点，是生物化学实验中最常用的实验方法。分光光度法包括**比色法**、**可见光光度法**、**紫外分光光度法**和**红外光谱法**。

(2) 光谱分析法

光是一种电磁波，按照其波长或频率有序排列的光带（图谱）称为光谱。各种结构的物质都具有自己的特征光谱。光谱分析法就是利用特征光谱研究物质结构或测定化学成分的方法。光谱法种类很多：利用物质粒子对光的吸收现象进行分析的方法称为**吸收光谱法**，如紫外-可见吸收光谱法、红外吸收光谱法和原子吸收光谱法等；利用发射现象建立起来的分析方法称为**发射光谱法**，如原子发射光谱法和荧光发射光谱法等。不同物质的原子、离子和分子的能级分布是有特征的，因而吸收光子和发射光子的能量也是有其特征的。以光的波长或波数为横坐标，以物质对不同波长光的吸收或发射的强度为纵坐标描绘的图像，称为**吸收光谱**或**发射光谱**。

9.2.3 色谱分析法

色谱分析法又称层析分析法，是分离测定多组分混合物的有效分析方法。它基于不同物质在相对运动的两相中具有不同的分配系数，当这些物质随流动相对移动时，会在两相之间进行反复分配，使原来分配系数只有微小差异的各组分能够得到很好的分离，依次送入检测器中测定，达到分离和分析各组分的目的。色谱分析法的分类方法较多，通常按照两相所处的状态来分类。例如：用气体作为流动相时，称为气相色谱；用液体作为流动相时，称为液相色谱（或液体色谱）。

（1）气相色谱法

气相色谱法是利用气体作为流动相的色层分离分析方法。气化的试样被载气（流动相）带入色谱柱中，柱中的固定相与试样中各组分分子作用力不同，各组分从色谱柱中流出时间不同，组分彼此分离，采用适当的鉴别和记录系统，制作标出各组分流出色谱柱的时间和浓度的色谱图。根据图中显示的出峰时间和顺序，对化合物进行定性分析；根据峰的高低和面积大小，对化合物进行定量分析。气相色谱法具有效能高、灵敏度高、选择性强、分析速度快、应用广泛和操作简便等特点，适用于易挥发有机化合物的定性和定量分析。对非挥发性的液体和固体物质，可通过高温裂解、气化后进行分析。

（2）液相色谱法

液相色谱法是采用液体作为流动相的色谱法，其利用混合物中各组分对两相亲和力的差别进行分离。根据固定相的不同，液相色谱分为液固色谱、液液色谱和键合相色谱。应用最广泛的是以硅胶为填料的液固色谱和以微硅胶为基质的键合相色谱。根据固定相的形式，液相色谱法可以分为柱色谱法、纸色谱法和薄层色谱法；根据吸附力可分为吸附色谱、分配色谱、离子交换色谱和凝胶渗透色谱。近年来，在液相色谱系统中加上高压液流系统，使流动相在高压下快速流动，提高分离效果，出现了高效（又称高压）液相色谱法。

9.2.4 电化学分析法

利用物质的电化学性质，测定化学电池的电位、电流或者电量的变化，进行分析的方法称为电化学分析法。电化学分析法有多种，例如：测定原电池电动势以探求物质含量的分析方法称为**电位法**或**电位分析法**；通过对电阻的测定以探求物质含量的分析方法称为**电导分析法**；借助某些物理量的突变作为滴定分析终点的指示，称为**电容量分析法**等。

（1）电位分析法

电位分析法是利用电极电位与浓度之间的关系来测定物质浓度的电化学分析法，主要分为两类。第一类是直接电位法。选用适当的指示电极浸入被测试液中，相对于一个参比电极测量它的电位。根据指示电极的电位，直接求出被测物质的浓度，例如常用的 pH 值的测定。第二类是电位滴定法。向试液中滴加能与被测物质发生化学反应的已知浓度试剂，观测滴定过程中指示电极电位的变化，确定滴定的终点。该方法适用于因混浊、有色或缺乏合适指示剂而一般滴定分析无法进行的情况。

（2）电导分析法

电导分析法是通过测量溶液的电导率来分析物质含量的电化学分析方法。溶液的电导率与溶液中各种离子的浓度、运动速度和离子电荷数密切相关。电导分析法是将被测溶液放在由固定面积和距离的两个铂电极所构成的电导池中，测量溶液的电导率，计算被测物质的含量。

（3）电容量分析法

电容量分析法又称滴定分析法，是将一种已知浓度的试剂溶液滴加到被测物质的试液中，根据完成化学反应所消耗的试剂量来确定被测物质的量。电容量分析法所用的仪器简单，具有方便、迅速和准确等优点，适用于常量组分测定和大批样品的例行分析。

9.3 环境监测方案制订

环境监测的过程包括背景调查、确定方案、优化布点、现场采样、实验分析、数据收集和分析综合等过程。总的来说，是计划—采样—分析—综合的获得信息的过程。

监测方案的制订是根据监测的目的，对监测任务进行总体构思和设计。首先需要进行实地污染调查，在此基础上确定监测对象、监测项目，设计监测网点，科学合理地安排采样时间和采样频率，确定采样方法和分析测定技术，提出监测报告要求，制订质量保证措施和方案的实施计划等。

9.3.1 地表水监测方案制订

(1) 基础资料的收集与实地调查

在制订监测方案之前，应尽可能完整地收集欲监测水体及所在区域的有关资料，主要包括以下几方面的信息。

① 水体的水文、气候、地质和地貌资料。例如：水位、水量、流速及流向的变化；降雨量、蒸发量和历史上的水情；河流的宽度、深度、河床结构及地质状况；湖泊沉积物的特性和等深线等。

② 水体沿岸城市分布、工业布局、污染源及其排污情况、城市给排水情况等。

③ 水体沿岸的资源现状和水资源的用途，饮用水源分布和重点水源保护区，水体流域土地功能及近期使用计划等。

④ 历年水质监测资料。

(2) 监测断面和采样点的设置

① 设置原则

a. 在调查研究结果和相关资料进行综合分析的基础上，根据水体尺度范围，考虑代表性、可控性和经济性等因素，确定断面类型和采样点数量，并不断优化。

b. 有大量废（污）水排入江河的主要居民区、工业区的上游和下游，支流与干流汇合处，入海河流河口及受潮汐影响河段，国际河流出入国境线出入口，湖泊、水库出入口等位置应设置监测断面。

c. 饮用水源地和流经主要风景游览区、自然保护区、与水质有关的地方病发病区、水土流失严重区及地球化学异常区的水域或河段等地方应设置监测断面。

d. 监测断面位置应避开死水区、回水区、排污口处，尽量选择水流动平稳、水面宽阔、无浅滩的顺直河段。

e. 监测断面应尽可能地与水文测量断面一致，有明显岸边标志。

② 河流监测断面的布设。为评价完整江河水系的水质，需要设置背景断面、对照断面、控制断面和削减断面。对于某一河段，只需设置对照断面、控制断面和削减（或过境）断面三种断面，如图 9-1 所示。

a. 背景断面：布设在基本上未受人类活动影响的河段，用于评价完整水系污染程度。

b. 对照断面：为了解流入监测河段前的水体水质状况而设置，通常设置在河流进入城

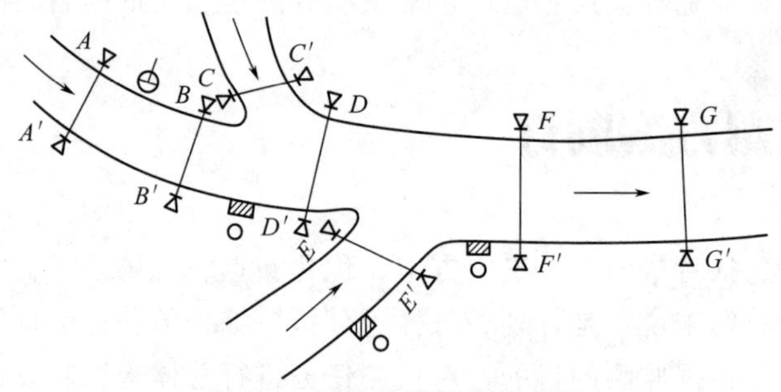

图 9-1　河流监测断面示意图

⟶水流方向；自来水厂取水口；○污染源；▨排污口；

A—A′为对照断面；B—B′、C—C′、D—D′、E—E′、F—F′为控制断面；G—G′为削减断面

市或工业区以前的地方，避开各种废水、污水流入或回流处。一个河段一般只设置一个对照断面，有主要支流时可酌情增加。

c. 控制断面：为评价监测河段两岸污染源对水体水质影响而设置。控制断面的数目应根据城市的工业布局和排污口分布情况而定，通常设置在排污区（口）下游，污水与河水基本混匀处，在流经特殊要求地区（如饮用水源地、风景游览区等）的河段上也应该设置。

d. 削减断面：是指河流受纳废水和污水后，经稀释扩散和自净作用，污染物浓度显著降低的断面，通常设在城市或工业区最后一个排污口下游 1500m 以外的河段上。

另外，为了特定的环境管理需要，例如定量化考核、监视饮用水源和流域污染源限期达标排放等，还要设置管理断面。

③ 湖泊、水库监测垂线（或断面）的布设。湖泊、水库通常只设置监测垂线。当水体复杂时，可参照河流的有关规定设置监测断面。

a. 在湖（库）的不同水域，如进水区、出水区、深水区、湖心区、岸边区可按照水体类别和功能设置监测垂线。

b. 湖（库）区若无明显功能区别，可用网格法均匀设置监测垂线，其垂线数根据湖（库）面积、湖内形成环流的水团数和入湖（库）河流数等因素酌情确定。

④ 海洋的划分。根据污染物在较大面积海域分布不均匀性和局部海域相对均匀性的时空特征，在调查研究的基础上，运用统计方法将监测海域划分为污染区、过渡区和对照区，在这三类区域分别设置适量的监测断面和采样垂线。

⑤ 采样点位的确定。设置监测断面后，根据水面的宽度确定断面上的采样垂线，再根据采样垂线处水深，确定采样点的数目和位置。

对于江、河水系：当水面宽≤50m 时，只设一条中泓垂线；水面宽 50～100m 时，在左右近岸有明显水流处各设一条垂线；水面宽＞100m 时，设左、中、右三条垂线（中泓及左、右近岸有明显水流处）。当证明断面水质均匀时，可仅设中泓垂线。

在一条垂线上：当水深≤5m 时，只在水面下 0.5m 处设一个采样点；水深不足 1m 时，在 1/2 水深处设采样点；水深 5～10m 时，在水面下 0.5m 处和河底以上 0.5m 处各设一个采样点；水深＞10m 时，设三个采样点，即水面下 0.5m 处、河底以上 0.5m 处及 1/2 水深处各设一个采样点。

湖泊和水库监测垂线上采样点的布设与河流相同。如果存在温度分层现象，应先测定不同水深处的水温、溶解氧等参数，确定分层情况后，再决定垂线上采样点位和数目，一般除

在水面下0.5m处和水底以上0.5m处设点外，还要在每一斜温分层1/2处设点。

海域的采样点根据水深分层设置。例如水深50～100m，在表层、10m层、50m层和底层均设采样点。

监测断面和采样点位确定后，其所在位置应有固定的天然标志物，如果没有天然标志物，则应设置人工标志物。采样时，用定位仪（GPS）定位，使每次采集的样品都取自同一位置，保证其代表性和可比性。

(3) 采样时间和采样频率的确定

为了使采集的水样能够反映水质在时间和空间上的变化规律，必须合理地安排采样时间和采样频率。我国水质监测规范要求如下：

① 饮用水源地全年采样监测12次，采样时间根据具体情况选定。

② 对于较大水系干流和中、小河流，全年采样监测次数不少于6次。采样时间为丰水期、枯水期和平水期，每期采样两次。流经城市或工业区，污染较重的河流和游览水域，全年采样监测不少于12次。采样时间为每月一次或者视具体情况选定。对于底质，每年枯水期采样监测一次。

③ 潮汐河流全年在丰、枯、平水期采样监测，每期采样两天，分别在大潮期和小潮期进行，每次采集当天涨、退潮水样分别测定。

④ 设有专门监测站的湖泊和水库，每月采样监测一次，全年不少于12次。其他湖、库全年采样监测两次，枯、丰水期各1次。有废（污）水排入，污染较重的湖、库应酌情增加采样次数。

⑤ 背景断面每年采样监测一次，在污染较重的季节进行。

⑥ 排污渠每年采样监测不少于3次。

⑦ 海水水质常规监测，每年按丰、平、枯水期或季度采样监测2～4次。

(4) 监测项目

为满足地表水各类使用功能和生态环境质量要求，《地表水环境质量标准》（GB 3838—2002）中将监测项目分为基本项目、集中式生活饮用水地表水源地补充项目和集中式生活饮用水地表水源地特定项目三类。

监测基本项目包括水温、pH值、溶解氧、高锰酸盐指数、化学需氧量、五日生化需氧量、氨氮、总氮（湖、库）、总磷、铜、锌、硒、砷、汞、镉、铅、铬（Ⅵ）、氟化物、氰化物、硫化物、挥发酚、石油类、阴离子表面活性剂和粪大肠菌群。

集中式生活饮用水地表水源地补充项目包括硫酸盐、氯化物、硝酸盐、铁和锰。

集中式生活饮用水地表水源地特定项目包括三氯甲烷、四氯化碳、三溴甲烷、二氯甲烷、1,2-二氯乙烷、环氧氯丙烷、氯乙烯、1,1-二氯乙烯、1,2-二氯乙烯、三氯乙烯、四氯乙烯、氯丁二烯、六氯丁二烯、苯乙烯、甲醛、乙醛、丙烯醛、三氯乙醛、苯、甲苯、乙苯、二甲苯、异丙苯、氯苯、1,2-二氯苯、1,4-二氯苯、三氯苯、四氯苯、六氯苯、硝基苯、二硝基苯、2,4-二硝基甲苯、2,4,6-三硝基甲苯、硝基氯苯、2,4-二硝基氯苯、2,4-二氯苯酚、2,4,6-三氯苯酚、五氯苯酚、苯胺、联苯胺、丙烯酰胺、丙烯腈、邻苯二甲酸二丁酯、邻苯二甲酸二(2-乙基己基)酯、水合肼、四乙基铅、吡啶、松节油、苦味酸、丁基黄原酸、活性氯、滴滴涕、林丹、环氧七氯、对硫磷、甲基对硫磷、马拉硫磷、乐果、敌敌畏、敌百虫、内吸磷、百菌清、甲萘威、溴氰菊酯、阿特拉津、苯并[*a*]芘、甲基汞、多氯联苯、微囊藻毒素-LR、黄磷、钼、钴、铍、硼、锑、镍、钡、钒、钛、铊。

9.3.2 地下水监测方案制订

储存在土壤和岩石空隙（孔隙、裂隙和溶隙等）中的水统称为地下水。地下水埋藏在地层的不同深度，相对地面水而言，其流动性和水质参数的变化相对缓慢。地下水质监测方案的制订过程与地面水基本相同。

（1）调查研究和收集资料

① 收集和汇总监测区域的水文、地质和气象等方面的有关资料及以往的监测资料，如地质图、剖面图、测绘图、现有水井的水质及相关参数、含水层分布、地下水补给水源的特征和利用情况、径流和流向以及温度、湿度、降水量等。

② 调查监测区域内城市发展、工业分布、资源开发和土地利用情况，尤其是地下工程规模、应用等；了解化肥和农药的施用面积及施用量；查清污水灌溉、排污、纳污和地面水污染现状。

③ 测量或查明水位、水深，以确定采水器和泵的类型、所需费用和采样程序。

④ 在完成以上调查的基础上，确定主要污染源和污染物，并根据地区特点与地下水的主要类型把地下水分成若干个水文地质单元。

（2）采样点的布设

由于地质结构复杂，导致地下水采样点的布设也变得复杂。地下水一般呈分层流动，浸入地下水的污染物、渗滤液等可沿垂直方向运动，也可沿水平方向运动。同时，各深层地下水（也称承压水）之间也会发生串流现象。因此，布点时不但要掌握污染源分布、类型和污染物扩散条件，还要弄清地下水的分层和流向等情况。通常布设两类采样点：背景值监测井和污染控制监测井。监测井可以是新打的，也可利用已有的水井。

背景值监测井通常设置在地下水流向的上游，不受监测地区污染源影响的地方。

污染控制监测井布设在污染源周围不同位置，特别是地下水流向的下游方向。对于渗坑、渗井和堆渣区的污染物：在含水层渗透性较大的地方易造成带状污染，此时可沿地下水流向及其垂直方向分别设监测井；在含水层渗透小的地方易造成点状污染，监测井宜设在近污染源处。污灌区和缺乏卫生设施的居民区，生活污水易对周围环境造成大面积垂直块状污染，监测井应以平行和垂直于地下水流向的方式布设。

（3）采样时间和采样频率的确定

常规性监测通常在丰水期和枯水期分别采样测定。有条件的地区根据地方特点，按照四季采样测定；已建立长期观测点的地方可按月采样测定。每一采样期，一般至少采样监测一次；对饮用水源监测点，每一采样期应监测两次，间隔至少 10 天；对于有异常情况的监测井，应酌情增加采样监测次数。

监测方案其他内容同地表水监测方案。

9.3.3 水污染源监测方案制订

水污染源包括工业废水和城市污水等。在制订监测方案时，首先要进行调查研究，收集有关资料，查清用水情况，废水或污水类型，主要污染物及排污去向和排放量，车间、工厂或地区的排污口数量以及位置，废水处理情况，是否排入江、河、湖、海等流经区域，是否有渗坑等。经综合分析，确定监测项目、监测点位，选定采样时间和频率、采样和监测方法及技术，制订质量保证程序、措施和实施计划等。

(1) 采样点的设置

水污染源一般经管道或渠、沟排放，截面积比较小，不需要设置监测断面，直接确定采样点位。

① 工业废水

a. 在车间或车间处理设施的废水排放口设置采样点，监测一类污染物；在工厂废水总排放口布设采样点，监测二类污染物。

b. 已有废水处理设施的工厂，在处理设施的总排放口布设采样点。如需了解废水处理效果，还要在处理设施进口设置采样点。

② 城市污水

a. 城市污水管网的采样点设置在非居民生活排水支管接入城市污水干管的检查井中、城市污水干管的不同位置、污水进入水体的排放口处等。

b. 城市污水处理厂在污水进口和处理后的总排放口布设采样点。如需监测各污水处理单元效率，应在各处理设施单元的进、出口分别设采样点。另外，还需设污泥采样点。

(2) 采样时间和采样频率

工业废水和城市污水的排放量和污染物浓度随工厂生产及居民生活情况常发生变化，采样时间和频率应根据实际情况确定。

① 工业废水。企业自控监测频率根据生产周期和生产特点确定，一般每个生产周期不得少于3次。确切频率由监测部门根据获得的污染物排放曲线（浓度-时间、流量-时间、总量-时间）进行加密监测。监测部门监督性监测每年不少于1次；如被国家或地方环境保护行政主管部门列为年度监测的重点排污单位，应增加到每年2～4次。

② 城市污水。城市管网污水在一年的丰、平、枯水季，从总排放口分别采集一次流量比例混合样测定，每次进行1昼夜，每4小时采一次样。为指导调节处理工艺参数和监督外排水水质，城市污水处理厂每天都要从部分处理单元和总排放口采集污水样，对指定项目进行例行监测。

(3) 监测项目

不同行业排放的废（污）水监测项目有些是相同的，有些是不同的。适用于矿山开采、有色金属冶炼及加工、焦化、石油化工（包括炼制）、合成洗涤剂、制革、发酵及酿造、纤维、制药、农药等工业及电影洗片城镇二级污水处理厂和医院等行业的《污水综合排放标准》中将监测项目分为两类。

① 第一类是在车间或车间处理设施排放口采样测定的污染物，包括总汞、烷基汞、总镉、总铬、六价铬、总砷、总铅、总镍、苯并[a]芘、总铍、总银、总α放射性、总β放射性。

② 第二类是在排污单位排放口采样测定的污染物，包括pH值、色度、悬浮物、生化需氧量、化学需氧量、石油类、动植物油、挥发性酚、总氰化物、硫化物、氨氮、氟化物、磷酸盐、甲醛、苯胺类、硝基苯类、阴离子表面活性剂、总铜、总锌、总锰、彩色显影剂、显影剂及氧化物总量、磷、有机磷农药、乐果、对硫磷、甲基对硫磷、马拉硫磷、五氯酚及五氯酚钠、可吸附有机卤化物、三氯甲烷、四氯化碳、三氯乙烯、四氯乙烯、苯、甲苯、乙苯、邻二甲苯、对二甲苯、间二甲苯、氯苯、邻二氯苯、对二氯苯、对硝基氯苯、2,4-二硝基氯苯、苯酚、间甲酚、2,4-二氯酚、2,4,6-三氯酚、邻苯二甲酸二丁酯、邻苯二甲酸二辛酯、丙烯腈、总硒、粪大肠菌群数、总余氯、总有机碳。

另外，还需测量废（污）水排放量。含有放射性物质的废（污）水，还需测定辐射防护标准所规定的测定项目。

9.3.4 空气污染监测方案制订

(1) 调研及资料收集

① 污染源分布及排放情况。将监测区域内的污染源类型、数量、位置和排放的主要污染物及排放量调查清楚，同时还要了解所用原料、燃料和消耗量。注意将由高烟囱排放的较大污染源与由低烟囱排放的小污染源区别开来。小污染源的排放高度低，对周围地区地面空气中污染物浓度的影响比高烟囱排放源大。对于交通运输污染较重和有石油化工企业的地区，应区别一次污染物和由光化学反应产生的二次污染物。二次污染物是在大气中形成的，其高浓度可能在远离污染源的地方，在布设监测点时应加以考虑。

② 气象资料。污染物在空气中的扩散、迁移和一系列的物理、化学等变化很大程度上取决于当时当地的气象条件。因此，要收集监测区域的风向、风速、气温、气压、降水量、日照时间、相对湿度、温度垂直梯度和逆温层底部高度等相关气象资料。

③ 地形资料。地形对当地的风向、风速和大气稳定等情况有影响，是设置监测网点时应当重点考虑的因素。例如：工业区建在河谷地区时，出现逆温层的可能性大；位于丘陵地区的城市，市区内空气污染物的浓度梯度会相当大；位于海边的城市会受海、陆风的影响；位于山区的城市会受山谷风的影响等。为掌握污染物的实际分布状况，监测区域的地形越复杂，要求布设的监测点就越多。

④ 土地利用和功能分区情况。监测区域内土地利用情况和功能区划分是设置监测网点应考虑的重要因素。不同功能区的污染状况是不同的，如工业区、商业区、混合区和居民区等。另外，还可以按照建筑物的密度、有无绿化地带等作进一步分类。

⑤ 人口分布及人群健康情况。环境保护的目的是维护自然环境的生态平衡，保护人群健康。因此，掌握监测区域的人口分布、居民和动植物受空气污染危害情况及流行性疾病等资料，对制订监测方案、分析监测结果都是有益的。

此外，监测区域以往的空气监测资料也应尽量收集，为监测方案的制订提供参考。

(2) 监测项目

空气中的污染物质多种多样，可根据监测空间范围内实际情况和优先监测原则，确定监测项目并同步观测有关的气象参数。我国目前要求的空气污染常规监测项目参见表 9-1。

表 9-1 空气污染常规监测项目

类别	必测项目	按地方情况增加的必测项目	选测项目
空气污染物监测	TSP、SO_2、NO_x、硫酸盐化速率、灰尘自然沉降量	CO、总氧化剂、总烃、PM_{10}、F_2、HF、B[a]P、Pb、H_2S、光化学氧化剂	CS_2、Cl_2、氯化氢、硫酸雾、HCN、NH_3、Hg、Be、铬酸雾、非甲烷烃、芳香烃、苯乙烯、酚、甲醛、甲基对硫磷、异氰酸甲酯等
空气降水监测	pH 值、电导率	K^+、Na^+、Ca^{2+}、Mg^{2+}、NH_4^+、SO_4^{2-}、NO_3^-、Cl^-	

(3) 监测站（点）的布设

① 布设采样站（点）的原则和要求

a. 采样点应布设在整个监测区域高、中、低三种不同污染物浓度的地方。

b. 在污染源比较集中，主导风向比较明显的情况下，应将污染源的下风向作为主要监测范围，布设较多的采样点，上风向布设少量点作为对照。

c. 工业较密集的城区和工矿区、人口密度大及污染物超标地区，应适当增设采样点；城市郊区和农村、人口密度小及污染物浓度低的地区，可酌情减少采样点。

d. 采样点的周围应开阔，采样口水平线与周围建筑物高度的夹角应不大于 30°。测点周围应无局地污染源，并注意避开树木及吸附能力较强的建筑物。交通密集区的采样点应布设在距人行道边缘至少 1.5m 远处。

e. 各采样点的设置条件应尽可能一致或标准化，使获得的监测数据具有可比性。

f. 采样高度根据监测目的而定。研究大气污染对人体的危害，采样口应在离地面1.5～2m处；研究大气污染对植物或器物的影响，采样口高度应与植物或器物高度相近。连续例行监测采样口高度应距地面 3～15m；若置于屋顶采样，采样口应与基础面有 1.5m 以上的相对高度，减小扬尘的影响。特殊地形地区可根据实际情况选择采样高度。

② 采样站（点）数目的确定。一个监测区域内的采样站（点）设置数目应根据监测范围大小、污染物的空间分布和地形地貌特征、人口分布情况及其密度、经济条件等因素综合考虑确定。

我国空气环境污染例行监测采样站设置数目主要依据城市人口数量而定（见表 9-2），具体要求：有自动监测系统的城市以自动监测为主，人工连续采样点辅之；无自动监测系统的城市，以连续采样点为主，辅以单机自动监测，便于解决缺少瞬时值的问题。表 9-2 中各采样点数量中包括一个城市的主导风向上风向的区域背景测点。世界卫生组织（WHO）建议城市地区空气自动监测站（点）数目可参见表 9-3。

表 9-2　我国空气环境污染例行监测采样站（点）设置数目

市区人口/万人	SO_2、NO_x、TSP	灰尘自然降尘量	硫酸盐化速率
<50	3	≥3	≥6
50～100	4	4～8	6～12
100～200	5	8～11	12～18
200～400	6	12～20	18～30
>400	7	20～30	30～40

表 9-3　WHO 推荐的城市地区空气自动监测站（点）数目

市区人口/万人	可吸入颗粒物	SO_2	NO_x	氧化剂	CO	风向、风速
≤100	2	2	1	1	1	1
100～400	5	5	2	2	2	2
400～800	8	8	4	3	4	2
>800	10	10	5	4	5	3

③ 采样站（点）布设方法。监测区域内的采样站（点）总数确定后，可采用经验法、统计法和模拟法等进行站（点）布设。

经验法是常采用的方法，特别是尚未建立监测网或者监测数据积累较少的地区，可凭借经验确定采样站（点）的位置。其具体方法有如下几种。

a. 功能区布点法。功能区布点法多用于区域性常规监测。先将监测区域划分为工业区、商业区、居住区、工业和居住混合区、交通稠密区及清洁区等，再根据具体污染情况和人力、物力条件，在各功能区设置一定数量的采样点。各功能区的采样点数目不要求平均，在污染源集中的工业区和人口较密集的居住区应多设采样点。

b. 网格布点法。网格布点法是将监测区域划分成若干均匀网状方格，采样点设在两条直线的交点处或方格中心（见图 9-2）。网格大小视污染源强度、人口分布及人力、物力等条件确定。若主导风向明显，下风向设点应多一些，一般约占采样点总数的 60%。对于有多个污染源，且污染源分布较均匀的地区，常采用网格布点方法，能较好地反映污染物的空间分布。如果将网格划分得足够小，将监测结果绘制成污染物浓度空间分布图，对指导城市环境规划和管理具有重要指导意义。

c. 同心圆布点法。这种方法主要用于多个污染源构成的污染群，且大污染源较集中的地区。先找出污染群的中心，以此为圆心在地面上画若干个同心圆，再从圆心作若干条放射线，将放射线与圆周的交点作为采样点（见图 9-3）。不同圆周上的采样点数目不一定相等或均匀分布，常年主导风向的下风向应比上风向多布设采样点。例如同心圆半径分别取 4km、10km、20km、40km，从里向外各圆周上分别设 4、8、8、4 个采样点。

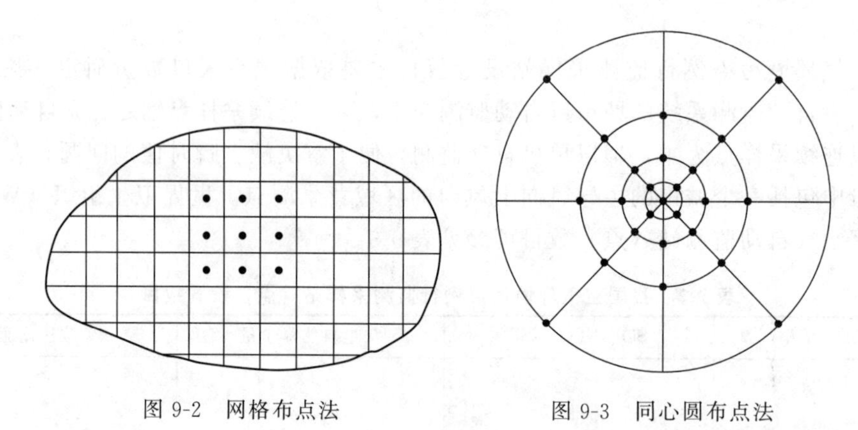

图 9-2　网格布点法　　　　图 9-3　同心圆布点法

d. 扇形布点法。扇形布点法适用于孤立的高架点源，主导风向明显的地区。以点源所在位置为顶点，以主导风向为轴线，在下风向地面上划出一个扇形区作为布点范围。扇形的角度一般为 45°，也可更大一些，但不能超过 90°。采样点设在扇形平面内距点源不同距离的若干弧线上（见图 9-4）。每条弧线上设 3 个或 4 个采样点，相邻两点与顶点连线的夹角一般取 10°～20°。同时，在上风向应布设对照点。

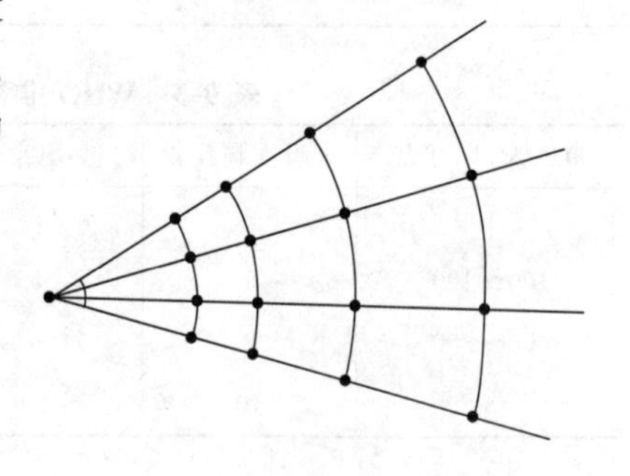

图 9-4　扇形布点法

采用同心圆布点法和扇形布点法时，应考虑高架点源排放污染物的扩散特点。在不计污染物本底浓度时，点源脚下的污染物浓度为零，随着距离增加，很快出现浓度最大值，然后按指数规律下降。因此，同心圆或弧线不宜等距离划分，而是靠近最大浓度值的地方布点密一些，以免漏测最大浓度的位置。污染物最大浓度出现的位置与源高、气象条件和地面状况密切相关，例如平坦地面 50m 高的烟囱，污染物最大地面浓度出现的位置与气象条件的关系见表 9-4。随着烟囱高度的增加，地面最大浓度出现的位置随之增大，例如在大气稳定时，高度为 100m 的烟囱排放污染物，地面最大浓度出现位置约在烟囱高度的100倍处。

表 9-4　50m高烟囱排放污染物最大浓度出现位置与气象条件的关系

大气稳定度	最大浓度出现位置(相当于烟囱高度的倍数)
不稳定	5～10
中性	20左右
稳定	40以上

为了做到因地制宜，使采样网点布设完善合理，在实际工作中往往采用以一种布点方法为主，兼用其他方法的综合布点法。

统计法适用于已积累了多年监测数据的地区。根据城市空气污染物分布在时间和空间上变化的相关性，通过对监测数据的统计处理，对现有站（点）进行调整，删除监测信息重复的站（点）。如果监测网中某些站（点）历年取得的监测数据较近似，可以通过类聚分析法将结果相近的站（点）聚为一类，从中选择少数代表性站（点）。

模拟法是根据监测区域污染源的分布、排放特征、气象资料以及应用数学模型预测的污染物时空分布状况设计采样站（点）。

(4) 采样频率和采样时间

采样频率指在一定时段内的采样次数。采样时间指每次采样从开始到结束历经的时间。二者要根据监测目的、污染物分布特征和分析方法灵敏度等因素确定。例如：监测空气质量的长期变化趋势，采用连续或间歇自动采样测定为最佳方式；事故性污染等应急监测要求快速测定，采样时间应尽量短；对于一级环境影响评价项目，要求不得少于夏季和冬季两期监测，每期应有代表性的7天监测数据，每天采样监测不少于六次（2、7、10、14、16、19时)。表9-5列出了生态环境部关于城镇空气质量采样频率和时间的规定；表9-6列出了《环境空气质量标准》(GB 3095—2012）对污染物监测数据统计有效性的规定。

表 9-5　采样频率和采样时间的规定

监测项目	采样时间和频率
二氧化硫	隔日采样,每天连续采样(24±0.5)h,每月14～16天,每年12个月
氮氧化物	同“二氧化硫”
总悬浮颗粒物	隔双日采样,每天连续采样(24±0.5)h,每月5～6天,每年12个月
灰尘自然降尘量	每月采样(30±2)天,每年12个月
硫酸盐化速率	每月采样(30±2)天,每年12个月

表 9-6　污染物监测数据统计有效性的规定

污染物	取值时间	数据有效性规定
SO_2、NO_x、NO_2	年平均	每年至少有分布均匀的144个日均值,每月至少有分布均匀的12个日均值
TSP、PM_{10}、Pb	年平均	每年至少有分布均匀的60个日均值,每月至少有分布均匀的5个日均值
SO_2、NO_x、NO_2、CO	日平均	每日至少有18h的采样时间
TSP、PM_{10}、B[a]P、Pb	日平均	每日至少有12h的采样时间
SO_2、NO_x、NO_2、CO、O_3	1小时平均	每小时至少有45min采样时间

续表

污染物	取值时间	数据有效性规定
Pb	季平均	每季至少有分布均匀的15个日均值，每月至少有分布均匀的5个日均值
F	月平均	每月至少采样15天以上
	植物生长季平均	每一个生长季至少有70%个月平均值
	日平均	每日至少有12h的采样时间
	1小时平均	每小时至少有45min采样时间

9.3.5 土壤环境质量监测方案制订

制订土壤环境质量监测方案和制订水环境质量监测方案及空气质量监测方案类似，首先要根据监测目的进行调查研究，收集相关资料，在综合分析的基础上，合理布设采样点，确定监测项目和采样方法，选择监测方法，建立质量保证程序和措施，提出监测数据处理要求，并安排实施计划。

(1) 监测目的

监测土壤环境质量的目的是判断土壤是否被污染及了解污染状况，并预测发展变化趋势。土壤监测的四种主要类型包括区域环境背景土壤监测、农田土壤监测、建设项目土壤环境评价监测和土壤污染事故监测。

① 区域环境背景土壤监测。区域环境背景土壤监测的目的是考察区域内不受或未明显受现代工业污染与破坏的土壤原来固有的化学组成和元素含量水平。但目前已经很难找到不受人类活动污染和影响的土壤，只能去找影响尽可能少的土壤。确定这些元素的背景值水平和变化，了解元素的丰缺和供应状况，为保护土壤生态环境、合理施用微量元素及防治地方病提供依据。

② 农田土壤监测。农田土壤监测的目的是考察用于种植各种粮食作物、蔬菜、水果、纤维和糖料作物、油料作物及农区森林、花卉、药材、草料等作物的农用地土壤质量，评价农用地土壤污染是否存在影响食用农产品质量安全、农作物生长的风险。

③ 建设项目土壤环境评价监测。建设项目土壤环境评价监测的目的是考察城乡住宅和公共设施用地、工矿用地、交通水利设施用地、旅游用地和军事设施用地等土壤质量，评价建设用地土壤污染是否存在影响居住、工作人群健康的风险，加强建设用地土壤环境监管，保障人居环境安全。

④ 土壤污染事故监测。由于废气、废水、废物、污泥对土壤造成了污染，或者使土壤结构与性质发生了明显的变化，或者对作物造成了伤害，需要调查分析主要污染物，确定污染的来源范围和程度，为行政主管部门采取对策提供科学依据。

(2) 资料收集

广泛地收集相关资料，包括自然环境和社会环境方面的资料，有利于科学、优化采样点的布设和后续监测工作。具体包括以下内容：

① 收集包括监测区域交通图、土壤图、地质图、大比例尺地形图等资料；

② 收集包括监测区域土类、成土母质等土壤信息资料；

③ 收集工程建设或生产过程对土壤造成影响的环境研究资料；

④ 收集造成土壤污染事故的主要污染物的毒性、稳定性以及如何消除等资料；

⑤ 收集土壤历史资料和相应的法律（法规）；

⑥ 收集监测区域工农业生产及排污、污灌、化肥农药施用情况资料；

⑦ 收集监测区域气候资料（温度、降水量和蒸发量）、水文资料；

⑧ 收集监测区域遥感与土壤利用及其演变过程方面的资料等。

(3) 监测项目与监测频率

土壤监测项目根据监测目的确定，分为常规项目、特定项目和选测项目，监测频率与其对应。常规项目是指《土壤环境质量标准》中所要求控制的污染物；特定项目是根据当地环境污染状况，确认在土壤中积累较多、对环境危害较大、影响范围广、毒性较强的污染物，或者污染事故对土壤环境造成严重不良影响的物质，具体项目由各地自行确定；选测项目包括新纳入的在土壤中积累较少的污染物、由环境污染导致土壤性状发生改变的土壤性状指标及生态环境指标等，由各地自行选择测定。具体监测项目与监测频率见表 9-7。常规项目可按当地实际适当降低监测频率，但不可低于每 5 年 1 次，选测项目可按当地实际适当提高监测频率。

表 9-7　土壤监测项目与监测频率

项目类别		监测项目	监测频次
常规项目	基本项目	pH、阳离子交换量	每 3 年 1 次（农田在夏收或秋收后采样）
	重点项目	镉、铬、汞、砷、铅、铜、锌、镍、六六六、滴滴涕	
特定项目（污染事故）		特征项目	及时采样，根据污染物变化趋势决定监测频率
选测项目	影响产量项目	含盐量、硼、氟、氮、磷、钾等	每 3 年 1 次（农田在夏收或秋收后采样）
	污水灌溉项目	氰化物、六价铬、挥发酚、烷基汞、苯并[*a*]芘、有机质、硫化物、石油类等	
	POPs（持久性有机污染物）与高毒类农药	苯、挥发性卤代烃、有机磷农药、PCBs（多氯联苯）、PAHs（多环芳烃）等	
	其他项目	结合态铝（酸雨区）、硒、钒、氧化稀土总量、钼、铁、锰、镁、钙、钠、铝、放射性比活度等	

(4) 采样点布设

① 布设原则。土壤环境是一个开放的缓冲动力学体系，与外环境之间不断地进行物质和能量交换，但又具有物质和能量相对稳定和分布均匀性差的特点。为使布设的采样点具有代表性和典型性，应遵循下列原则。

a. 合理地划分采样单元。在进行土壤监测时，往往监测面积较大，需要划分若干个采样单元，同时在不受污染源影响的地方选择对照采样单元。同一采样单元的差别应尽可能缩小。土壤质量监测或土壤污染监测，可按照土壤接纳污染物的途径（如大气污染、农灌污染、综合污染等），参考土壤类型、农作物种类、耕作制度等因素，划分采样单元。背景值调查一般按照土壤类型和成土母质划分采样单元，因为不同类型的土壤和成土母质的元素组成和含量相差较大。

b. 对于土壤污染监测，坚持“哪里有污染就在哪里布点”，并根据技术水平和财力条件，优先布设在那些污染严重、影响农业生产活动的地方。

c. 采样点不能设在田边、沟边、路边、堆肥周边及水土流失严重或表层土被破坏处。

② 采样点数量。土壤监测布设采样点的数量要根据监测目的、区域范围及其环境状况等因素确定。监测区域大，区域环境状况复杂，布设采样点数就要多；监测区域小，其环境状况差异小，布设采样点数就少。一般要求每个采样单元最少设 3 个采样点。

在“中国土壤环境背景值研究”工作中，采用统计学方法确定采样点数，即在选定的置信水平下，采样点数取决于所测项目的变异程度和要求达到的精度。每个采样单元布设的最少采样点数可按下式估算：

$$n=\left(\frac{\mathrm{CV}t}{d}\right)^2 \tag{9-1}$$

式中　n——每个采样单元布设的最少采样点数；

CV——样本的相对标准偏差，即变异系数；

t——置信因子，当置信水平为 95%时，t 取 1.96；

d——允许偏差，当规定抽样精度不低于 80%时，d 取 0.2。

多个采样单元的总采样点数为每个采样单元分别计算出的采样点数之和。

③ 采样点布设方法

a. 对角线布点法。该方法适用于面积较小、地势平坦的废（污）水灌溉或污染河水灌溉的田块。由田块进水口引一对角线，在对角线上至少分 5 等份，以等分点为采样点，如图 9-5(a)所示。若土壤差异性大，可增加采样点。

b. 梅花形布点法。该方法适用于面积较小、地势平坦、土壤物质和污染程度较均匀的地块。中心分点设在地块两对角线交点处，一般设 5～10 个采样点，如图 9-5(b) 所示。

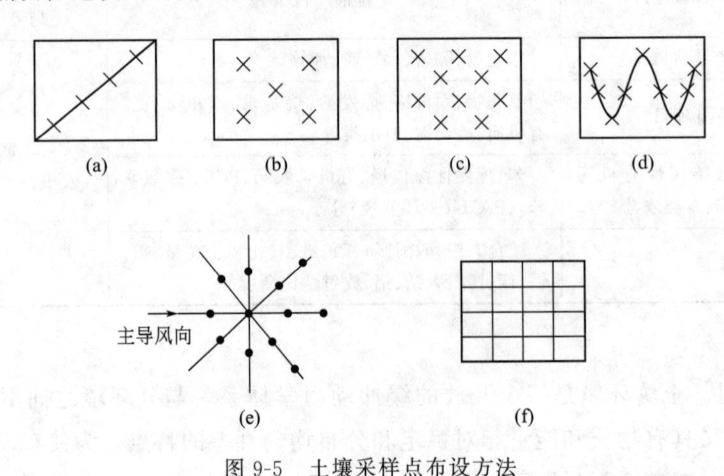

图 9-5　土壤采样点布设方法

c. 棋盘式布点法。这种布点方法适用于中等面积、地势平坦、地形完整开阔，但土壤较不均匀的地块，一般设 10 个或 10 个以上采样点，如图 9-5(c) 所示。此法也适用于受固体废物污染的土壤，由于固体废物分布不均匀，此时应设 20 个以上采样点。

d. 蛇形布点法。这种布点方法适用于面积较大、地势较不平坦、土壤不够均匀的地块。布设采样点数目较多，如图 9-5(d) 所示。

e. 放射状布点法。该方法适用于大气污染型土壤。以大气污染源为中心，向周围画射线，在射线上布设采样点。在主导风向的下风向适当增加采样点之间的距离和采样点数量，如图 9-5(e) 所示。

f. 网格布点法。该方法适用于地形平缓的地块。将地块划分成若干均匀网状方格，采样点设在两条直线的交点处或方格的中心，如图 9-5(f) 所示。农用化学物质污染型土壤、土壤背景值调查常用这种方法。

(5) 样品采集

样品采集一般分为前期采样、正式采样和补充采样三个阶段进行。

① 前期采样：根据背景资料与现场考察结果，采集一定数量的样品分析测定，用于初步验证污染物空间分布差异性和判断土壤污染程度，为制订监测方案提供依据。前期采样可与现场调查同时进行。

② 正式采样：按照监测方案，实施现场采样。

③ 补充采样：正式采样测试后，发现布设的样点没有满足总体设计需要，则要进行增设采样点补充采样。

对于面积较小的土壤污染调查和突然性土壤污染事故调查，可直接采样。

(6) 样品保存

对于易分解或易挥发等不稳定组分的样品要采取低温保存的运输方法，并尽快送到实验室分析测试。测试项目需要新鲜样品的土样，采集后用可密封的聚乙烯或玻璃容器在 4℃以下避光保存，样品要充满容器。避免用含有待测组分或对测试有干扰的材料制成的容器盛装保存样品，例如测定有机污染物的土壤样品要选用玻璃容器保存。具体保存条件和保存时间见表 9-8。

表 9-8 新鲜样品的保存条件和保存时间

测试项目	容器材质	温度/℃	可保存时间/d	备注
金属(汞和六价铬除外)	聚乙烯、玻璃	＜4	180	
汞	玻璃	＜4	28	
砷	聚乙烯、玻璃	＜4	180	
六价铬	聚乙烯、玻璃	＜4	1	
氰化物	聚乙烯、玻璃	＜4	2	
挥发性有机物	玻璃(棕色)	＜4	7	采样瓶装满装实并密封
半挥发性有机物	玻璃(棕色)	＜4	10	采样瓶装满装实并密封
难挥发性有机物	玻璃(棕色)	＜4	14	

分析取用后的剩余样品一般保留半年，预留样品一般保留 2 年。特殊、珍稀、仲裁、有争议样品一般要永久保存。

(7) 监测方法

土壤分析测定方法常用原子吸收光谱法、分光光度法、原子荧光光谱法、气相色谱法、电化学法及化学分析法等。电感耦合等离子体原子发射光谱法（ICP-AES)、X 射线荧光光谱法、中子活化法、液相色谱法及气相色谱-质谱法（GC-MS）等近代分析方法在土壤监测中也已应用。分析方法选择的原则应遵循标准方法、权威部门规定或推荐的方法、自选等效方法的先后顺序。表 9-9 列出了部分土壤环境质量监测项目的分析测定方法。

表 9-9　部分土壤环境质量监测项目的分析测定方法

<table>
<tr><th colspan="2">监测项目</th><th>分析测定方法</th><th>方法来源</th></tr>
<tr><td rowspan="19">必测元素</td><td rowspan="2">镉</td><td>石墨炉原子吸收光谱法</td><td>GB/T 17141—1997</td></tr>
<tr><td>KI-MIBK 萃取火焰原子吸收光谱法</td><td>GB/T 17140—1997</td></tr>
<tr><td rowspan="2">总汞</td><td>冷原子荧光光谱法</td><td>GB/T 22105.1—2008</td></tr>
<tr><td>冷原子吸收光谱法</td><td>GB/T 17136—1997</td></tr>
<tr><td rowspan="3">总砷</td><td>二乙基二硫代氨基甲酸银分光光度法</td><td>GB/T 17134—1997</td></tr>
<tr><td>硼氢化钾-硝酸银分光光度法</td><td>GB/T 17135—1997</td></tr>
<tr><td>氢化物发生-非色散原子荧光光谱法</td><td>GB/T 22105.2—2008</td></tr>
<tr><td>铜</td><td>火焰原子吸收光谱法</td><td>GB/T 17138—1997</td></tr>
<tr><td rowspan="2">铅</td><td>石墨炉原子吸收光谱法</td><td>GB/T 17141—1997</td></tr>
<tr><td>KI-MIBK 萃取火焰原子吸收光谱法</td><td>GB/T 17140—1997</td></tr>
<tr><td rowspan="2">总铬</td><td>火焰原子吸收光谱法</td><td>HJ 491—2019</td></tr>
<tr><td>二苯碳酰二肼分光光度法</td><td>NY/T 1121.12—2006</td></tr>
<tr><td>锌</td><td>火焰原子吸收光谱法</td><td>GB/T 17138—1997</td></tr>
<tr><td>镍</td><td>火焰原子吸收光谱法</td><td>GB/T 17139—1997</td></tr>
<tr><td>六六六</td><td>气相色谱法</td><td>GB/T 14550—2003</td></tr>
<tr><td>滴滴涕</td><td>气相色谱法</td><td>GB/T 14550—2003</td></tr>
<tr><td>pH</td><td>玻璃电极法</td><td>NY/T 1377—2007</td></tr>
<tr><td rowspan="17">选测元素</td><td>铁、锰</td><td>火焰原子吸收光谱法</td><td>参考书①</td></tr>
<tr><td>总钾</td><td>火焰原子吸收光谱法</td><td>参考书①</td></tr>
<tr><td>有机质</td><td>重铬酸钾法</td><td>NY/T 1121.6—2006</td></tr>
<tr><td>总氮</td><td>自动定氮仪法</td><td>NY/T 1121.24—2012</td></tr>
<tr><td>有效磷</td><td>钼锑抗分光光度法</td><td>NY/T 1121.7—2014</td></tr>
<tr><td>总磷</td><td>钼锑抗分光光度法</td><td>NY/T 88—1988</td></tr>
<tr><td>总硒</td><td>氢化物发生-原子荧光光谱法</td><td>NY/T 1104—2006</td></tr>
<tr><td>有效硼</td><td>亚甲胺分光光度法</td><td>NY/T 1121.8—2006</td></tr>
<tr><td>总硼</td><td>亚甲基蓝分光光度法</td><td>参考书①</td></tr>
<tr><td>氟化物</td><td>氟离子选择电极法</td><td>参考书①</td></tr>
<tr><td>氯化物</td><td>硝酸银滴定法</td><td>NY/T 1121.7—2014</td></tr>
<tr><td>总钼</td><td>硫氰化钾分光光度法</td><td>参考书②</td></tr>
<tr><td>矿物油</td><td>分子筛吸附-油分浓度仪法</td><td>NY/T 395—2012</td></tr>
<tr><td>苯并[a]芘</td><td>萃取层析-分光光度法</td><td>NY/T 395—2012</td></tr>
<tr><td>水分</td><td>重量法</td><td>NY/T 52—1987</td></tr>
<tr><td>全盐量</td><td>重量法</td><td>参考书②</td></tr>
</table>

① 引自中国环境监测总站，1992. 土壤元素的近代分析方法 [M]. 北京：中国环境科学出版社.

② 引自中国科学院南京土壤研究所，1978. 土壤理化分析 [M]. 上海：上海科学技术出版社.

(8) 土壤监测质量控制

土壤监测的质量控制包括实验用分析仪器、量器、试剂、标准物质及监测人员基本素质的质量保证，实验室内部质量控制，实验室间质量控制，监测结果的数据处理要求等方面。

(9) 土壤环境质量评价

土壤监测项目的监测结果是依据《土壤环境质量标准》评价被监测土壤质量的基本数据，其评价方法是运用评价参数进行单项污染物污染状况评价、区域综合污染状况评价和划定土壤质量等级。

① 评价参数。用于评价土壤环境质量的参数有土壤单项污染指数、土壤综合污染指数、土壤污染积累指数、土壤污染物超标倍数、土壤污染样本超标率、土壤污染面积超标率及土壤污染物分担率等。它们的计算方法如下：

$$土壤单项污染指数=\frac{污染物实测值}{污染物质量标准值}$$

$$土壤综合污染指数=\sqrt{\frac{(平均单项污染指数)^2+(最大单项污染指数)^2}{2}}$$

$$土壤污染积累指数=\frac{污染物实测值}{污染物背景值}$$

$$土壤污染物超标倍数=\frac{污染物实测值-污染物质量标准值}{污染物质量标准值}$$

$$土壤污染样本超标率(\%)=\frac{超标样本总数}{监测样本总数}\times 100$$

$$土壤污染面积超标率(\%)=\frac{超标点面积之和}{监测总面积}\times 100$$

$$土壤污染物分担率(\%)=\frac{某项污染指数}{各项污染指数之和}\times 100$$

② 评价方法。土壤环境质量评价一般以土壤单项污染指数为主，但当区域内土壤质量作为一个整体与区域外土壤质量比较时，或一个区域内土壤质量在不同历史阶段比较时，应用土壤综合污染指数评价。土壤综合污染指数全面反映了各污染物对土壤的不同作用，同时又突出了高浓度污染物对土壤环境质量的影响，适用于评价土壤环境的质量等级。表 9-10 为《农田土壤环境质量监测技术规范》划定的土壤污染分级标准。

表 9-10 土壤污染分级标准

土壤级别	土壤综合污染指数($P_{综}$)	污染等级	污染水平
1	$P_{综}\leqslant 0.7$	安全	清洁
2	$0.7<P_{综}\leqslant 1.0$	警戒线	尚清洁
3	$1.0<P_{综}\leqslant 2.0$	轻污染	土壤污染超过背景值，作物开始受到污染
4	$2.0<P_{综}\leqslant 3.0$	中污染	土壤、作物均受到中度污染
5	$P_{综}>3.0$	重污染	土壤、作物受污染已相当严重

9.3.6 环境噪声监测方案制订

关于噪声的测量方法，目前国际标准化组织和各国都有测量规范，除了一般方法外，对许多机器设备、车辆、船舶和城市环境等均有相应的测量方法。

(1) 测量仪器

测量仪器应为精度 2 级及 2 级以上的积分式声级计及环境噪声自动监测仪器，其性能符合 GB/T 3785—1983 和 GB/T 17181—1997 的要求。测量仪器和声校准器应按规定进行定期检测。

(2) 气象条件

测量应在无雨雪、无雷电的天气条件下进行，风速为 5m/s 以上时停止测量。测量时传声器加风罩以避免风噪声干扰，同时也可保持传声器清洁。铁路两侧区域环境噪声测量，应避开列车通过的时段。

(3) 测量时段

测量时段分为昼间（6：00—22：00）和夜间（22：00—次日 6：00）两部分。随着地区和季节的不同，上述时间可由县级以上人民政府按当地习惯和季节变化划定。

在昼间和夜间的规定时间内测得的等效（连续 A）声级分别称为昼间等效声级 L_d 和夜间等效声级 L_n。

(4) 测点布置

① 城市声环境常规监测

a. 城市区域声环境监测。城市区域声环境监测主要目的是反映城市（建成区）噪声的整体水平，因此测点布置应尽可能地覆盖整个建成区，对于建成区的绿地、水面、公园、广场、道路等凡是人能活动的场所，都应属于有效网格范围。

网格测量法是将要普查测量的城市某一区域或整个城市划分成多个等大的正方形网格，网格要完全覆盖被普查的区域或城市。每一网格中的工厂、道路及非建成区的面积之和不得大于网格面积的 50%，否则视为该网格无效。有效网格总数应多于 100 个。测点布置在每一个网格的中心。若网格中心点不宜测量（如为建筑物、厂区内等），应将测点移动到距离中心点最近的可测量位置上。

分别在昼间和夜间进行测量。在规定的测量时间内，每次每个测点测量 10min 的等效（连续 A）声级（L_{eq}）。将全部网格中心测点测得的 10min 的等效（连续 A）声级做算术平均运算，所得到的平均值代表某一区域或全市的噪声水平。

将测量到的等效（连续 A）声级按 5dB 一档分级（如 61～65dB、66～70dB、71～75dB）。用不同的颜色或阴影线表示每一档等效（连续 A）声级，绘制在覆盖某一区域或城市的网格上，用于表示区域或城市的噪声污染分布情况。

将整个城市全部网格测点测得的等效声级分昼间和夜间，进行算术平均运算，所得到的昼间平均等效声级 $\overline{S}_d$ 和夜间平均等效声级 $\overline{S}_n$ 代表该城市昼间和夜间的环境噪声总体水平。

$$\overline{S}=\frac{1}{n}\sum_{i=1}^{n}L_i \tag{9-2}$$

式中 $\overline{S}$——城市区域昼间平均等效声级（$\overline{S}_d$）或夜间平均等效声级（$\overline{S}_n$），dB(A)；

L_i——第 i 个网格测得的等效声级，dB(A)；

n——有效网格总数。

城市区域环境噪声总体水平按表 9-11 进行评价。

表 9-11　城市区域环境噪声总体水平等级划分　　单位：dB(A)

等级	一级	二级	三级	四级	五级
昼间平均等效声级($\overline{S}_d$)	≤50.0	50.1～55.0	55.1～60.0	60.1～65.0	>65.0
夜间平均等效声级($\overline{S}_n$)	≤40.0	40.1～45.0	45.1～50.0	50.1～55.0	>55.0

城市区域环境噪声总体水平等级“一级”至“五级”可分别对应评价为“好”“较好”“一般”“较差”和“差”。

b. 道路交通声环境监测。道路交通声环境监测反映道路交通噪声源的噪声强度，分析噪声声级与车流量、路况等的关系和变化规律，进一步分析城市道路交通的年度变化规律和变化趋势。

测点应选在两路口之间，道路边人行道上，离车行道的路沿 20cm 处，此处离路口应大于 50m，路段不足 100m 的选路段中点，这样该测点的噪声可以代表两路口间的该段道交通噪声。

为调查道路两侧区域的道路交通噪声分布，垂直道路按噪声传播由近及远方向设测点测量，直到噪声级降到临近道路的功能区（如混合区）的允许标准值为止。

在规定的测量时间段内，各测点每隔 5s 记一个瞬时 A 声级（慢响应），连续记录 200 个数据，同时记录车流量（辆/h）。

将 200 个数据从大到小排列，第 20 个数为 L_{10}、第 100 个数为 L_{50}、第 180 个数为 L_{90}。因为交通噪声基本符合正态分布，故可用下式计算：

$$L_{eq} \approx L_{50} + \frac{d^2}{60},\ d = L_{10} - L_{90} \tag{9-3}$$

目前使用的积分式声级计大多带有计算 L_{eq} 的功能，可自动将所测数据从大到小排列后计算显示 L_{eq} 的值。

评价量为 L_{eq} 或 L_{10}，将每个测点 L_{10} 按 5dB 一档分级（方法同前），以不同颜色或不同阴影线画出每段道路的噪声值，即得到城市交通噪声污染分布图。

全市测量结果应得出全市交通干线 L_{eq}、L_{10}、L_{50}、L_{90} 的平均值（L）和最大值，以及标准偏差，以便进行城市间比较。

$$L = \frac{1}{l}\sum_{k=1}^{n} L_k l_k \tag{9-4}$$

式中 L——全市交通干线总长度，km；

L_k——所测第 k 段交通干线的 L_{eq}、L_{10}；

l_k——所测第 k 段交通干线的长度，km。

道路交通噪声平均值的强度级别按表 9-12 进行评价。

表 9-12　道路交通噪声平均值的强度等级划分　　单位：dB(A)

等级	一级	二级	三级	四级	五级
昼间平均等效声级(L_d)	≤68.0	68.1～70.0	70.1～72.0	72.1～74.0	>74.0
夜间平均等效声级(L_n)	≤58.0	58.1～60.0	60.1～62.0	62.1～64.0	>64.0

道路交通噪声等级“一级”至“五级”可分别对应评价为“好”“较好”“一般”“较差”和“差”。

c. 功能区声环境监测。功能区声环境监测用于评价声环境功能监测点的昼间与夜间达标情况，反映城市各类功能区监测点位的声环境质量随时间的变化状态，从而分析功能区监测点位随时间的变化规律和变化趋势。

选点原则：能满足检测仪器测试条件，安全可靠；监测点位能保持长期稳定；能避开反射面和附近的固定噪声源；监测点位应兼顾行政区划分；4 类声环境功能区选择有噪声敏感建筑物的区域。

采用《声环境质量标准》（GB 3096—2008）附录B中的定点检测法。在标准规定的城市建成区中，优化选取一个或多个能代表某一区域或整个城市建成区环境噪声平均水平的测点，监测点位距地面高度1.2m以上，进行24h连续监测。测量每小时的L_{eq}及昼间的L_d和夜间的L_n，可用网格测量法进行测量。将每一小时测得的等效（连续A）声级按时间排列，得到24h的声级变化图形，用于表示某一区域或城市环境噪声的时间分布规律。

将某一功能区昼间连续16h和夜间连续8h测得的等效声级分别进行能量平均，计算昼间等效声级和夜间等效声级。

② 工业企业噪声监测方法。测量工业企业噪声时，传声器的位置应在操作人员的耳朵位置，但人须离开。

测点选择的原则是：若车间内各处A声级波动小于3dB，则只需在车间内选择1～3个测点；若车间内各处A声级波动大于3dB，则应按A声级大小，将车间分成若干区域，任意两区域的A声级差应大于或等于3dB，而每个区域内的A声级波动必须小于3dB，每个区域取1～3个测点。这些区域必须包括所有工人为观察或管理生产过程而经常工作、活动的地点和范围。

如为稳态噪声则测量A声级，单位为dB(A)；如为非稳态噪声，测量等效（连续A）声级或测量不同A声级下的暴露时间，计算等效（连续A）声级。测量时使用慢挡，取平均读数。

测量时要注意减少环境因素对测量结果的影响，如应注意避免或减少气流、电磁场、温度和湿度等因素对测量结果的影响。

③ 建筑施工场界噪声监测方法。根据城市建设部门提供的建筑方案和其他与施工现场情况有关的数据确定建筑施工边界线，在测量表中标出边界线与噪声敏感区域的距离。根据被测建筑施工场地作业方位和活动形式，确定噪声敏感区域的方位，并在建筑施工场地边界线上选择离敏感建筑物或区域最近的点作为测点。由于敏感建筑物方位不同，对于同一建筑施工场地，可同时设几个测点。

采用环境噪声自动监测仪进行测量时，仪器动态特性为“快”响应，采样时间间隔不大于1s。白天以20min的等效（连续A）声级表征该点的昼间噪声值，夜间以8h的平均等效（连续A）声级表征该点的夜间噪声值。

④ 结构传播固定设备室内噪声监测方法。监测方法分为两种情况：可疑声源设备能够识别时和可疑声源设备不能够识别时。其中，可疑声源设备能够识别时，根据设备运行状态划分为可以关停和不可关停两种情况。可疑声源设备能够识别时，在受影响房间内布设1～3个监测点，测量位置离墙面或其他发射面0.5m以上，离地面0.5～1.2m，分别在昼间和夜间测量等效（连续A）声级和各倍频带声压级。当可疑声源设备无法关停时，测量可选在不受可疑声源设备影响，且背景声环境与测试室内相近的临近房间进行。

【阅读材料1】 环保政策密集出台，环境监测行业市场潜力巨大

环境监测是环境科学的一个重要分支，是为了判断环境质量是否达到标准、环境控制是否达到效果，需对污染物进行的定期测定。根据监测对象的不同，环境监测可分为大气、

水、土壤、生物和噪声等方面的监测。也可分为对整个环境的监测和对污染源的监测。不同类型的环境监测对监测设备的需求也不相同。环境监测产业分为环境质量监测、污染源监测和其他监测三个部分。我国环境监测行业目前处于以污染源和环境质量监测为主的阶段。

随着一系列涉及环境监测领域的政策近期密集出台，相关行业将迎来一轮新的发展契机。2018 年 8 月，生态环境部发布《生态环境监测质量监督检查三年行动计划（2018—2020 年）》，将用三年时间对生态环境监测机构、排污单位和运行机构三类主体实行全覆盖检查，其中重点检查京津冀及周边区域、长三角区域、汾渭平原等重点区域和造纸、火电、钢铁、化工、城市污水处理等行业。生态环境部也将联合市场监管部门建立信息共享机制，共同管理好我国生态环境监测机构。同月，生态环境部会同市场监管总局发布了《环境空气质量标准》(GB 3095—2012) 修改单，修改了标准中关于监测状态的规定，并修改完善了相应的配套监测方法和标准，与国际接轨。

随着国家对环境监测行业的政策倾斜和资金投入加大，整个社会对环境问题的关注度提升，环境监测站点增加和环境监测技术升级，环境监测行业“十三五”期间将延续前几年的行业景气度。前瞻产业研究院发布的《生态环境监测行业发展前景预测与投资战略规划分析报告》统计数据显示，中国环境监测行业市场规模 2016 年约有 434 亿元，2018 年达到 638 亿元，2020 年有望突破 900 亿元，五年复合增速约为 20%。

环境监测政策扶持力度“十三五”期间将持续加码，新环保法、水十条、生态环境监测网络、“互联网+”绿色生态等重磅政策陆续地出台，环境监测原有市场领域将进一步地拓展，例如 VOCs 政策密集发布，设置水、大气和土壤三个环境管理司等，环境监测市场的潜力巨大。

环境监测是落实新环保法的核心环节。新环保法要求建立资源环境承载能力监测预警机制，实行环保目标责任制和考核评价制度，制定经济政策时应充分考虑对环境的影响。环境监测在环境保护过程中起着至关重要的作用，加强环境监测是实施新环保法的核心环节。

【阅读材料 2】 环保部通报两起干扰环境监测典型案例

环境保护部（现生态环境部）于 2018 年 1 月 14 日通报了两起干扰环境监测数据的案例，分别是江西省新余市飞宇和河南省信阳市南湾水厂两个国控空气环境自动监测站点采样平台及周边环境受到喷淋干扰。

环保部监测司负责人介绍，中国环境监测总站近期例行检查时发现，江西省新余市飞宇国控站点受到喷淋干扰。经查，高新技术产业开发区管委会因考核压力大，安排雾炮车在国控站点附近开展喷雾作业。

检查发现，河南省信阳市南湾水厂国控站点受到喷淋干扰，为环卫作业车辆驾驶员对道路旁树木冲洗时所致，不知树后有国控站点。

两地经调查核实，依法分别给予直接责任人和分管责任人辞退、行政记过、行政警告、诫勉谈话和通报批评等行政处分。

环境保护部相关负责人说，国控站点受到人为干扰，暴露出部分地方尚未构建起预防和惩治环境监测弄虚作假行为的有效机制，不能确保环境监测独立运行不受干预。

环保部日前发出通报，要求各地加大对中办、国办《关于深化环境监测改革提高环境监测数据质量的意见》等文件精神和法律法规的宣传力度，进一步提高各相关部门的思想认识，建立预防和惩戒环境监测干预的有效机制；要求地方政府和环保部门全面排查，一旦发现人为干扰问题，严肃查处，并向社会通报；欢迎社会公众通过“12369”环保热线举报环境监测弄虚作假和人为干扰行为，并对查处结果进行监督。

这位负责人表示，对环境监测弄虚作假和人为干扰问题，环保部发现一起、查处一起、通报一起，相关部门视情节轻重，对责任人处以行政处罚、刑事处罚，连带追究民事责任。情节严重的，环保部将公开约谈涉事城市政府负责人和省级环境保护部门负责人。环保部还将会同相关部门研究制定防范和惩治干预的相关制度，夯实责任体系，加大查处力度，确保环境监测不受干预，监测数据全面、真实、客观和准确。

复习思考题

1. 什么是环境监测？环境监测的内容有哪些？
2. 请简述色谱分析法的原理。
3. 以河流为例，如何设置监测断面和采样点？
4. 《污水综合排放标准》中规定的第一类污染物和第二类污染物采样位置有何差别？
5. 空气污染监测的监测站（点）布设的原则和要求是什么？

第10章　环境质量评价

【导读】　环境质量评价从环境质量这一基本概念出发，讨论环境质量同人类社会行为之间的关系，评价人类活动对环境质量的影响，以及环境的变化对人类社会发展的影响。环境质量评价既是环境保护过程中的基础性工作，也是环境科学研究的前提和基础。

【提要】　本章主要介绍环境质量评价的基本概念和分类，并在此基础上介绍环境质量现状评价和环境影响评价。

【要求】　了解环境质量评价的基本概念；了解环境质量现状评价的方法；了解环境影响评价的基本方法。

10.1　环境质量评价概述

10.1.1　环境质量评价的基本概念

环境质量评价是指按照一定的评价标准和评价方法对一定区域范围内的环境质量进行说明、评定和预测。比较全面的城市区域环境质量评价，应包括对污染源、环境质量和环境效应三部分的评价。并在此基础上做出环境质量综合评价，提出环境污染综合防治方案。

环境质量是环境系统客观存在的一种本质属性，并能用定性和定量的方法加以描述的环境系统所处的状态。一般是指在一个具体的环境内，环境的总体或环境的某些要素，对人群的生存和繁衍以及社会的经济发展的适宜程度，是反映人群的具体要求而形成的对环境评定的一种概念。

建设项目环境质量评价实质上是对环境质量优与劣的评定过程，该过程包括环境评价因子的确定、环境监测、评价标准、评价方法、环境识别，因此环境质量评价的正确性体现在上述5个环节的科学性与客观性上。建设项目环境影响评价广义上是指对拟建项目可能造成的环境影响（包括环境污染和生态破坏，也包括对环境的有利影响）进行分析、论证的全过程，并在此基础上提出采取的防治措施和对策。狭义上是指对拟议中的建设项目在兴建前即可行性研究阶段，对其选址、设计、施工等过程，特别是运营和生产阶段可能带来的环境影响进行预测和分析，提出相应的防治措施，为项目选址、设计及建成投产后的环境管理提供科学依据。环境质量评价的目的是为环境污染治理、环境规划制定和环境管理提供参考。

在我国以及全球大多数国家，任何工程项目建设都需要进行环境质量评价。环境质量评价的依据是环境保护法和各种环境标准，环境标准包括环境基础标准和方法标准、环境质量标准和污染物排放标准等。

10.1.2 环境质量评价的类型

环境质量评价可以分为**回顾评价**、**现状评价**及**影响评价**。

(1) 环境质量回顾评价

环境质量回顾评价通常是针对某一环境单元根据历年积累的环境调查资料进行分析和评价，回过头来看这一环境单元的环境质量发展演变过程，为环境管理和环境规划服务，是环境质量评价的类型之一。对于已做过环境影响评价的建设项目而言，是项目建成并正常生产后，通过环境质量现状监测，回顾评价原来对该项目做环境影响评价的方法和结论的可靠性和科学性，为改进环境影响评价服务。

对于环境质量回顾评价，作为评价对象的环境单元，按其目的不同可以是一个行政区域或自然区域（或一个流域），也可以是整个城市或某环境功能区（如矿山、工业区、风景游览区等）。这种回顾评价的基本内容是，在各环境要素的质量评价基础上归纳成环境质量的综合评价，即以各环境要素在该区域内的历年环境质量调查资料为依据，分析历年变化情况，再综合评价总体环境质量变化趋势。对于验证环境影响评价结果可靠性的回顾评价，评价范围应与影响评价的一致，选择项目建成后某一年或某一典型时段，用影响评价时所采用的相同方法，对各环境要素的环境质量进行监测和调查，再与原来影响评价时的结果进行对照分析，验证原来结果的可靠性和科学性，并对评价方法和结论提出改进、修正意见。

环境质量回顾评价的主要项目包括：①污染源和主要污染物排放参数的变化情况；②表征各环境要素的环境质量参数的变化情况，如污染物浓度的时空分布、噪声强度的时空分布等；③社会环境的变化情况，如环境功能区的沿革、土地利用情况的变化、人口密度和职业组成变化、绿化程度变化等；④自然资源的变化情况，如矿产资源的开采和储量、森林面积变化、土壤侵蚀和水土保持、野生动植物增减等。

(2) 环境质量现状评价

环境质量现状评价是依据国家颁布的环境质量标准和评价方法，对一个区域内当前的环境质量的查证、监测与评价。主要内容为：调查区域自然环境与社会环境基本情况；调查监测污染源及其排放污染物的种类与数量；监测与研究环境中各种污染物的浓度分布及其迁移转化；调查各种污染物对生态系统，特别是对人群健康已经造成的危害；评价污染危害的范围和程度；提出主要污染问题及改善措施。

(3) 环境质量影响评价

国家根据建设的影响程度，对建设项目的环境影响评价实行分类管理。国家建设项目对环境的影响程度，按照下列规定对建设项目的环境保护实行分类管理：①建设项目对环境可能造成重大影响的，应当编制环境影响报告书，对建设项目产生的环境影响进行全面、详细的评价；②建设项目对环境可能造成轻度影响的，应当编制环境影响报告表，对建设项目产生的小污染和对环境的影响进行分析或者专项评价；③建设项目对环境影响很小，不需要进行环境影响评价的，应当填报环境影响登记表。建设项目环境保护分类管理名录，由国务院环境保护行政主管部门制定并公布。

10.2 环境质量现状评价

10.2.1 环境质量现状评价的程序和方法

(1) 环境质量现状评价的程序

环境质量现状评价就是对评价区域以及周围地区的污染物及相关资料进行现场考察、污染物监测和污染源调查，阐明环境质量现状。确定拟建项目所在的环境质量本底值，为开展环境影响预测评价等工作提供基础资料。

① 自然环境现状调查与评价。包括地理地质概况、地形地貌、气候与气象、水文、土壤、水土流失、生态、水环境、大气环境、声环境等调查内容。根据专项评价的设置情况选择相应内容进行详细调查。

② 社会环境现状调查与评价。包括人口（少数民族）、工业、农业、能源、土地利用、交通运输等现状及相关发展规划、环境保护规划的调查。

当项目排放的污染物毒性较大时，应进行人群健康调查，并根据环境中现有污染物及项目排放污染物的特性选定调查指标。

③ 环境质量和区域污染源现状调查与评价

a. 根据项目特点、产生的环境影响和当地环境特征选择环境要素进行调查与评价。

b. 调查评价范围内的环境功能区划和主要的环境敏感区，收集评价范围内各例行监测点、断面或站位的近期环境监测资料或背景值调查资料，以环境功能区为主兼顾均布性和代表性布设现状监测点位。

c. 确定污染源调查的主要对象。选择项目等标排放量较大的污染因子、影响评价区环境质量的主要污染因子和特殊因子以及项目的特殊污染因子作为主要污染因子，注意点源与非点源的分类调查。

d. 采用单因子污染指数法或相关标准规定的评价方法对选定的评价因子及各环境要素的质量现状进行评价，并说明环境质量的变化趋势。

e. 根据调查和评价结果，分析存在的环境问题，并提出解决问题的方法或途径。

④ 其他环境现状调查与评价。根据当地环境状况及项目特点，决定是否进行放射性、光与电磁辐射、振动、地面下沉等环境状况的调查。

(2) 环境质量现状评价的方法

环境质量现状的评价方法主要有调查法、监测法和综合分析法等。

① 调查法。对评价地区内的污染源（包括排放的污染物种类、排放量和排放规律）、自然环境特征进行实地考察，取得定性和定量的资料，以评价区域的环境背景值作为标准来衡量环境的污染程度。

② 监测法。按评价区域的环境特征布点采样，进行分析测定，取得环境污染现状的数据，根据环境质量标准或背景值说明环境质量变化的情况。

③ 综合分析法。是环境现状评价的主要方法，根据评价目的、环境结构功能的特点和污染源评价的结论，并依据环境质量标准，参考污染物之间的协同作用和拮抗作用，以及背景值和评价的特殊要求等因素来确定评价标准，说明环境质量变化状况。

10.2.2 环境质量现状综合评价

环境质量现状综合评价的目的是为环境规划、环境管理提供依据，同时也是为了比较不同区域受污染的程度。由此可见，环境质量评价具有明显的区域性目标。为了描绘区域环境质量的总体状况，需要对区域环境质量进行综合评价，其综合性特征表现在：必须综合认识自然环境的承载能力与人为活动的环境影响之间的关系；必须综合了解不同环境单元构成的区域环境质量的总体状况；必须综合表达气、水、土等多种环境要素组成的全环境特征；必须综合判断不同时间尺度内环境质量的变化趋势。环境质量的综合评价实质是不同时间尺度、不同空间尺度、不同科学领域、不同研究内容的综合。因此，环境质量指数的原理和方法在环境质量综合评价中具有特殊的应用价值。

在区域环境质量的综合评价中应注意环境现状与经济社会的综合、生态稳定性与脆弱性的关系和环境物质的地球化学平衡，从而满足区域环境质量综合评价的基本目标，即为控制污染、环境管理和国土整治提供科学依据，为工业布局、环境规划和经济开发提供优化方案。

10.3 环境影响评价

10.3.1 环境影响评价概述

环境影响评价是指对拟议中的建设项目、区域开发计划和国家政策实施后可能对环境产生的影响（后果）进行的系统性识别、预测和评估，并提出减少这些影响的对策、措施。

(1) 目的

环境影响评价的根本目的是鼓励在规划和决策中考虑环境因素，最终使人类活动更具环境相容性。

(2) 作用

环境影响评价可明确开发建设者的环境责任及规定应采取的行动，可为建设项目的工程设计提出环保要求和建议，可为环境管理者提供对建设项目实施有效管理的科学依据。

(3) 类别

环境影响评价可分为**环境质量评价**（现状）、**环境影响预测与评价**以及**环境影响后评估**。

① 环境质量评价。根据国家和地方制定的环境质量标准，用调查、监测和分析的方法，对区域环境质量进行定量判断，并说明其与人体健康、生态系统的相关关系。

环境质量评价根据不同时间域，可分为环境质量回顾评价、环境质量现状评价和环境质量预测评价。在空间域上，分为局地环境质量评价、区域环境质量评价和全球环境质量评价等。建设项目环境质量评价主要为环境质量现状评价。

② 环境影响预测与评价。根据地区发展规划对拟建立的项目进行环境影响分析，预测该项目建设后产生的各类污染物对外环境产生的影响，并做出评价。

③ 环境影响后评估。在开发建设活动实施后，对环境的实际影响程度进行系统调查和评估，检查减少环境影响的措施的落实程度和实施效果，验证环境影响评价结论的正确可靠性，判断提出的环保措施的有效性，对一些评价时尚未认识到的影响进行分析研究，以改进环境影响评价技术方法和管理水平，并采取补救措施，达到消除不利影响的目的。

(4) 基本内容

理想的环境影响评价应满足的条件：

① 基本上适用于所有可能对环境造成显著影响的项目，并能够对所有可能的显著影响做出识别和评估；

② 对各种替代方案（包括项目不建设或地区不开发的情况）、管理技术、减缓措施进行比较；

③ 生成清楚的环境影响报告书（EIS），以使专家和非专家都能了解可能的影响的特征及其重要性；

④ 包括广泛的公众参与和严格的行政审查程序；

⑤ 及时、清晰的结论，以便为决策提供信息。

10.3.2 环境影响评价结果的表现形式

(1) 环境影响报告书

环境影响报告书是环境影响评价工作的书面总结。它提供了评价工作中的有关信息和评价结论。评价工作每一步骤的方法、过程和结论都清楚、详细地包括在环境影响报告书中。

报告书所包括的内容：①建设项目概况；②建设项目周围环境状况；③建设项目对环境可能造成影响的分析和预测；④环境保护措施及其经济、技术论证；⑤环境影响经济损益分析；⑥对建设项目实施环境监测的建议；⑦环境影响评价结论。

(2) 环境影响报告表

环境影响报告表是环境影响评价结果的表格表现形式，是环境影响制度的组成部分。由建设单位就拟建项目的环境影响向环境保护主管部门提交。主要适用于小型建设项目、国家规定的限额以下的技术改造项目、省级环境保护部门确认的对环境影响较小的大中型项目和限额以上技术改造项目。内容包括：建设项目概况；排污情况及治理措施；建设过程中和拟建项目建成后对环境影响的分析等。

(3) 环境影响登记表

环境影响登记表是一种在建设项目中对环境影响进行备案登记的表格。适用于按照《建设项目环境影响评价分类管理名录》规定应当填报环境影响登记表的建设项目。填报环境影响登记表的建设项目，建设单位应当依照规定，办理环境影响登记表备案手续。建设项目环境影响登记表备案采用网上备案方式。对国家规定需要保密的建设项目，建设项目环境影响登记表备案采用纸质备案方式。

10.3.3 环境影响评价的基本功能

① 判断功能。以人的需求为尺度，对已有的客体做出价值判断。通过这一判断，可以了解客体的当前状态，并揭示客体与主体之间的满足关系是否存在以及在多大程度上存在。

② 预测功能。以人的需求为尺度，对将形成的客体做出价值判断。即在思维中构建未来的客体，并对这一客体与人的需要的关系做出判断，从而预测未来客体的价值。人类通过这种预测而确定自己的实践目标，哪些是应当争取的，哪些是应当避免的。

③ 选择功能。将同样都具有价值的课题进行比较，从而确定其中哪一个是更具有价值，更值得争取的，这是对价值序列（价值程度）的判断。

④ 导向功能。人类活动的理想是目的性与规律性的统一，其中目的的确立要以评价所

判定的价值为基础和前提，而对价值的判断是通过对价值的认识、预测和选择这些评价形式才得以实现的。所以说人类活动的目的的确立应基于评价，只有通过评价，才能确立合理的合乎规律的目的，才能对实践活动进行导向和调控。

10.3.4 环境影响评价的程序和方法及环境影响报告书的编制

(1) 环境影响评价的程序

环境影响评价工作一般分为三个阶段，即前期准备、调研和工作方案阶段，分析论证和预测评价阶段，环境影响评价文件编制阶段。

① 前期准备、调研和工作方案阶段。环境影响评价第一阶段，主要完成以下工作内容。接受环境影响评价委托后，首先是研究国家和地方有关环境保护的法律法规、政策、标准及相关规划等文件，确定环境影响评价文件类型。在研究相关技术文件和其他有关文件的基础上，进行初步的工程分析，同时开展初步的环境状况调查及公众意见调查。结合初步工程分析结果和环境现状资料，可以识别建设项目的环境影响因素，筛选主要的环境影响评价因子，明确评价重点和环境保护目标，确定环境影响评价的范围、评价工作等级和评价标准，最后制订工作方案。

② 分析论证和预测评价阶段。环境影响评价第二阶段，主要工作是做进一步的工程分析，进行充分的环境现状调查、监测并开展环境质量现状评价，之后根据污染源强和环境现状资料进行建设项目的环境影响预测，评价建设项目的环境影响，并开展公众意见调查。若建设项目需要进行多个厂址的比选，则需要对各个厂址分别进行预测和评价，并从环境保护角度推荐最佳厂址方案。如果对原选厂址得出了否定的结论，则需要对新选厂址重新进行环境影响评价。

③ 环境影响评价文件编制阶段。环境影响评价第三阶段，其主要工作是汇总、分析第二阶段工作所得的各种资料、数据，根据建设项目的环境影响、法律法规和标准等的要求以及公众的意愿，提出减少环境污染和生态影响的环境管理措施和工程措施。从环境保护的角度确定项目建设的可行性，给出评价结论和提出进一步减缓环境影响的建议，并最终完成环境影响报告书或报告表的编制。

(2) 环境影响评价的方法

预测环境影响时应尽量选用通用、成熟、简便并能满足准确度要求的方法。同时应分析所采用的环境影响预测方法的适用性。

目前使用较多的预测方法有：数学模式法、物理模型法、类比分析法和专业判断法等。

① 数学模式法。能给出定量的预测结果，但需一定的计算条件和输入必要的参数、数据。一般情况下此方法比较简便，应首先考虑。

选用数学模式时要注意模式的应用条件，如实际情况不能很好满足模式的应用条件而又拟采用时，要对模式进行修正并验证。

② 物理模型法。定量化程度较高，再现性好，能反映比较复杂的环境特征，但需要有合适的试验条件和必要的基础数据，且制作复杂的环境模型需要较多的人力、物力和时间。在无法利用数学模式法预测而又要求预测结果定量精度较高时，应选用此方法。

③ 类比分析法。预测结果属于半定量性质。如由于评价工作时间较短等原因，无法取得足够的参数、数据，不能采用前述两种方法进行预测时，可选用此方法。生态环境影响评价中常用此方法。

④ 专业判断法。定性地反映建设项目的环境影响。

(3) 环境影响报告书的编制

建设项目的类型不同，对环境的影响也不尽相同，环境影响报告书的编制内容和格式也有所不同。以现状调查、污染源调查、影响预测及评价分章编排的居多。

① 总论

a. 环境影响评价项目的由来。说明建设项目立项始末、批准单位及文件、评价项目的委托、完成评价工作的概况。

b. 编制环境影响报告书的目的。结合评价项目的特点，阐述环境影响报告书的编制目的。

c. 编制依据。环境影响报告书的编制依据包括：环境影响评价委托合同或委托书；建设项目建议书的批准文件或可行性研究报告的批准文件；《建设项目环境保护管理条例》及地方环保部门为贯彻此办法而颁布的实施细则或规定；建设项目的可行性研究报告或设计文件；评价大纲及其审查意见或审批文件。

d. 评价标准。在环境影响报告书中应列出当地环境保护部门根据当地的环境情况确定的环保标准。当标准中分类或分级别时，应指出执行哪一类或哪一级。评价标准一般应包括大气、水、土壤、环境噪声等环境质量标准，以及污染物排放标准。

e. 评价范围。评价范围可按空气环境、地表水环境、地下水环境、环境噪声、土壤及生态环境分别列出，并应简述评价范围确定的理由。应给出评价范围的评价地图。

f. 污染控制及环境保护目标。应指出建设项目中有没有需要特别加以控制的污染源，主要是排放量特别大或排放污染物毒性很大的污染源。应指出评价范围内有没有需要特别保护的重点目标，如特殊住宅、自然保护区、疗养院、文物古迹、风景旅游区等。指出在评价区内需要保护的目标，如人群、森林、草场、农作物等。

② 建设项目概况。应介绍建设项目规模、生产工艺水平、产品方案、原料、材料及用水量、污染物排放量、环保措施，进行工程环境影响因素分析。

a. 建设项目规模。应说明建设项目的名称、建设性质、厂址的地理位置、产品、产量、总投资、利税、资金回收年限、占地面积、土地利用情况、建设项目平面布置、职工人数、全员劳动生产率等。如果是扩建、改建项目，应说明原有规模。

b. 生产工艺水平。建设项目的类型不同，其生产工艺也不尽相同。生产工艺介绍应按照产品生产方案分别介绍。要介绍每一个产品生产方案的投入、产出的全过程，即原料的投入、经过多少次加工、加工的性质、排出什么污染物及数量如何、最终得到什么产品。在生产工艺介绍中，凡是重要的化学反应方程式，均应列出，并应给出生产工艺流程图。

另外，应对生产工艺的先进性进行说明。对扩建、改建项目，还应对原有的生产工艺、设备及污染防治措施进行分析。

c. 原料、燃料及用水量。应给出原料、燃料的组成成分及百分含量，以表列出原料、燃料、水的消耗量，并给出物料平衡图和水量平衡图。

d. 污染物排放情况。应列出建设项目建成投产后，各污染源排放的废气、废水、废渣的数量，以及排放方式和排放去向。当有放射性物质排放时，应给出种类、剂量、来源、去向。对设备噪声源应给出设备噪声功率级，对振动源应给出振动级，并说明噪声源在厂区内的位置及与厂界的距离。

对于扩建、改建项目，应列出技术改造前后的污染物排放量的变化情况，包括污染物的种类和数量。

e. 拟采取的环保措施。对建设项目拟采取的废气和废水治理方案、工艺流程、主要设备、处理效果、处理后排放的污染物是否达到排放标准、投资及运行费用等要详细介绍。还要介绍固体废物的综合利用、处置方案及去向。

f. 工程环境影响因素分析。根据污染源、污染物的排放情况及环境背景状况，分析污染物可能影响环境的各个方面，将其主要影响作为环境影响预测的重要内容。

③ 环境概况

a. 自然环境状况调查。自然环境状况调查应包括以下内容：评价区的地形、地貌、地质概况；评价区内的水文及水文地质情况；气象与气候；土壤及农作物；森林、草原、水产、野生动物、野生植物、矿藏资源等。

b. 社会环境状况调查。包括评价区内的行政区划、人口分布、人口密度、人口职业构成与文化构成；现有工矿企业的分布概况及评价区内交通运输情况、文化教育概况、人群健康及地方病情况、自然保护区、风景旅游区、名胜古迹、温泉、疗养区以及重要政治文化设施等。

c. 评价区内环境质量现状调查。根据当地环境监测部门对评价区附近环境质量的例行监测数据或利用本次环境影响评价的环境质量现状监测数据，对环境空气、地表水、地下水和噪声的环境质量现状进行描述，对照当地环保局确定的有关标准说明厂区周围的环境质量状况。

④ 污染源调查与评价。污染源向环境中排放污染物是造成环境污染的根本原因。污染源排放污染物的种类、数量、方式、途径及污染源的类型和位置，直接关系到它的危害对象、范围和程度。因此，污染源调查与评价是环境影响评价的基础工作。

说明评价区内污染源调查方法、数据来源、评价方法。分别列表给出评价区内大气污染源、水污染源、废渣污染源的污染物排放量、排放浓度、排放方式、排放途径和去向，评价结果，从而找出评价区内的主要污染源和主要污染物。绘制评价区内污染源分布图。

⑤ 环境影响预测与评价。环境影响预测与评价包括：大气环境影响预测与评价、地表水环境影响预测与评价、地下水环境影响预测与评价、噪声环境影响预测及评价、生态环境影响评价。

⑥ 环保措施的可行性及经济技术论证

a. 大气污染防治。给出建设项目废气净化系统和除尘系统的工艺、设备型号及效率、运行费用和排放指标，分析排放指标是否符合排放标准，论述拟选处理工艺及设备的可行性，分析排气筒是否符合有关规定。

b. 废水治理。给出废水治理措施的工艺原理、流程、处理效率、排放指标，分析排放指标是否符合排放标准，阐述拟选废水治理工艺的可行性。

c. 废渣处理。提出废渣的排放去向、处理处置方法，如果是危险固体废物，必须按照有关规定进行申报，并委托有资质的单位处理，不得私自处理或非法转移。

d. 减振防噪。提出减少振动、降低噪声的具体措施，分析拟采用措施的可行性。

e. 绿化。提出建设项目采取的绿化措施，说明绿化面积、绿化植物的选择，分析项目绿化率是否达到有关要求，如果不能达到有关要求，需提出提高绿化率指标的具体措施。

⑦ 环境影响经济损益简要分析。从社会效益、经济效益和环境效益三方面对项目建设的环境影响经济损益进行定量或定性分析，从而分析项目建设的可行性。

⑧ 实施环境监测的建议。提出项目建成运营后，环境管理计划、环境管理机构的设备和人员配置、环境监测规划等。

⑨ 结论。评价工作的结论应该客观、简要、明确。评价结论主要包括以下内容。

a. 评价范围内的环境质量现状；

b. 主要污染源及污染物；

c. 建设项目对周围环境的影响；

d. 环保措施的可行性；

e. 从选址、规模、布局等角度判断项目建设是否可行，根据项目的具体情况提出可供建设单位参考的建议。

⑩ 附件、附图及参考文献。附件主要包括建设项目的可行性研究报告及其批复、评价大纲及其批复、评价通知单、评价单位与建设单位签订的委托合同等。附图包括建设项目的地理位置图，大气、地表水、地下水、噪声监测布点图，项目的总平面图，主要工艺流程图等。

【阅读材料】 中国环境影响评价制度

第一章 总 则

第一条 为了加强对规划的环境影响评价工作，提高规划的科学性，从源头预防环境污染和生态破坏，促进经济、社会和环境的全面协调可持续发展，根据《中华人民共和国环境影响评价法》，制定本条例。

第二条 国务院有关部门、设区的市级以上地方人民政府及其有关部门，对其组织编制的土地利用的有关规划和区域、流域、海域的建设、开发利用规划（以下称综合性规划），以及工业、农业、畜牧业、林业、能源、水利、交通、城市建设、旅游、自然资源开发的有关专项规划（以下称专项规划），应当进行环境影响评价。

依照本条第一款规定应当进行环境影响评价的规划的具体范围，由国务院环境保护主管部门会同国务院有关部门拟订，报国务院批准后执行。

第三条 对规划进行环境影响评价，应当遵循客观、公开、公正的原则。

第四条 国家建立规划环境影响评价信息共享制度。

县级以上人民政府及其有关部门应当对规划环境影响评价所需资料实行信息共享。

第五条 规划环境影响评价所需的费用应当按照预算管理的规定纳入财政预算，严格支出管理，接受审计监督。

第六条 任何单位和个人对违反本条例规定的行为或者对规划实施过程中产生的重大不良环境影响，有权向规划审批机关、规划编制机关或者环境保护主管部门举报。有关部门接到举报后，应当依法调查处理。

第二章 评 价

第七条 规划编制机关应当在规划编制过程中对规划组织进行环境影响评价。

第八条 对规划进行环境影响评价，应当分析、预测和评估以下内容：

（一）规划实施可能对相关区域、流域、海域生态系统产生的整体影响；

（二）规划实施可能对环境和人群健康产生的长远影响；

（三）规划实施的经济效益、社会效益与环境效益之间以及当前利益与长远利益之间的关系。

第九条　对规划进行环境影响评价，应当遵守有关环境保护标准以及环境影响评价技术导则和技术规范。

规划环境影响评价技术导则由国务院环境保护主管部门会同国务院有关部门制定；规划环境影响评价技术规范由国务院有关部门根据规划环境影响评价技术导则制定，并抄送国务院环境保护主管部门备案。

第十条　编制综合性规划，应当根据规划实施后可能对环境造成的影响，编写环境影响篇章或者说明。

编制专项规划，应当在规划草案报送审批前编制环境影响报告书。编制专项规划中的指导性规划，应当依照本条第一款规定编写环境影响篇章或者说明。本条第二款所称指导性规划是指以发展战略为主要内容的专项规划。

第十一条　环境影响篇章或者说明应当包括下列内容：

（一）规划实施对环境可能造成影响的分析、预测和评估。主要包括资源环境承载能力分析、不良环境影响的分析和预测以及与相关规划的环境协调性分析。

（二）预防或者减轻不良环境影响的对策和措施。主要包括预防或者减轻不良环境影响的政策、管理或者技术等措施。

环境影响报告书除包括上述内容外，还应当包括环境影响评价结论。主要包括规划草案的环境合理性和可行性，预防或者减轻不良环境影响的对策和措施的合理性和有效性，以及规划草案的调整建议。

第十二条　环境影响篇章或者说明、环境影响报告书（以下称环境影响评价文件），由规划编制机关编制或者组织规划环境影响评价技术机构编制。规划编制机关应当对环境影响评价文件的质量负责。

第十三条　规划编制机关对可能造成不良环境影响并直接涉及公众环境权益的专项规划，应当在规划草案报送审批前，采取调查问卷、座谈会、论证会、听证会等形式，公开征求有关单位、专家和公众对环境影响报告书的意见。但是，依法需要保密的除外。

有关单位、专家和公众的意见与环境影响评价结论有重大分歧的，规划编制机关应当采取论证会、听证会等形式进一步论证。

规划编制机关应当在报送审查的环境影响报告书中附具对公众意见采纳与不采纳情况及其理由的说明。

第十四条　对已经批准的规划在实施范围、适用期限、规模、结构和布局等方面进行重大调整或者修订的，规划编制机关应当依照本条例的规定重新或者补充进行环境影响评价。

第三章　审　　查

第十五条　规划编制机关在报送审批综合性规划草案和专项规划中的指导性规划草案时，应当将环境影响篇章或者说明作为规划草案的组成部分一并报送规划审批机关。未编写环境影响篇章或者说明的，规划审批机关应当要求其补充；未补充的，规划审批机关不予审批。

第十六条　规划编制机关在报送审批专项规划草案时，应当将环境影响报告书一并附送规划审批机关审查；未附送环境影响报告书的，规划审批机关应当要求其补充；未补充的，规划审批机关不予审批。

第十七条　设区的市级以上人民政府审批的专项规划，在审批前由其环境保护主管部门召集有关部门代表和专家组成审查小组，对环境影响报告书进行审查。审查小组应当提交书面审查意见。

省级以上人民政府有关部门审批的专项规划，其环境影响报告书的审查办法，由国务院环境保护主管部门会同国务院有关部门制定。

第十八条　审查小组的专家应当从依法设立的专家库内相关专业的专家名单中随机抽取。但是，参与环境影响报告书编制的专家，不得作为该环境影响报告书审查小组的成员。

审查小组中专家人数不得少于审查小组总人数的二分之一；少于二分之一的，审查小组的审查意见无效。

第十九条　审查小组的成员应当客观、公正、独立地对环境影响报告书提出书面审查意见，规划审批机关、规划编制机关、审查小组的召集部门不得干预。

审查意见应当包括下列内容：

（一）基础资料、数据的真实性；

（二）评价方法的适当性；

（三）环境影响分析、预测和评估的可靠性；

（四）预防或者减轻不良环境影响的对策和措施的合理性和有效性；

（五）公众意见采纳与不采纳情况及其理由的说明的合理性；

（六）环境影响评价结论的科学性。

审查意见应当经审查小组四分之三以上成员签字同意。审查小组成员有不同意见的，应当如实记录和反映。

第二十条　有下列情形之一的，审查小组应当提出对环境影响报告书进行修改并重新审查的意见：

（一）基础资料、数据失实的；

（二）评价方法选择不当的；

（三）对不良环境影响的分析、预测和评估不准确、不深入，需要进一步论证的；

（四）预防或者减轻不良环境影响的对策和措施存在严重缺陷的；

（五）环境影响评价结论不明确、不合理或者错误的；

（六）未附具对公众意见采纳与不采纳情况及其理由的说明，或者不采纳公众意见的理由明显不合理的；

（七）内容存在其他重大缺陷或者遗漏的。

第二十一条　有下列情形之一的，审查小组应当提出不予通过环境影响报告书的意见：

（一）依据现有知识水平和技术条件，对规划实施可能产生的不良环境影响的程度或者范围不能作出科学判断的；

（二）规划实施可能造成重大不良环境影响，并且无法提出切实可行的预防或者减轻对策和措施的。

第二十二条　规划审批机关在审批专项规划草案时，应当将环境影响报告书结论以及审查意见作为决策的重要依据。

规划审批机关对环境影响报告书结论以及审查意见不予采纳的，应当逐项就不予采纳的理由作出书面说明，并存档备查。有关单位、专家和公众可以申请查阅。但是，依法需要保密的除外。

第二十三条　已经进行环境影响评价的规划包含具体建设项目的，规划的环境影响评价结论应当作为建设项目环境影响评价的重要依据，建设项目环境影响评价的内容可以根据规划环境影响评价的分析论证情况予以简化。

第四章　跟踪评价

第二十四条　对环境有重大影响的规划实施后，规划编制机关应当及时组织规划环境影响的跟踪评价，将评价结果报告规划审批机关，并通报环境保护等有关部门。

第二十五条　规划环境影响的跟踪评价应当包括下列内容：

（一）规划实施后实际产生的环境影响与环境影响评价文件预测可能产生的环境影响之间的比较分析和评估；

（二）规划实施中所采取的预防或者减轻不良环境影响的对策和措施有效性的分析和评估；

（三）公众对规划实施所产生的环境影响的意见；

（四）跟踪评价的结论。

第二十六条　规划编制机关对规划环境影响进行跟踪评价，应当采取调查问卷、现场走访、座谈会等形式征求有关单位、专家和公众的意见。

第二十七条　规划实施过程中产生重大不良环境影响的，规划编制机关应当及时提出改进措施，向规划审批机关报告，并通报环境保护等有关部门。

第二十八条　环境保护主管部门发现规划实施过程中产生重大不良环境影响的，应当及时进行核查。经核查属实的，向规划审批机关提出采取改进措施或者修订规划的建议。

第二十九条　规划审批机关在接到规划编制机关的报告或者环境保护主管部门的建议后，应当及时组织论证，并根据论证结果采取改进措施或者对规划进行修订。

第三十条　规划实施区域的重点污染物排放总量超过国家或者地方规定的总量控制指标的，应当暂停审批该规划实施区域内新增该重点污染物排放总量的建设项目的环境影响评价文件。

第五章　法律责任

第三十一条　规划编制机关在组织环境影响评价时弄虚作假或者有失职行为，造成环境影响评价严重失实的，对直接负责的主管人员和其他直接责任人员，依法给予处分。

第三十二条　规划审批机关有下列行为之一的，对直接负责的主管人员和其他直接责任人员，依法给予处分：

（一）对依法应当编写而未编写环境影响篇章或者说明的综合性规划草案和专项规划中的指导性规划草案，予以批准的；

（二）对依法应当附送而未附送环境影响报告书的专项规划草案，或者对环境影响报告书未经审查小组审查的专项规划草案，予以批准的。

第三十三条　审查小组的召集部门在组织环境影响报告书审查时弄虚作假或者滥用职权，造成环境影响评价严重失实的，对直接负责的主管人员和其他直接责任人员，依法给予处分。

审查小组的专家在环境影响报告书审查中弄虚作假或者有失职行为，造成环境影响评价严重失实的，由设立专家库的环境保护主管部门取消其入选专家库的资格并予以公告。审查小组的部门代表有上述行为的，依法给予处分。

第三十四条　规划环境影响评价技术机构弄虚作假或者有失职行为，造成环境影响评价文件严重失实的，由国务院环境保护主管部门予以通报，处所收费用1倍以上3倍以下的罚款；构成犯罪的，依法追究刑事责任。

第六章　附　　则

第三十五条　省、自治区、直辖市人民政府可以根据本地的实际情况，要求本行政区域内的县级人民政府对其组织编制的规划进行环境影响评价。具体办法由省、自治区、直辖市参照《中华人民共和国环境影响评价法》和本条例的规定制定。

复习思考题

1. 简述环境质量评价的主要类型。
2. 简述环境影响评价的主要功能。
3. 简述环境影响报告书的主要内容。
4. 环境影响评价工作分为哪几个阶段？
5. 简述环境质量现状的评价方法。

第11章　环境管理

【导读】 20世纪70年代以前，环境问题往往被单纯地看作是一种孤立的污染事件，采取的对策通常是运用工程技术措施进行治理，运用法律、行政手段限制排污。这种“头痛医头，脚痛医脚”的做法，花费了大量的人力和物力，却不能阻止污染的继续蔓延。80年代末90年代初，人们终于认识到环境问题不仅是污染治理的问题，而是人类社会经济发展与环境发生矛盾的问题。因此，人们在此认识的基础上提出了环境管理的概念。

【提要】 本章就环境管理范畴内的环境法规、环境标准等内容进行简要介绍。首先概述了对环境管理的基本内容、原则和主要制度；然后对我国环境法规相关内容进行了阐述；最后对环境标准的含义、作用、特性和我国环境标准体系进行了介绍。

【要求】 通过本章学习了解环境管理的基本内容和主要制度，掌握环境保护法律法规的目的、作用及原则，熟悉环境标准的基本概念和体系。

11.1　环境管理概述

11.1.1　环境管理的含义和特点

环境管理是指根据环境政策，环境法律、法规和标准，坚持宏观综合决策和微观执法监督相结合，从环境与发展综合决策入手，运用各种有效的管理手段，调控人类的各种行为，协调经济和社会发展同环境保护之间的关系，限制人类破坏环境质量的活动以维护区域正常的环境秩序和环境安全，实现区域社会可持续发展的行为总体。

广义上，环境管理包含一切为协调社会经济发展与保护环境的关系而对人类社会经济活动进行自我约束的行动。狭义上，环境管理是指管理者为管制社会经济活动中产生的环境污染和生态破坏影响所进行的调节和控制。环境管理的目的是在保证经济得到长期稳定增长的同时，使人类有一个良好的生存和生产环境。一般说来，社会经济发展对生态平衡的破坏和造成的环境污染，主要是由管理不善造成的。

总体而言，环境管理具有**综合性**、**计划性**、**区域性**和**自然适应性**四个基本特点。

(1) 综合性

环境管理是由自然、政治、社会和技术等多种因素错综复杂地交织在一起形成和发展的。这就决定了环境管理具有高度综合性，必须采取立法、经济、教育、技术和行政等各种措施相结合的办法，才能有效地解决环境问题。

(2) 计划性

环境保护是国民经济和社会发展计划的一个组成部分，受计划的制约。

(3) 区域性

环境问题由于自然背景、人类活动方式和环境质量标准的差异存在着明显的区域性。因此，环境管理必须根据各地的不同特点，因地制宜，采取不同的管理措施。

(4) 自然适应性

充分利用自然环境适应外界变化的能力、资源再生的能力、自净能力和自然界生物防治作物病虫害等方面的能力，达到保护和改善环境的目的。

11.1.2 环境管理的基本内容

环境管理的实质是追求人类与自然和谐发展，环境管理与环境立法、环境经济等密切联系、相互交叉。环境管理的内容可以从不同的角度进行划分。

(1) 根据环境管理的范围划分

根据管理的范围，环境管理包括资源（生态）管理、区域环境管理和部门环境管理。

① 资源（生态）管理。生态管理的重点是对自然环境要素（自然资源）进行管理，主要是对自然资源的合理开发利用和保护，包括水资源管理、土地资源管理和生物资源管理等。

② 区域环境管理。区域环境管理包括整个国土的环境管理、省区的环境管理、城市环境管理、乡镇环境管理和流域环境管理等。其主要内容是协调区域经济发展目标与环境保护目标，对发展进行环境影响预测，制定区域环境规划，提出保证措施和实施措施，同时进行环境质量管理与技术管理，建立优于原生态系统的人工生态系统。

③ 部门环境管理。部门环境管理包括能源环境管理、工业环境管理（如化工、轻工、石油和冶金等环境管理）、农业环境管理（如农、林、牧和渔等环境管理）、交通运输环境管理（如高速公路、城市交通等环境管理）、商业及医疗环境管理等。

(2) 根据环境管理的性质划分

根据管理的性质，环境管理包括环境规划与计划管理、环境质量管理和环境技术管理。

① 环境规划与计划管理。强化环境管理首先从加强环境规划、计划入手，通过全面规划、计划协调发展，加强对环境保护的计划指导。环境规划与计划管理是组织制定、督促检查，调整各地方和各部门的环境规划与计划，将其纳入国家或地方的国民经济与社会发展计划，从而付诸实施。环境计划管理首先是研究制定好环境规划，使之成为经济社会发展规划的有机组成部分，并将环境保护纳入综合经济决策；然后执行环境规划，用规划指导环境保护工作，根据实施情况适时调整环境规划。

② 环境质量管理。环境质量管理是为了保持人类生存和健康所必需的各项环境质量而进行的管理工作。根据环境要素的不同，可划分为大气环境质量管理、水环境质量管理、噪声环境质量管理、固体废物环境质量管理和土壤环境质量管理等，其核心都是保护和改善环境质量。环境质量管理的主要内容包括：正确理解、制定和实施环境质量标准；建立描述和评价环境质量的指标体系；建立环境质量的监控系统，并调控至最佳运行状态；根据环境状况和环境变化趋势的信息，进行环境质量评价，定期发布环境状况公报（编写环境质量报告

书)；研究确定环境质量管理的程序等。

③ 环境技术管理。环境技术管理是通过制定技术标准、技术规程、技术政策，对技术发展方向、技术路线、生产工艺和污染防治技术进行环境经济评价，协调经济技术发展与环境保护的关系，使科学技术的发展既能促进经济持续发展，又能有利于环境质量的恢复和改善。环境技术管理工作主要包括环境法规标准的不断完善、污染防治技术的评价、优秀技术的推广、环境信息系统的建立、环境科技支撑能力的建设、环境教育的深化与普及和国际环境科技的交流与合作等。

在环境管理的实际工作中，环境管理的各项内容往往是相互交叉、相互联系和相互影响的。

11.1.3 环境管理的原则

(1) 全过程控制

全过程控制是指对人类社会的组织、生产、生活行为进行全过程环境管理和监督控制。人们目前重视产品的生产全过程控制，解决产品生产的环境问题，而对产品在使用中及报废后的环境问题关注较少。全过程控制是对产品的生产、使用和报废全过程进行评价，即产品的全周期评价，以此评价产品对环境产生的影响。

(2) 双赢原则

双赢原则是指在利益双方或者多方关系有冲突时，不是牺牲一方利益去保障另一方利益，而是双方或者多方都能够得到利益。在处理环境与经济的冲突中既要保护环境，又要促进经济发展，实现可持续发展。在处理环境问题时，只有以环境标准、政策和制度为依据，以技术和资金为调节手段，才能实现环境保护和经济发展的双赢目的。

11.1.4 我国环境管理的主要制度

(1) 环境影响评价制度

环境影响评价制度又称为环境质量预断评价或环境质量预测评价，是对可能影响环境的重大工程建设、区域开发建设及区域经济发展规划或其他一切可能影响环境的活动，在事前调查研究的基础上，对活动可能引起的环境影响进行预测和评定，为防止和减少对环境的影响制定最佳的行动方案。

环境影响评价制度是环境管理中贯彻预防为主的一项基本原则，也是防止新污染，保护生态环境的一项重要法律制度。它作为项目决策中的环境管理，对预防新污染源、正确处理环境与发展的关系、合理开发和利用资源等方面起了积极作用。

(2) “三同时”制度

“三同时”制度是指新建、改建、扩建项目和技术改造项目以及区域性开发建设项目的污染治理设施必须与主体工程同时设计、同时施工和同时投产的制度。

“三同时”制度与环境影响评价制度相辅相成，是防止新污染和破坏的两大“法宝”，体现出我国环境保护法以预防为主的基本原则的具体化、制度化和规范化，是加强开发建设项目环境管理的重要措施，是防止我国环境质量继续恶化最为有效的经济办法和法律手段。

(3) 排污收费制度

排污收费制度是指一切向环境排放污染物的单位和个体生产经营者都应当依照国家的相关规定和标准缴纳一定费用的制度。它是依据“谁污染、谁治理”的原则，借鉴国外经验，结合我国国情而实行的。

实行排污收费制度的根本目的不是收费，而是防治污染，改善环境质量。自从排污收费制度实现后，我国环境保护事业取得了明显的效果，促进我国企事业单位加强经营管理、节约和综合利用资源、治理污染、改善环境和强化环境管理。

(4) 环境保护目标责任制

环境保护目标责任制是一项具体落实到各级地方人民政府和排污企事业单位对环境负责的行政管理制度。环境保护目标责任制解决了环境保护的总体动力问题、责任问题、定量科学管理问题、宏观指导与微观落实相结合的问题，它的提出标志着我国环境管理进入了一个新的阶段，是我国环境管理体制的重大改革。

(5) 城市环境综合整治定量考核制度

城市环境综合整治是指在市政府的统一领导下，以城市生态理论为指导，以发挥城市综合功能和整体最佳效益为前提，采用系统分析的方法，从总体上找出制约和影响城市生态系统发展的综合因素，理顺经济建设、城市建设和环境建设相互依存又相互制约的辩证关系，用综合的对策整治、调控、保护和塑造城市环境，为市民创建一个适宜的生态环境，使城市生态系统良性发展。

城市环境综合整治定量考核不仅使城市环境综合整治工作定量化、规范化，而且增加透明度，引进社会监督机制。

(6) 污染集中控制制度

污染集中控制制度是在一个特定的范围内，为保护环境建立的集中治理设施和采用的管理措施，是强化环境管理的一种重要手段。它实施的目的是改善流域和区域等控制单元的环境质量，提高经济效益。

实践证明污染集中控制在环境管理上具有方向性的战略意义，在污染防治战略和投资战略上带来重大转变，有利于调动社会各方面治理污染的积极性。

(7) 排污申报登记与排污许可制度

排污申报登记制度是环境行政管理的一项特别制度。凡是排放污染物的单位，必须按规定向环境保护管理部门申报登记所具有的污染物排放设施、污染物处理设施和正常作业条件下排放污染物的种类、数量和浓度等。

排污许可制度以改善环境质量为目标，以控制污染物总量为基础，对排放污染物的种类、数量、性质、去向和排放方式等所作具体规定，是一项具有法律含义的行政管理制度。

这两项制度的实行，深化了环境管理工作，使得对污染源的管理更加科学化、定量化和规范化。只要采取相应配套管理措施，长期坚持下去，不断总结完善，一定会取得更大的成效。

(8) 污染限期治理制度

污染限期治理制度是在污染源调查和评价的基础上，突出重点、分期分批地对污染危害严重和群众反映强烈的污染源、污染物和污染区域采取限定治理时间、治理内容和治理效果的强制性措施，是人民政府保护人民群众利益，对排污单位和个人所采取的法律手段。

限期治理污染是强化环境管理的一项重要制度：可以迫使地方、部门和企业把防治污染引入议事日程、纳入计划，在人、财、物等各方面做出相应的安排；可以集中有限的资金解决环境污染的突出问题，做到投资少、见效快，产生较好的环境效益和社会效益。总而言之，它能够有助于环境保护规划目标的实现，加快环境综合治理的步伐。

(9) 排污交易权制度

排污交易权制度是在污染物排放量不超过允许排放量的前提下，内部各污染源之间通过货币交换的方式相互调剂排放量，从而达到减少排放量，实现环境保护的目的。

11.2 环境法规

环境法规是关于利用、保护、改善环境以及防治污染和其他公害的法律规范的总称，是国家法律体系中的一个独立的部门法规。狭义地讲就是污染防治法规；广义地讲是指包括除了污染防治法规以外对作为环境要素的各种自然资源的保护和合理开发利用，达到对自然环境保护目的的各种法律规章。

11.2.1 环境法规概述

环境法规是国家制定或认可，并由国家强制保证执行的关于保护环境和自然资源，防治污染和其他公害的法律规范的总称，法律、国务院行政法规、政府部门规章、地方性法规和地方政府规章、环境标准、环境保护国际条约等构成我国现阶段完整的环境保护法律法规体系。我国现行的主要环境法规见表11-1。

表11-1 我国现行的主要环境法规

主要环境保护法律法规	保护生态环境和自然资源的主要环境保护法律法规	环境管理方面的主要法规
《中华人民共和国环境保护法》(1989年制定,2016年修订)	《中华人民共和国水土保持法》(1991年制定,2010年修订)	《征收排污费暂行办法》(1982年制定) 《排污费征收标准管理办法》(2003年制定)
《中华人民共和国水污染防治法》(1984年制定,1996年、2008年修订)	《中华人民共和国野生动物保护法》(1988年制定,2004年、2009年修订)	《环境标准管理办法》(1999年)
《中华人民共和国大气污染防治法》(1987年制定,1995年、2000年修订)	《中华人民共和国土地管理法》(1985年制定,1998年、2004年修订)	《全国环境监测管理条例》(1983年)
《中华人民共和国海洋环境保护法》(1982年制定,1999年修订)	《中华人民共和国森林法》(1984年制定,1998年修订)	《建设项目环境保护管理条例》(1998年颁布)
《中华人民共和国固体废物污染环境防治法》(1995年制定,2004年、2016年修订)	《中华人民共和国草原法》(1985年制定,2002年、2013年修订)	
《中华人民共和国噪声污染环境防治法》(1996年)	《中华人民共和国矿产资源法》(1985年制定,1996年修订)	
《中华人民共和国清洁生产促进法》(2002年)	《中华人民共和国渔业法》(1986年制定,2000年、2004年、2009年、2013年修订)	
《中华人民共和国环境影响评价法》(2002年制定,2016年修订)	《中华人民共和国煤炭法》(1996年制定,2011年、2013年修订)	

11.2.2 环境立法的目的和作用

(1) 环境立法的目的

我国环境立法的根本目的在《中华人民共和国环境保护法》中作了概括："为保护和改善生活环境和生态环境，防治污染和其他公害，保障人体健康，促进社会主义现代化建设的发展。"其含义是合理地利用环境和资源，防治环境污染和维持生态平衡；建设清洁优美的生活环境，保护人民健康，保障经济和社会的持续发展。

(2) 环境立法的作用

法律的作用在于它的规范性，规范有关主体的行为。在环境保护领域立法，意味着把环境管理纳入制度化、规范化和科学化的轨道，确立国家环境管理的权威性，其作用体现在以下几方面。

① 确立环境管理体制。环境管理具有广泛性和复杂性，需要建立高效的环境管理机构来指导和协调，并明确规定有关机构的设置、分工、职责和权限以及行使职权的程序。

② 建立环境管理制度和措施。在环境管理中，必须依据客观的自然规律和经济规律制定各种具有可操作性的环境管理制度和措施，通过国家强制力保证其有效地贯彻实施。

③ 确定有关主体的权利、义务和违法违规责任。在环境法规中的有关体是指依法享有权利和承担义务的单位或个人，主要包括国家、国家机关、企事业单位、其他社会组织和公民个人。通过法律明确规定有关主体在环境保护方面享有的权利和承担的义务，是实现环境法规目的的需求，体现了环境法规作为法律规范的基本属性，要保障有关主体在环境保护方面享有的权利，并依法承担相应的义务，必须明确规定违法违规者应承担的法律责任，包括行政责任、民事责任和刑事责任等。只有对违法违规者实施制裁，才能使受害者的权利得到有效的保障。因此，环境法规的实施在社会发展中起着决定性作用。

11.2.3 环境保护法规体系

根据我国环境立法现状，有关环境保护的法律规范主要包括以下几种类型，它们之间存在着内在的联系，形成我国环境法规的体系。

(1) 宪法

宪法是国家的根本大法。宪法中有关环境保护的规定是环境法规的基础。包括我国在内的许多国家在宪法中都对环境保护作了原则性规定。《中华人民共和国宪法》第 26 条规定："国家保护和改善生活环境和生态环境，防治污染和其他公害。"这一规定明确了国家的环境保护职责，为国家的环境保护活动和环境立法奠定了基础。

(2) 环境保护基本法

《中华人民共和国环境保护法》是关于环境保护的综合性法律。对环境法的基本问题、使用范围、组织机构、法律原则与制度作出了原则性规定。因此，它位于基本法的地位，成为制定环境保护单行法的依据。

(3) 环境保护单行法

环境保护单行法是针对特定的环境保护对象（如某种环境要素）或特定的人类活动（如基本建设项目）而制定的专项法律法规。这些专项法律法规通常以宪法和环境保护基本法为依据，是宪法和环境保护基本法的具体化。因此，环境保护单行法的有关规定比较具体细致，是进行环境管理、处理环境纠纷的直接依据。在环境法律法规体系中，环境保护单行法数量最多，在我国环境保护单行法大体分为以下四个类型：土地利用规划法、污染防治法、自然保护法和环境管理行政法等。

（4）环境标准

环境标准是环境法规体系中的特殊组成部分，是“国家为了保护人体健康、增进社会福利、维护生态平衡而制定的具有法律效力的各种技术规范的总称”。环境标准一般包括环境质量标准、污染物排放标准和环境保护基础与方法标准三大类，在环境法体系中，环境标准的重要性主要体现在为环境法的实施提供了数量化基础。

（5）其他法中关于环境保护的法律规定

民法、刑法、经济法、行政法等部门法，通常也包含了有关环境保护的法律法规，它也是环境法规体系的重要组成部分。

11.2.4 环境保护法规原则

环境保护法规的基本原则是指为遵循、确认和体现并贯穿于整个环保法规之中，具有普遍指导意义的环境保护基本方针和政策，是对环境保护实行法律调整的基本准则，是环保法规本质的集中体现。具体包括以下几个方面。

（1）环境保护与社会经济协调发展的原则

这一原则是指正确处理环境、社会、经济发展之间的相互依存、相互促进、相互制约的关系，在发展中保护，在保护中发展，坚持经济建设、城乡建设、环境建设同步规划、同步实施、同步发展，实现经济效益、社会效益、环境效益的统一。

（2）预防为主、防治结合、综合治理的原则

该原则是指预先采取防范措施，防止环境问题及环境损害的发生；在预防为主的同时，对已经形成的环境污染和破坏进行积极治理；为用较小的投入取得较大的效益而采取多种方式、多种途径相结合的办法，对环境污染和破坏进行整治，以提高治理效果。如合理规划、调整工业布局、加强企业管理、开发综合利用等。

（3）污染者治理、开发者保护的原则

该原则也称“谁污染谁治理，谁开发谁保护”的原则，明确规定污染和破坏环境与资源者承担其治理和保护的义务及其责任。

（4）政府对环境质量负责的原则

地方各级人民政府对本辖区环境质量负有最高的行政管理职责，有责任采取有效措施，改善环境质量，以保障公民人身权利及国家、集体和个人的财产不受环境污染和破坏的损害。

（5）依靠群众保护环境的原则

该原则也称环境保护的民主原则，具体是指人民群众都有权利和义务参与环境保护和环境管理，进行群众性环境监督的原则。

11.3 环境标准

11.3.1 环境标准概述

（1）环境标准的定义

环境标准是为了防治环境污染，维护生态平衡，保护人群健康，对环境保护工作中需要统一的各项技术规范和技术要求所作的规定。具体来讲，环境标准是国家为了保护人民健康，促进生态良性循环，实现社会经济发展目标，根据国家的环境政策和法规，在综合考虑本国自然环境特征、社会经济条件和科学技术水平的基础上，规定环境中污染物的允许含量和污染源排放污染物的数量、浓度、时间和速度以及监测方法和其他有关技术规范。

环境标准随着环境问题的产生而出现，随着科技进步和环境科学的发展而发展，其种类和数量也越来越多。环境标准的制定不仅要严格按照科学的方法和程序，还应该参考国家和地区在一定时期的自然环境特征、科学技术水平和社会经济发展状况。环境标准过于严格，会与实际情况不符合，限制社会和经济的发展；过于宽松，则不能满足保护环境的基本要求，造成人体危害和生态破坏。所以，制定出切实可行的环境保护标准，对保护环境和发展经济具有现实且长远的意义。

(2) 环境标准的作用

环境标准同相关的环境法律法规相配合，在国家环境管理中发挥着重要作用。

① 环境标准是制订国家环境计划和规划的主要依据。国家在制订环境计划和规划时，必须有一个明确的环境目标和一系列的环境指标。这需要在综合考虑国家经济和技术水平的基础上，将环境质量控制在一个适宜的水平上，符合环境标准的要求。环境标准成为制订环境计划与规划的主要依据。

② 环境标准是环境法制定与实施的重要基础和依据。在各种单行的环境法规中，通常只规定了污染物的排放必须符合排放标准，造成环境污染者应当承担何种法律责任等。怎样才算造成污染？排放污染物的具体标准是什么？这需要通过制定环境标准来明确。环境法的实施，尤其是合理地确定合法与违法的界限，确定具体的法律责任，往往需要依据环境标准来界定。因此，环境标准是环境法制定与实施的重要依据。

③ 环境标准是国家环境管理的技术基础。国家的环境管理包括环境规划与政策的制定、环境立法、环境监测与评价、日常的环境监督与管理等，这些都需要遵循和依据环境标准。所以，环境标准的完善程度能够反映出一个国家科学管理环境的水平和效率。

(3) 环境标准的特性

环境标准不同于一般产品的质量标准，而有其独特的法规属性。环境标准属于技术法规，具有强制性，必须执行。

① 环境标准具有规范性。环境标准同法律一样，是具有规范性的行为规则。它同一般法律的不同之处只在于，它不是通过法律条文来规定人们的行为模式和法律后果，而是通过一些定量性的数据、指标和技术规范等来表示行为规则的界限，调节人们的行为。

② 环境标准具有法律的约束力。环境质量标准是制定环境目标和环境规划的依据，也是判断环境是否受到污染和制定污染物排放标准的法定依据。污染物排放标准是实施法律监督和监测各种排污活动，判定排污活动是否合法的依据。某些情况下，违反污染物排放标准，需要承担相应的法律责任。

③ 环境标准的制定像法规一样，应由相关的国家机关按照法定程序制定和颁布。

11.3.2 环境标准体系

我国现行环境标准体系，是由三级五类构成的。根据适用范围的不同，环境标准可分为**国家标准**、**地方标准**和**行业标准**三级。根据用途分类，环境标准又分为**环境质量标**

准、**污染物控制标准**（污染物排放标准）、**环境基础标准**、**环境方法标准**、**环境标准物质标准**五类。

（1）环境质量标准

环境质量标准是为了保护人类健康，维持生态良性平衡和保障社会物质财富，并考虑技术条件对环境中有害物质和因素所作的限制性规定。

我国已发布的环境质量标准有《环境空气质量标准》（GB 3095—2012）、《室内空气质量标准》（GB/T 18883—2002）、《地表水环境质量标准》（GB 3838—2002）、《地下水质量标准》（GB/T 14848—2017）、《海水水质标准》（GB 3097—1997）、《渔业水质标准》（GB 11607—1989）、《农田灌溉水质标准》（GB 5084—2005）、《土壤环境质量标准》（GB 36600—2018）和《声环境质量标准》（GB 3096—2008）等。

（2）污染物控制标准（污染物排放标准）

为了实现环境质量目标，结合经济技术条件和环境特点，对排入环境的有害物质或有害因素进行控制规定，制定了《污水综合排放标准》（GB 8978—1996）、《大气污染物综合排放标准》（GB 16297—1996）、《生活垃圾填埋场污染控制标准》（GB 16889—2008）等。另外，根据各行业的特点，制定了相关行业的污染物排放标准。

（3）环境基础标准

环境基础标准是在环境保护工作范围内，对有指导意义的名词术语、符号和导则所作的统一规定，是制定其他环境标准的基础，例如《制订地方水污染物排放标准的技术原则与方法》（GB/T 3839—1983）是水环境标准编制的基础；《制订地方大气污染物排放标准的技术方法》（GB/T 3840—1991）是大气环境保护标准编制的基础。

（4）环境方法标准

环境方法标准是在环境保护工作范围内以全国普遍适用的实验、检查、分析、抽样、统计和环境影响评价等方法为对象而制定的标准，是制定和执行环境质量标准及污染物排放标准，实现统一管理的基础。有了统一的环境保护方法标准，才能提高监测数据的准确性，保证环境监测质量。

（5）环境标准物质标准

环境标准物质标准是在环境保护工作中，用来标定仪器、验证测量方法，进行量值传递或质量控制的材料或物质，对这类材料或物质必须达到所规定的要求而作的相关规定。它是检验方法标准是否准确的主要手段。

【阅读材料 1】 环境政策的发展历程

从 1973 年开始到 2017 年全国一共开了 7 次全国性的环境保护会议，2018 年开了第 8 次。前 6 次都叫“全国环境保护会议”，第 7 次改成“全国环境保护大会”，名称的变化体现了环保工作声势变“大”。除了 1973 年第一次会议到 1983 年第二次会议相隔了 10 年外，其余历次都是每隔 4～6 年左右开一次。

一、环保机构的五次大变革

1973 年成立了国家级的环保机构——国务院环境保护领导小组办公室（简称国环办）。领导小组正副组长分别由国务院领导余秋里、谷牧担任，领导小组由十几个单位领导参与组成。办公室是厅（局）级架构，最早设在国家计委，后又并到国家建委，共三个处十几个人，分别是综合处、规划处和科技处。当时国环办没有主任，有几位副主任。1978 年上半年开始扩编，调甘肃省领导李超伯同志任国家建委副主任兼国环办主任。我（王玉庆）是 1978 年底进国环办的，当时国环办持续扩编。这种变化一直持续到 1982 年。

1982 年国家机构改革撤建委成立建设部时，曲格平副主任提出环境保护是较大的一项工作且相对独立，在机构名称中应该有所体现，于是改为“城乡建设环境保护部”，把环保体现出来了。在城乡建设环境保护部下设环境保护局，设有 7 个处，曲格平任局长。那时候我在自然保护处。1984 年，成立了国家环境保护局，仍然归建设部管理，是厅局级单位，编制扩充到了 120 人，设有 17 个处室，同时成立了国务院环境保护委员会。

1988 年机构改革与建设部彻底分开，成立直属国务院的国家环境保护局。1988 年全国机构改革变动比较大，环保是新事物，中编办（全称中央机构编制委员会办公室）对当时环保局应有的职责、机构设置都不太清楚，于是参考国外经验提出了“三定”的概念，即先定职责，再定机构，最后定编制。曲格平局长就主动请缨在环保局做机构改革试点。1988 年曲主任组织了一个班子，解振华任组长，我任副组长，我们两人带着七八个人研究了几个月，拿出了国家环保局的“三定”方案。方案规划了一个 500 多人规模的国家环保局，包括有什么职能，设多少个司处，每个处多少职位以及每个职位的职责都非常明确。中编办同志一看，感觉太大，不行，后经与各方沟通，核定了 10 个内设机构，行政编制 315 人，但分期到位，第一期只有一百多人。

1998 年是国家机构改革力度最大的一年，国家环保局成为国家环保总局，升格为正部级单位。在撤销了如机械部、化工部等一大批部委的同时，环保局是唯一升格的单位。当时机构改革总的思路是将所有委员会纳入正常的政府管理，国务院环境保护委员会也同年撤销。当时改革的方案很多，例如林业方面的森林自然保护等职责是否并入环保有很多争议。时任总理朱镕基对环保十分重视，环保总局业务编制没有受国家总的消减行政机构形势影响而是加以强化的。宋瑞祥、祝光耀、王心芳等几位部长就是这时候从精简的部委调任环保总局领导的。对环保工作熟悉且相对年轻的解振华出任环保总局局长。

1988 年成立国家环保局，1998 年成立总局，2008 年成立国家环保部，2018 年成立生态环境保护部，国家环保机构变化每 10 年一个台阶。2008 年成立环境保护部的时候，我（王玉庆，时任环保局副局长）已经从行政职务退下来任全国政协委员了。当时记者采访我，对成立环保部有什么感受？我说是件好事，很高兴，终于成了国务院组成部门，权威更大，国际交往也更方便。但是如果环保部早成立 10 年可能会更好，环境也会更好一些。

二、国务院发布的六个决定

第一个决定是 1981 年 2 月 24 日批准的《国务院关于在国民经济调整时期加强环境保护工作的决定》。这个“决定”发布在国民经济调整时期，改革开放市场转型，环境问题比较突出。

“决定”提出了搞好北京、杭州、苏州和桂林的污染治理。当时邓小平同志陪着外宾去桂林参观，发现桂林已经受污染了，邓小平同志指示：这么好的地方搞污染了，将来怎么可好？所以开始治理桂林。苏州有个造纸厂把寒山寺前的京杭大运河污染得很严重，国际游客反映很强烈。我们去那调研，写了一篇通信《被污染的天堂》发表在《光明日报》上，引起了领导重视。于是确定了北京、杭州、苏州和桂林几个重点治理的城市。此外，“决定”还提出在大学开设环境专业，培养环保人才等，这是很有远见的。

第二个决定是 1984 年 5 月 8 日国务院印发的《关于环境保护工作的决定》，这个“决定”很全面，要求各地方人民政府成立相应的环保机构。为什么在这时特别强调相关部委和各地方政府都要成立环保机构？因为1982年以前国家环保机构叫国环办，挂着国务院的牌子，地方都很重视，地方的环保局、监测站、科研所等机构都成立起来了。1982年机构改革后，名字变成了一个“局”，地方机构都纷纷降格或者撤销。所以，“决定”里明确要求地方建立机构，这说明环境政策跟国家的大局势紧密联系在一起。李鹏总理在1983年全国环保会议上的讲话，讲到三大政策，即预防为主、谁污染谁治理、加强环境管理，把环境保护提到基本国策的地位。提到三个建设，即经济建设、城乡建设、环境建设；三个同步，即同步规划、同步设计、同步施工；三个统一，即经济效益、社会效益、环境效益相统一。“决定”相应明确严格执行“三同时”，还提出了环保的几条资金渠道。

第三个决定是1990年12月5日国务院颁布的《关于进一步加强环境保护工作的决定》。这是1989年开完第三次全国环保会议的成果，是1984年“决定”的加强版。强调了自然开发利用过程中要重视环境保护，首次提出环境保护的目标责任制。

1996年7月开了第四次全国环境保护会议，8月3日发布了第四个决定《国务院关于环境保护若干问题的决定》。这项“决定”提了10项要求，第一是环境质量的行政领导负责制，进一步明确行政领导的环保责任。在20世纪90年代中期就提出了实施污染物排放总量控制，提出一控双达标。那时候宋健是国家环保主管领导，他对环境问题看得很深，当时淮河污染很重，于是提出一控双达标。一控就是环境污染、生态恶化的趋势要基本控制，为此污染物排放总量要控制；双达标就是企业排放污染物必须达到标准、重点城市环境质量按功能区达到标准。现在来看，当时这一提法还是很先进的，很有前瞻性，它促使一些地方重视环境标准，采取措施努力争取达标。

第五个决定发于2005年。2002年以电视电话会的形式召开了第五次全国环保工作会议，先请几个地方介绍情况，然后朱镕基总理讲话。他当时提出了一个口号“把环境保护摆到同发展生产力同样重要的位置上”，环境保护与发展并重，要按经济规律办事。会后一直到2005年才发《国务院关于落实科学发展观加强环境保护的决定》，共6个方面32条。当时胡锦涛同志任总书记，环保形势非常严峻，提出落实科学发展观，推动协调发展，强调在环境容量有限、自然资源供给不足而经济相对发达的地区实行优化开发，坚持环境优先。提出地方政府和部门主要负责人为环保第一责任人，而且把环保纳入领导班子考核内容，并作为选拔、奖惩的依据。

第六个决定是2011年10月17日发布了《国务院关于加强环境保护重点工作的意见》。2007年召开第六次全国环保大会。大会提出三个转变和环境优化经济增长，将环保的重要性提到了很高的位置。2011年10月国务院发布文件后，接着同年12月召开了第七次全国环保大会，李克强同志讲话，提出在发展中保护，在保护中发展，经济转型发展是否有成效要看环境是否改善。

【阅读材料2】 多起典型环保追责案例

一、揭阳市普侨区荣利织染厂违规生产监管不力案

揭阳市普侨区荣利织染厂有限公司缺乏有效的排污许可证，2016年12月1日因环保不

达标，有关部门对其实施停水停电，但该厂在未通过环保验收和未取得排污许可证的情况下，2017年12月开始，以各种理由向普侨区管委申请恢复用电用水之后，持续违规生产6个月。

普侨区区委、区管委作出了错误决定，对中央环保督察组交办案件、问题线索重视不够、反应缓慢、措施不力，没有严格做到立行立改；区规划建设（环保）局巡查监管不力，对群众投诉举报问题没有认真核查。揭阳市纪委监委对普侨区3名处级干部、1名科级干部等6名有关责任人进行追责并对区委副书记、区管委会主任等5人立案审查。

二、佛山市南海区九江镇镇南村劲仲五金厂污染环境案

佛山市南海区九江镇镇南村劲仲五金厂未经环保验收合格，主体工程投入生产；未经许可，擅自改用生物质燃料作为固化炉燃料，且未配套废气处理设施；部分生产废水未经处理，通过暗管排出厂外流入污水管网，外排废水pH值显酸性，总锌、总铁超标，已构成污染环境犯罪。

九江镇环保办落实环保部门监管责任不到位，未能及时发现问题，查处效果不理想。镇南村委会、经联社、经济社落实环境保护属地监管责任不力，过于注重土地物业出租收益，忽视了应该承担的环境保护责任。南海区纪委监委对南海区九江镇等11人提出追责建议。公安部门对该厂主要负责人等相关人员实施刑事拘留。

三、阳春市坡面镇粤升纸业有限公司废水污染漠阳江案

阳春市坡面镇粤升纸业有限公司在漠阳江边涉嫌非法设置排污口，废旧抽水系统发生污水倒灌，导致污染物未经处理直接排入漠阳江，造成严重的环境污染。

坡面镇政府落实河长制工作不到位，未能及时发现问题，存在工作失职行为。阳春市环保局履行监管责任不到位。阳春市纪委监委对阳春市环保局和坡面镇政府共7人进行问责，给予党内严重警告、留党察看一年、党内警告、诫勉谈话、行政降低岗位等级、行政记过等处分。分别给予阳春市环境保护局环境监察分局负责人党内严重警告、行政降低岗位等级处分和坡面镇委委员、常务副镇长、镇安监办主任、西山河段的副总河长党内警告、行政记过处分。

四、梅州市华坚实业有限公司围龙石场非法占用林地案

五华县横坡镇贵人村围龙石场未取得林地使用许可证，违法占用林地，非法采石，毁坏林地，造成水土流失、生态破坏等问题。五华县林业局对该石场法人代表违法行为作出行政罚款、责令停止违法占用林地、在一个月内恢复原状的行政处罚决定。

县林业局行政处罚决定作出后，分管综合执法的县林业局负责人未认真履行职责，监管不力，致使该石场继续扩大非法占用林地面积，给国家森林资源造成较大经济损失。五华县纪委对其进行立案调查，决定给予撤销党内职务、行政降级处分。五华县人民法院对其作出犯玩忽职守罪，给予刑事处罚的判决；对破坏森林的相关人员判处有期徒刑三年，缓刑五年，并各处罚金13万元。

五、汕头市澄海区莲下镇渡亭村洲园片区工业污染案

汕头市澄海区莲下镇渡亭村洲园片区有40多处违法建设工业厂房，其中喷漆工厂4家，每个工厂拥有喷位5至20个不等，均没有办理相关证照，喷漆产生气味扰民。

莲下镇渡亭村村委履行环保属地责任不到位。汕头市澄海区纪委启动问责程序，对澄海区莲下镇政府和区环保局、水务局、住建局相关责任人谈话提醒，对澄海区莲下镇渡亭村负责人诫勉谈话。

复习思考题

1. 什么是环境标准？其具体作用有哪些？
2. 简述我国环境管理的含义和特点。
3. 什么是“三同时”制度？简述其社会意义。
4. 什么是环境影响评价制度？简述其积极作用。

第12章　可持续发展战略

【导读】 近百年来，人类赖以生存的地球家园发生了巨大变化，产生了人口剧增、资源短缺、环境污染、土地沙化、物种灭绝、生态危机等一系列问题，已直接威胁到我们子孙后代的生存和发展。这些问题都是人类自己造成的。传统发展模式是一种以摧毁人类的基本生存条件为代价获得经济增长的道路。人类已走到十字路口，面临着生存还是死亡的选择。正是在这种背景下，人类经过不断探索，选择了可持续发展的道路，在探索过程中，发现了清洁生产、循环经济、生态工业、生态农业等实现可持续发展的途径。

【提要】 本章介绍了可持续发展理论的概念和内涵、产生和发展、基本原则；具体介绍了实现可持续发展的几个途径，如清洁生产、循环经济、生态工业、生态农业、绿色产品等。

【要求】 掌握可持续发展的概念和内涵，通过了解清洁生产、循环经济、生态工业、生态农业、绿色产品的概念，理解可持续发展的实现途径。

12.1 可持续发展理论

12.1.1 可持续发展的概念

20 世纪 60 年代末至 70 年代初，西方发达资本主义国家出现了对社会发展的未来前景进行研究和预测的讨论，产生了“未来主义”，未来主义的学者们对“未来发展”提出了不同的主张，存在着以下四个不同的观点。

一是“零增长理论”。由美国学者丹尼斯 · L. 米都斯（Dennis L. Meadows）受罗马俱乐部委托，在 1972 年发表的研究报告《增长的极限》中提出。他们将系统动力学引入自己的研究中，列出了影响全球系统的五个因子（人口、经济、粮食、环境和资源）的重要因果关系，探索了其反馈回路结果。他们认为，人口倍增必然要引起粮食需求倍增，进而引起自然资源消耗速度、环境污染程度的倍增，再发展下去必然会达到“危机水平”“世界末日来临”。因此，他们认为要避免这样的恶果，必须实行人口和经济的“零增长”，建立“稳定的世界模式”。

二是“大过渡理论”。针对米都斯的《增长的极限》，美国学者赫尔曼 · 卡恩（Herman Kahn）在 1976 年发表《下一个二百年》，提出了“没有极限的增长”的“大过渡”理论。他们认为，从工业革命开始到 22 世纪止的 400 年间是工业革命扩张时期，是人类现代化时期，是“大过渡”时期，在这个时期经济增长不是导向灾难，而是导向繁荣，经济增长过程中出现的环境污染、生态平衡、资源耗费等问题都能在经济增长中得到解决。增长是没有极限的，人类的前景是美好的。

三是“有机增长”理论。它是罗马俱乐部提出的修正理论，由美国学者梅萨罗维克（Mihajlo D. Measarovic）和德国学者彼斯特尔（Duard Pestel）在第二份罗马俱乐部报告《人类处于转折点》提出。要点是：有机增长注重多样性、差异性和质量的增长，确定增长的地点、性质、内容和过程，在规范层次即价值系统和人类目标上进行改革，建立新型的消费观和全球伦理。

四是“新人道主义”理论。意大利学者奥雷利奥·佩西（Aurelio Peccei）用发展概念取代增长概念，认为增长和发展的极限不是来自物质方面，而是来自文化方面，文化是增长和发展的限制系统。他提出把以需要为中心的发展观转到以人为中心的发展观上来，并将这种以人为中心的发展观称为“新人道主义”，并提出“持续的成长”概念，即“一种可以使追求经济成长与适当管理地球两者同时并存的方法，是指能在相当长的时期内得以维持时才能成为理想的成长”。

未来主义各派观点争论的结果，逐渐形成这样的共识，即人类面临的不是要不要发展，而是应该如何发展的问题。这就为“可持续发展”概念的提出提供了认识基础。

可持续发展的概念来源于生态学，最初应用于农业和林业，指的是对于资源的一种管理战略。可持续发展一词在国际文件中最早出现在1980年由国际自然保护同盟制定发布的《世界自然保护大纲》。1987年2月，联合国第八次世界环境与发展大会发表的《我们共同的未来》报告中，提出了**“可持续发展”**的概念：“既满足当代人的需要又不危及后代人满足其需要的发展（Sustainable development that meets the needs of the present without compromising the ability of future generation to meet their needs）。”

该定义受到国际社会的普遍赞同和广泛接受，并在1989年联合国环境规划署（UNEP）第15届理事会通过的《关于可持续发展的声明》中达成共识：“可持续发展，就是既满足当代人的各种需要，又保护生态环境，不对后代的生存和发展构成危害的发展。”这一共识包含的内容很广：既包含当代人的需要，又包含后代人的需要；既包含国家主权、国际公平，又包含自然资源、生态抗压力；是环保与发展的结合。1992年，联合国环境与发展大会《里约宣言》中对可持续发展又进一步阐述为：“人类应享有以自然和谐的方式过健康而富有成果的生活的权利，并公平地满足今世后代在发展与环境方面的需要，求取发展的权利必须实现。”强调可持续发展应是人与自然相和谐的发展，而不是破坏这种和谐的发展；当代人的发展不能损害后代人和谐发展的权利。

12.1.2 可持续发展的内涵

可持续发展包含了当代与后代的要求、国家主权、国际公平、自然资源、生态承载力、环境与发展相结合等重要内容，是一个涉及经济、社会、文化、技术及自然环境的综合概念。可持续发展是一种从环境和自然角度提出的关于人类长期发展的战略模式，它特别指出环境和自然的长期承载力对发展的重要性以及发展对改善生活的重要性，可持续发展既是一种新的发展论、环境论、人地关系论，又可以作为全球发展战略实施的指导思想和主导原则。它的基本思想主要包括以下三个方面。

（1）可持续发展鼓励经济增长

它强调经济增长的必要性，必须通过经济增长提高当代人福利水平，增强国家实力和社会财富。但可持续发展不仅要重视经济增长的数量，更要追求经济增长的质量。数量的增长是有限的，而依靠科学技术进步，提高经济活动中的效益和质量，采取科学的经济增长方式才是可持续的。因此，可持续发展要求重新审视如何实现经济增长。要达到具有可持续意义的经济增长，必须审视使用能源和原料的方式，改变传统的以"高投入、高消耗、高污染"为特征的生产模式和消费模式，实施清洁生产和文明消费，从而减少每单位经济活动造成的环境压力。

（2）可持续发展的标志是资源的永续利用和良好的生态环境

经济和社会发展不能超越资源和环境的承载能力。可持续发展以自然资源为基础，同生态环境相协调，它要求在严格控制人口增长、提高人口素质和保护环境、资源永续利用的条件下，进行经济建设，保证以可持续的方式使用自然资源和环境成本，使人类的发展控制在地球的承载力之内。可持续发展强调发展是有限制条件的，没有限制就没有可持续发展。要实现可持续发展，必须使自然资源的耗竭速率低于资源的再生速率，必须通过转变发展模式，从根本上解决环境问题。如果经济决策中能够将环境影响全面系统地考虑进去，这一目的是能够达到的。但如果处理不当，环境退化和资源破坏的成本就非常巨大，甚至会抵消经济增长的成果而适得其反。

（3）可持续发展的目标是谋求社会的全面进步

发展不仅仅是经济问题，单纯追求产值的经济增长不能体现发展的内涵。可持续发展的观念认为，世界各国的发展阶段和发展目标可以不同，但发展的本质应当包括改善人类生活质量，提高人类健康水平，创造一个保障人们平等、自由、教育和免受暴力的社会环境。在人类可持续发展系统中，经济发展是基础，自然生态保护是条件，社会进步才是目的。而这三者又是一个相互影响的综合体，只要社会在每个时间段内都能保持与经济、资源和环境的协调，这个社会就符合可持续发展的要求。显然，在新的世纪里，人类共同追求的目标，是以人为本的自然—经济—社会复合系统的持续、稳定、健康的发展。

12.2 可持续发展的基本原则

可持续发展具有十分丰富的内涵，从内涵中所体现的基本原则有以下几种。

12.2.1 公平性原则

公平性是指机会选择的平等性，包括代内公平与代际公平、区内公平与区际公平。可持续发展定位于一个区域，它不仅涉及当代的国家或区域的人口、资源、环境与发展的协调，还涉及同后代的国家或区域之间的人口资源、环境与发展之间的矛盾或冲突。可持续发展的公平性是不同时空尺度的体现，当代与后代、区际与区内之间都应具有平等的发展机会。当代人不能为满足自己的发展而损害后代人发展所需要的资源条件和环境条件。国家或区域有进行在其管辖区内的各类经济活动的权力，但不能损害其他国家或区域的资源条件与环境条件。

12.2.2 持续性原则

资源与环境是人类生存与发展的基础条件，也是可持续发展的主要制约因素。因此，资源的永续利用和生态环境的持续良好，是可持续发展的重要保证。人类在进行任何经济活动过程中，都必须充分考虑到资源的承载能力和环境的承载能力，要适时调整自己的生产方式和生活方式，实现资源的永续利用和生态系统的持续良好。

12.2.3 共同性原则

可持续发展是一个涉及经济、社会、文化、技术及自然环境的综合概念。它主要包括自然资源与生态环境的可持续性发展、经济的可持续性发展和社会的可持续性发展三个方面。可持续性发展：一是以自然资源的可持续利用和良好的生态环境为基础；二是以经济可持续发展为前提；三是以谋求社会的全面进步为目标。可持续发展不仅是经济问题，也不仅是社会问题和生态问题，而是三者互相影响的综合体。人类的最终目标是在供求平衡条件下的可持续发展。因此，可持续发展要求社会在每一个时间段内都能保持资源、经济、社会同环境的协调，整体同步发展。不仅仅是要求区域的各部门、各系统和各行业，而且是要求全球各区域都应当在人类共同持续发展的前提下互相协调，处理好局部与全局、短期利益与长远利益、人类与自然之间的关系，共同发展与进步。

12.2.4 重点性原则

可持续发展涉及人类生产与生活的方方面面，涉及每个人。在实施过程中必然面临众多的矛盾，但重点是人与自然、人与人两大矛盾。物质是第一性的，人对自然有认识关系、改造关系、价值关系，自然对人类也有制约关系；人与人的矛盾又影响和制约着人与自然的关系。因此，在两大矛盾中，后者占据主导地位，可谓重中之重。

12.3 可持续发展的实现途径

实现可持续发展是人类社会的共同要求，也是世界各国发展的共同战略。我国党和国家领导人在不同的阶段均提出了发展的战略思想：邓小平指出“发展才是硬道理”；胡锦涛提出“科学发展观”，指出科学发展观第一要义是发展，核心是以人为本，基本要求是全面协调可持续性，根本方法是统筹兼顾，指明了我们进一步推动中国经济改革与发展的思路和战略，明确了科学发展观是指导经济社会发展的根本指导思想；习近平提出“生态文明”思想，把生态文明建设纳入中国特色社会主义事业“五位一体”总体布局，放在突出地位，融入经济建设、政治建设、文化建设、社会建设各方面和全过程。我国政府坚决采取可持续发展战略，并相应采取了一系列的方针、政策和有效措施，保证了可持续发展逐步得到实现。

12.3.1 清洁生产

清洁生产是指将综合预防的环境保护策略持续应用于生产过程和产品中，以期减少对人类和环境的风险。清洁生产从本质上来说，就是对生产过程与产品采取整体预防的环境策略，减少或者消除它们对人类及环境的可能危害，同时充分满足人类需要，使社会经济效益最大化的一种生产模式。

清洁生产在不同的发展阶段或者不同的国家有不同的叫法，例如“废物减量化”“无废工艺”“污染预防”等。但其基本内涵是一致的，即对产品和产品的生产过程、产品及服务采取预防污染的策略来减少污染物的产生。

为促进清洁生产，提高资源利用效率，减少和避免污染物的产生，保护和改善环境，保障人体健康，促进经济与社会可持续发展，我国于2002年制定《中华人民共和国清洁生产促进法》，并于2012年进行了修订。

根据《中华人民共和国清洁生产促进法》第二条，清洁生产定义为：不断采取改进设计、使用清洁的能源和原料、采用先进的工艺技术与设备、改善管理、综合利用等措施，从源头削减污染，提高资源利用效率，减少或者避免生产、服务和产品使用过程中污染物的产生和排放，以减轻或者消除对人类健康和环境的危害。

清洁生产的内容相当广泛，主要包含以下三个基本内容。

① 清洁能源。包括节能技术的开发与改造，尽可能开发利用如太阳能、风能、地热能、海洋能、生物能等可再生能源以及合理利用常规能源，提高能源利用率。

② 清洁生产过程。包括尽可能不用或少用有毒有害原料和中间产品。对原材料和中间产品进行回收，改善管理、提高效率。采用无废或者少废的生产工艺和生产设备。

③ 清洁产品。包括以不危害人体健康和生态环境为主导因素来考虑产品的制造过程甚至使用之后的回收利用，减少原材料和能源使用。清洁产品本身应该易于回收利用。在使用过程中不会对人体和环境造成危害。

清洁生产最终目的，可以用“节能、降耗、减污、增效”八字方针来概括。

① 节能：减少水、电、蒸汽、燃油等能源消耗；

② 降耗：减少物料浪费，提高资源利用率；

③ 减污：减少污染物排放，降低污染物的毒害性；

④ 增效：降低成本，提高工效，增加效益。

清洁生产是可持续发展的关键要素，可以大幅减少资源消耗和废物产生，可以使已经被破坏的环境得到缓解，使工业发展走上可持续发展的道路。

12.3.2 循环经济

(1) 循环经济的概念

循环经济亦称“资源循环型经济”，是指在人、自然资源和科学技术的大系统内，在资源投入、企业生产、产品消费及废弃的全过程中，把传统的依赖资源消耗的线性增长的经济，转变为依靠生态型资源循环来发展的经济。它是以资源的高效利用和循环利用为目标，以“减量化、再利用、资源化”为原则，以物质闭路循环和能量梯次使用为特征，按照自然生态系统物质循环和能量流动方式运行的经济模式。它要求运用生态学规律来指导人类社会的经济活动，其目的是通过资源高效和循环利用，实现污染的低排放甚至零排放，保护环境，实现社会、经济与环境的可持续发展。循环经济是把清洁生产和废弃物的综合利用融为一体的经济，本质上是一种生态经济。

为了促进循环经济发展，提高资源利用效率，保护和改善环境，实现可持续发展，我国于2008年制定《中华人民共和国循环经济促进法》，并于2018年进行了修订。该法第二条规定：循环经济，是指在生产、流通和消费等过程中进行的减量化、再利用、资源化活动的总称。

（2）循环经济的三大原则

"3R 原则"是循环经济活动的行为准则。所谓"3R 原则"，即减量化（reduce）原则、再使用（reuse）原则和再循环（recycle）原则。

① 减量化原则。要求用尽可能少的原料和能源来完成既定的生产目标和消费目的，这样就能在源头上减少资源和能源的消耗，大大改善环境污染状况。例如，我们使产品小型化和轻型化；使包装简单实用而不是奢华浪费；使生产和消费的过程中，废弃物排放量最少。

② 再使用原则。要求生产的产品和包装物能够被反复使用。生产者在产品设计和生产中，应摒弃一次性使用而追求利润的思维，尽可能使产品经久耐用和反复使用。

③ 再循环原则。要求产品在完成使用功能后能重新变成可以利用的资源，同时也要求生产过程中所产生的边角料、中间物料和其他一些物料也能返回到生产过程中或是另外加以利用。

（3）循环经济的三个层次

循环经济可以从企业、生产基地等经济实体内部的小循环，产业集中区域内企业之间、产业之间、生产区域之间的中循环，以及包括生产、生活领域的整个社会的大循环三个层面来展开。

① 以企业内部的物质循环为基础，构筑企业、生产基地等经济实体内部的小循环。企业、生产基地等经济实体是经济发展的微观主体，是经济活动的最小细胞。依靠科技进步，充分发挥企业的能动性和创造性，以提高资源能源的利用效率、减少废物排放为主要目的，构建循环经济微观建设体系。

② 以产业集中区域内的物质循环为载体，构筑企业之间、产业之间、生产区域之间的中循环。以生态园区在一定地域范围内的推广和应用为主要形式，通过产业的合理组织，在产业的纵向、横向上建立企业间能流、物流的集成和资源的循环利用，重点在废物交换、资源综合利用，以实现园区内生产的污染物低排放甚至"零排放"，形成循环型产业集群，或是循环经济区，实现资源在不同企业之间和不同产业之间的充分利用，建立以二次资源的再利用和再循环为重要组成部分的循环经济产业体系。

③ 以整个社会的物质循环为着眼点，构筑包括生产、生活领域的整个社会的大循环。统筹城乡发展、统筹生产生活，通过建立城镇或城乡之间、人类社会与自然环境之间的循环经济圈，在整个社会内部建立生产与消费的物质能量大循环，包括了生产、消费和回收利用，构筑符合循环经济的社会体系，建设资源节约型、环境友好的社会，实现经济效益、社会效益和生态效益的最大化。

12.3.3 生态工业

生态工业是依据循环经济原理，以节约资源、清洁生产和废弃物多层次循环利用等为特征，以现代科学技术为依托，运用生态规律、经济规律和系统工程的方法经营和管理的一种综合工业发展模式。它模拟自然生态系统，在产业系统中建立"生产者—消费者—分解者"循环途径，寻求物质闭环循环、能量多级利用和废物产生最小化。通过物流或能流传递等方式把不同工厂或企业连接起来，形成共享资源和互换副产品的产业共生组合，使物质和能量高效产出或持续利用。

(1) 生态工业的特征

① 生态工业将工业的经济效益和生态效益并重，从战略上重视环境保护和资源的集约，循环利用，有助于工业的可持续发展。

② 生态工业从经济效益和生态效益兼顾的目标出发，在生态经济系统的共生原理、长链利用原理、价值增值原理和生态经济系统的耐受性原理指导下，对资源进行合理开采，使各种工矿企业相互依存，形成共生的网状生态工业链，达到资源的集约利用和循环使用。

③ 生态工业系统是一个开放性的系统，其中的人流、物流、价值流、信息流和能量流在整个工业生态经济系统中合理流动和转换增值，这要求合理的产业结构和产业布局，以与其所处的生态系统和自然结构相适应。

④ 生态工业从环境保护的角度尽量减少废弃物的排放，改过去的“原料产品—废料”的生产模式为“原料产品—废料—原料”的模式，最大限度地开发和利用资源，既获得了价值增值，又保护了环境。

(2) 生态工业园

生态工业园是由制造企业和服务企业形成的企业社区，在该社区内，各成员单位通过共同管理环境事宜和经济事宜来获取更大的环境效益、经济效益和社会效益。整个企业社区能获得比单个企业通过个体行为的最优化所能获得的效益之和更大的效益。

生态工业园的目标是在最小化参与企业的环境影响的同时提高其经济效益。这类方法包括对园区内的基础设施和园区企业（新加入企业和原有经过改造的企业）的绿色设计、清洁生产、污染预防、能源有效使用及企业内部合作。生态工业园也要为附近的社区寻求利益以确保发展的最终结果是积极的。

(3) 生态工业实例

① 丹麦卡伦堡生态工业园区。丹麦卡伦堡生态工业园区是目前世界上最早实施循环经济的工业生态系统（见图 12-1）。这个工业园区的主体企业是电厂、炼油厂、制药厂和石膏板生产厂，以这四个企业为核心，通过贸易方式利用对方生产过程中产生的废弃物或副产品作为自己生产中的原料，不仅减少了废物产生量和处理费用，还产生了很好的经济效益，使经济发展和环境保护处于良性循环之中。其中燃煤电厂位于这个工业生态系统的中心，对热能进行了多级使用，对副产品和废物进行了综合利用。电厂向炼油厂和制药厂供应发电过程中产生的蒸汽，使炼油厂和制药厂获得了生产所需的热能；通过地下管道向卡伦堡全镇居民

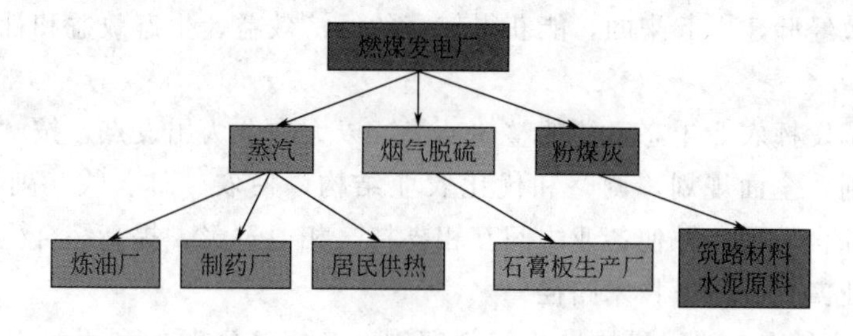

图 12-1 丹麦卡伦堡生态工业园区模式图

供热，由此关闭了镇上 3500 座燃烧油渣的炉子，减少了大量的烟尘排放；将除尘脱硫的副产品工业石膏，全部供应附近的一家石膏板生产厂作原料；同时，还将粉煤灰出售，以供修路和生产水泥之用。炼油厂和制药厂也进行了综合利用。炼油厂产生的火焰通过管道供能给石膏厂，用于石膏的干燥，减少了火焰气的排空；一座车间进行酸气脱硫生产的稀硫酸供给附近的一家硫酸厂；炼油厂的脱硫气则供给电厂燃烧。卡伦堡生态工业园还进行了水资源的循环使用。炼油厂的废水经过生物净化处理，通过管道每年输送给电厂 70 万立方米的冷却水。整个工业园区由于进行了水的循环使用，每年减少 25%的需水量。

② 广西贵港国家生态工业（制糖）示范园区。广西贵港国家生态工业（制糖）示范园区是我国第一个循环经济试点园区。该园区以贵糖（集团）股份有限公司为核心，以蔗田系统、制糖系统、酒精系统、造纸系统、热电联产系统、环境综合处理系统 6 个系统为框架建设生态工业（制糖）示范园区。通过产业系统内部中间产品和废弃物的相互交换和有机衔接，形成了一个较为完整的闭合式生态工业网络，使系统资源得到最佳配置，废弃物得到有效利用，环境污染减少到最低程度。形成了甘蔗—制糖—蔗渣造纸生态链、制糖—废糖蜜制酒精—酒精废液制复合肥生态链和制糖—低聚果糖生态链三条主要的生态链。因为产业间的彼此耦合关系，资源性物流取代了废物性物流，各环节实现了充分的资源共享，将污染负效益转化成资源正效益（图 12-2）。

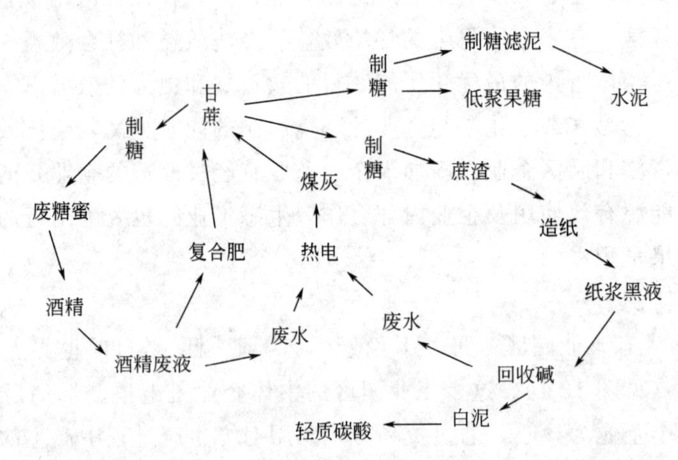

图 12-2　广西贵港国家生态工业（制糖）示范园区模式图

12.3.4　生态农业

生态农业是按照生态学原理和经济学原理，运用现代科学技术成果和现代管理手段，以及传统农业的有效经验建立起来的，能获得较高的经济效益、生态效益和社会效益的现代化农业。

生态农业强调发挥农业生态系统的整体功能，以大农业为出发点，按“整体、协调、循环、再生”的原则，全面规划，调整和优化农业结构，使农、林、牧、副、渔各业和农村一、二、三产业综合发展，并使各业之间互相支持，相得益彰，提高综合生产能力。

(1) 生态农业实现的三条技术路径

① 资源的高效利用。依靠科技进步和制度创新，提高资源的利用水平和单位要素的产出率。在农业生产领域，一是通过探索高效的生产方式，集约利用土地、节约利用水资源和

能源等。如推广套种、间种等高效栽培技术和混养高效养殖技术，引进或培育高产优质种子种苗和养殖品种，实施设施化、规模化和标准化农业生产，都能够提高单位土地、水面的产出水平。通过优化多种水源利用方案，改善沟渠等输水系统，改进灌溉方式和挖掘农艺节水等措施，实现种植节水。通过发展集约化节水型养殖，实现养殖业节水。二是改善土地、水体等资源的品质，提高农业资源的持续力和承载力。通过秸秆还田、测土配方科学施肥等先进实用手段，改善土壤有机质以及氮、磷、钾元素等农作物高效生长所需条件，改良土壤肥力。

② 资源的循环利用。通过构筑资源循环利用产业链，建立起生产和生活中可再生利用资源的循环利用通道，达到资源的有效利用，减少向自然资源的索取，在与自然和谐循环中促进经济社会的发展。在农业生产领域，农作物的种植和畜禽、水产养殖本身就要符合自然生态规律，通过先进技术实现有机耦合农业循环产业链，遵循自然规律并按照经济规律来组织有效的生产。具体包括：一是种植—饲料—养殖产业链，根据食草动物食性，充分发挥作物秸秆在养殖业中的天然饲料功能，构建种养链条；二是养殖—废弃物—种植产业链，通过畜禽粪便的有机肥生产，将猪粪等养殖废弃物加工成有机肥和沼液，可向农田、果园、茶园等地的种植作物提供清洁高效的有机肥料，畜禽粪便发酵后的沼渣还可以用于蘑菇等特色蔬菜种植；三是养殖—废弃物—养殖产业链，开展桑蚕粪便养鱼、鸡粪养贝类和鱼类、猪粪发酵沼渣养蚯蚓等实用技术开发推广，实现养殖业内部循环，有利于体现治污与资源节约双重功效；四是生态兼容型种植—养殖产业链，在控制放养密度前提下，利用开放式种植空间，散养一些对作物无危害甚至有正面作用的畜禽或水产动物，有条件地构筑"稻鸭共育""稻蟹共生"、放山鸡等种养兼容型产业链，可以促进种养兼得；五是废弃物—能源或病虫害防治产业链，畜禽粪便经过沼气发酵，产生的沼气可向农户提供清洁的生活用能，用于照明、取暖、烧饭、储粮保鲜、孵鸡等方面，还可用于为农业生产提供二氧化碳气肥、开展灯光诱虫等用途。农作物废弃秸秆也是形成生物质能源的重要原料，可以加以挖掘利用。

③ 废弃物的无害化排放。通过对废弃物的无害化处理，减少生产和生活活动对生态环境的影响。在农业生产领域，主要是通过推广生态养殖方式，实行清洁养殖。运用沼气发酵技术，对畜禽养殖产生的粪便进行处理，化害为利，生产制造沼气和有机农肥；控制水产养殖用药，推广科学投饵，减少水产养殖造成的水体污染；探索生态互补型水产品养殖，加强畜禽饲料的无害化处理、疫情检验与防治；实施农业清洁生产，采取生物、物理等病虫害综合防治措施，减少农药的使用量，降低农作物的农药残留和土壤的农药毒素的积累；采用可降解农用薄膜和实施农用薄膜回收，减少土地中的残留。

(2) 生态农业实例

桑基鱼塘是我国珠三角地区，为充分利用土地而创造的一种挖深鱼塘、垫高基田、塘基植桑、塘内养鱼的高效人工生态系统（见图 12-3）。

12.3.5 有机农业

现代常规农业给人类带来较高的劳动生产效率和巨大的物质财富，养活了地球上 70 多亿人口。同时，由于大量施用化肥、农药以及各种化学添加剂等农用化学品，破坏了自然生态系统，土地持续生产能力不断下降，造成了现代农业体系的不稳定性，引发了食品安全隐患和环境污染等一系列问题。为了保护生态环境，合理利用资源，实现农业的持续发展，更好地把环境保护与保障人体健康有机结合起来，各种形式的替代农业如生物农业、生态农

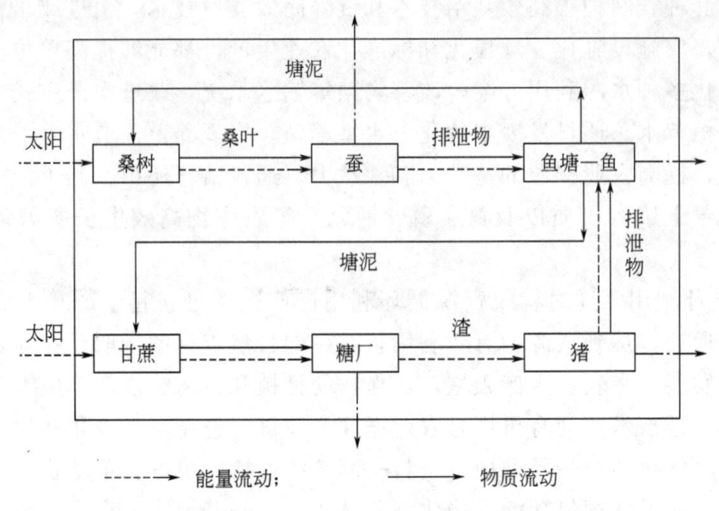

图 12-3 桑基鱼塘模式图

业、精准农业、持久农业、有机农业等应运而生。我国先后开展了无公害食品、绿色食品工程等生态农业建设，随着我国加入 WTO，与国际接轨，有机食品作为已被发达国家采用的最高级别无污染的食品，正在引领消费潮流，有机食品及有机农业的概念正得到国内消费者和生产者的接纳和认可。

(1) 有机农业的概念与内涵

国际有机农业运动联合会（IFOAM）把有机农业定义为：所有的能够促进对环境、社会和经济有利的粮食及纤维生产的农业系统。有机农业通过尊重植物、动物和景观的自然能力，使农业和环境质量在各方面都达到最佳水平，通过限制施用化学合成肥料、农药和药物，大大地降低了外来投入。有机农业利用强有力的自然规律来提高农业产量和增强植物（农作物）抗病能力。

有机农业的本质是实施农业清洁生产，即在健康的自然生态系统上采用清洁的生产方式生产优质安全的食物，满足人类对食物消费的数量和质量的需求。在有机农业生产系统中，人类和自然生态系统是一个有机结合的多元整体，人类的健康与系统中各个组成部分息息相关。

(2) 有机农业的基本原则

有机农业以健康（health）、生态（ecology）、公平（fairness）、关爱（care）四大原则为基础，是有机农业得以成长和发展的根基，也是进行有机生产和制定有机标准的指南。

① 健康原则。要求有机农业将土壤、植物、动物、人类和整个地球的健康作为一个不可分割的整体而加以维持和加强，它认为个体与群体的健康及生态系统的健康不可分割，健康的土壤可以生产出健康的作物，而健康的作物是健康的动物和健康的人类的保障。

② 生态原则。有机农业应以生态系统和生态循环为基础，并与之和谐共生，共同发展。生态原则是有机农业的根本，它表明有机生产要建立在生态过程和循环利用基础之上。

③ 公平原则。有机农业应建立起能确保公平享受公共环境和生存机遇的各种关系。公平原则要求我们尊重人类共有的世界，平等、公正地管理这个世界，这既体现在人类之间，也体现在人类与其他生命体之间。有机农业应向所有相关人员提供高质量的生活，并保障食物主权和减少贫困，其目标是生产足够的食物和其他高质量的产品。

④ 关爱原则。有机农业应承担起保护当代人和子孙后代的健康以及保护环境的责任。有机农业是一个充满活力的动态系统，预警和责任是有机农业的管理、发展和技术选择所要考虑的两个关键因素。从事有机农业的人应对拟采取的新技术进行评估，对正在使用的方法也应当进行审核；要充分关注生态系统和农业生产中的不同观点和认识，不能为提高系统的效率和生产力而对人类和环境的健康和福利造成危害。

(3) 有机农业标准及认证

如何使有机产品的生产者证明自己的产品是来自有机生产，如何让消费者知道从市场上选择的产品是有机产品呢？为了证明农业生产者所生产出来的产品为有机产品，同时替消费者监督有机生产、加工和贸易过程，就需要一个独立的、公正的和权威的第三方，即认证机构。有机认证标准是有机产品认证机构实施认证行为的主要依据，是一套用来生产产品的实践原则、规定或方法，也是认证机构决定是否给予颁证的重要参考。

(4) 世界范围内有机农业标准

现阶段，随着国际有机农业运动的逐步深入发展，有机标准也在一定程度上得到了完善和加强。发展至今，已初步形成了世界范围内不同层次的标准体系，主要有联合国标准、国际有机农业运动联盟标准、欧盟标准、国家标准和独立认证机构标准五个方面。

① 联合国标准。联合国层次的有机农业和有机农产品标准是由联合国粮农组织（FAO）与世界卫生组织（WHO）制定的，是《食品法典》的一部分，目前还是建议性标准。我国作为联合国成员国也参与了标准制定。《食品法典》作为联合国协调各个成员国食品卫生和质量标准的跨国性标准，一旦成为强制性标准，就可以成为 WTO 仲裁国际食品生产和贸易纠纷的依据。《食品法典》的标准结构、体系和内容等基本上参考了欧盟有机农业标准 EU2092/91 以及国际有机农业运动联盟（IFOAM）的基本标准。

② 国际有机农业运动联盟标准。国际有机农业运动联盟（IFOAM）作为一个非政府组织（NGO），是有机农业生产方式的积极倡导者，在世界范围内有很大的影响。国际有机农业运动联盟成立于 1972 年，到目前已经有 100 多个国家 700 多个会员组织。IFOAM 基本标准和准则作为国际标准已在国际标准组织（ISO）注册，它是制定地区标准、国家标准和认证机构自身标准的基础，是标准的标准。IFOAM 在标准制定上的目标是：在有机生产的各个环节都遵循有机农业的基本思想；确保有机生产的完整性和可靠性；确保有机标准不会成为贸易障碍；确保在有机生产和流通中的各个方面都是利益公平和机会均等的。

③ 欧盟标准。早在 1991 年 6 月 24 日就出台了有机食品的相关法规，即欧盟有机农业条例（EEC No. 2092/91）及其修正案。欧盟 2092/91 条例主要涉及植物产品。1999 年 8 月出台的欧盟有机农业条例 1804/99 则主要涉及有机畜禽产品，该条例从 2000 年 8 月 24 日开始生效。1999 年 12 月，欧盟委员会决定通过了有机产品的标志，这个标志可以由 EU2092/91 规则下的生产者使用。目前，欧盟以外的其他地区尚未建立自成一体的标准体系。

④ 国家标准。主要有美国、日本、阿根廷、澳大利亚、智利、匈牙利、以色列、瑞士、巴西以及 15 个欧盟成员国的国家标准。不同国家有机标准的发展历程各异，但共同的特点是发展历史短，主要集中在近十年左右。

美国：1990 年通过联邦法——有机农产品生产法案，并于 1992 年成立国家有机食品标准委员会（NOSB）；1994 年 NOSB 提交有机标准建议稿；2000 年美国农业部（USDA）制定有机规章提案；2001 年 4 月 21 日正式试行，2002 年 10 月 21 日开始执行。

日本：1992年日本农林水产省制定了《有机农产品蔬菜、水果生产准则》和《有机农产品生产管理要点》，并在同年将以有机农业为主的农业生产方式列入环境友好型农业政策。2000年4月推出有机农业标准，其内容95%以上与欧盟标准相似。2001年正式出台的JAS法标志着日本有机农业生产的规范化管理已完全纳入政府行为。

中国：按照国际有机食品标准和管理要求，1995年原国家环保局制定了《有机食品标志管理章程》和《有机食品生产和加工技术规范》，初步形成了较为健全的有机食品生产标准和认证管理体系。2001年12月25日原国家环保总局发布的《有机食品技术规范》，作为中华人民共和国环境保护行业标准，于2002年4月1日开始实施。该"规范"的制定在结合我国农业生产和食品行业的有关标准和规定的基础上，主要参考了IFOAM有机生产和加工的基本标准，参照了欧盟有机农业生产规定以及其他国家有机农业协会和组织的标准和规定。2003年8月中国认证机构国家认可委员会发布了《有机产品生产和加工认证规范》，是中国境内有机认证机构从事有机产品认证的标准依据。

⑤ 独立认证机构标准。从认证机构标准上看，基本上每一个认证机构都建立了自己的认证标准。一个国家可以有一个认证机构，也可以有多个认证机构（比如美国境内有40多个认证机构，日本农林水产省授权的认证机构有60多家）。多数认证机构都是民间组织，如德国的Naturland，英国的土壤协会（Soil Association）和美国的国际作物改良协会（OCIA）等，也可以是官方的[如中国的国家环保总局有机食品发展中心（OFDC），现已独立注册成为认证公司]。不同认证机构执行的标准都是在IFOAM基本标准的基础上发展起来的，但侧重点有所不同，比如欧洲一些认证机构的有机标准，其主要内容多是围绕畜禽产品开发，包括了牲畜、家禽饲养、牧草、饲料生产、肉、奶制品加工等，而中国以及一些其他亚洲国家认证机构的标准则多集中在大田作物（蔬菜水果）生产、野生产品开发、茶叶以及水产等方面。这也从一个侧面反映了不同国家或地区不同的资源特色。此外，根据不同地区的特征和需要，不同认证机构对标准的发展也有所不同，这其中多数认证机构仍以IFOAM基本标准的内容为主，标准比较原则化，也有一部分认证机构已根据本地区或本国实际，进一步发展了IFOAM标准，使之更具体化，便于操作，比如德国的BIOLAND已经建立了针对不同产品的标准系列。

(5) 有机食品

有机食品这一名词是从英文organic food直译过来的。有机食品通常是指来自有机农业生产体系，根据国际有机农业生产要求和相应的标准生产加工的，并通过独立的有机食品认证机构认证的一切农副产品，包括粮食、蔬菜、水果、奶制品、禽畜产品、蜂蜜、水产品、调料等。有机产品除包括食品外，还包括纺织品、皮革、化妆品、林产品等。

有机食品需要符合以下五个条件：

① 原料必须来自已经建立或正在建立的有机农业生产体系，或采用有机方式采集的野生天然产品；

② 产品在整个生产过程中必须严格遵循有机食品的加工、包装、贮藏、运输等要求；

③ 生产者在有机食品的生产和流通过程中，有完善的跟踪审查体系和完整的生产和销售档案记录；

④ 要求在整个生产过程中对环境造成的污染和生态破坏影响最小；

⑤ 必须通过独立的有机食品认证机构的认证审查。

有机食品与我国的其他食品（包括无公害食品、绿色食品等）之间存在着明显的区别，主要包括：

① 有机食品在其生产和加工过程中绝对禁止使用农药、化肥、激素等人工合成物质以及基因工程产品和技术，而其他食品则允许有限制地使用这些物质或技术。

② 有机食品的生产和加工要比其他食品难得多，管理要求要比其他食品严格得多。有机食品在生产中，必须发展替代常规农业生产和食品加工的技术和方法，建立严格的生产、质量控制和管理体系。

③ 与其他食品相比，有机食品在整个生产、加工和消费过程中更强调环境的安全性，突出人类、自然和社会的持续和协调发展。

(6) 无公害农产品和绿色食品

无公害农产品是指产地环境、生产过程和产品质量符合国家有关标准和规范的要求，经认证合格获得认证证书并允许使用无公害农产品标志的未经加工或初加工的食用农产品。

绿色食品是指遵循可持续发展原则，按照特定生产方式生产，经专门机构认定，许可使用绿色食品商标标志的无污染的安全、优质、营养类食品。绿色食品特定的生产方式指在生产、加工过程中按照绿色食品标准，禁用或限制使用化学合成的农药、肥料、添加剂等生产资料及其他有害于人体健康和生态环境的物质，并实施“从土地到餐桌”全程质量控制。

绿色食品分为A级和AA级：A级绿色食品在生产过程中允许限量使用限定的化学合成物质；AA级绿色食品在生产过程中不允许使用化学合成物质。

(7) 无公害农产品、绿色食品和有机食品的比较

① 相同点

a. 三者都是以食品的质量安全为基本目标，强调食品生产“从土地到餐桌”的全程控制，都属于安全农产品范畴；

b. 三者都有明确的概念界定和产地环境标准、生产技术标准、产品质量标准以及包装、标签、运输贮藏标准；

c. 三者都必须经过权威机构认证并实行标志管理。

② 差别

a. 发源背景不同。有机食品最早起源于欧美等西方发达国家，而后在世界范围内被广泛接受；绿色食品和无公害农产品是我国根据自己的国情和农业及食品加工业发展的实际提出并发展的。

b. 质量标准不同。三类食品在产地环境、农业投入品使用、产品质量以及加工、储运中遵循的标准、规则不同。三者的食品质量等级按有机食品＞绿色食品＞无公害农产品排序，其中AA级绿色食品可以通过国际授权的认证机构认证，与有机食品转换。

c. 生产技术体系不同。有机食品及AA级绿色食品按有机农业生产体系生产，禁用一切化学合成物质及转基因技术；而A级绿色食品与无公害农产品按生态农业与现代农业结合的技术体系生产，允许限量使用限定的化学合成物质。

d. 生产基础不同。有机食品和AA级绿色食品的生产地或原料产地至少要求3年内未使用任何化学合成物质，或由常规生产向有机生产转换时，要求2～3年的转换期；而A级绿色食品及无公害农产品的产地环境当年检测合格即可转入生产，无转换期要求。

e. 认证机构不同。绿色食品认证机构只有一家，即中国绿色食品发展中心。无公害农产品认证分为产地认定和产品认证，产地认定由省级农业行政主管部门组织实施，产品认证由农业农村部农产品质量安全中心组织实施。获得无公害农产品产地认定证书的产品方可申请产品认证。国家对有机食品认证机构实行资格审查制度。从事有机食品认证工作的单位，向国家认证认可监督管理委员会申请取得有机食品认证机构资格证书。

f. 认证及标志不同。无公害农产品由我国农业农村部及各省市食用农产品安全生产体系办公室统一认证。绿色食品的认证由中国绿色食品发展中心负责全国绿色食品的统一认证和最终认证审批，各省、市、区绿色食品办公室协助认证。有机食品的认证是由具有有机认证资质的认证机构进行认证的。因此，无公害农产品和绿色食品的标志是全国统一的（见图 12-4），而有机食品的标志，认证机构不同（图 12-5）、国家不同，标志也不同（图 12-6）。

图 12-4　无公害农产品和绿色食品标志

中国有机产品GAP认证
China GAP
certified organic

中国有机转换产品认证
China GAP
certified organic transmit

南京国环OFDC有机认证
China OFDC
certified organic

中绿华夏有机认证
China organic food
certication

图 12-5　我国不同认证机构的有机食品标志

美国有机认证

法国有机认证

德国有机认证

英国有机认证

欧盟有机认证

日本有机认证

图 12-6　不同国家的有机食品认证标志（举例）

12.3.6 绿色产品

所谓**绿色产品**，就是指那些在生产和使用以及用过之后的处理的整个过程中，对环境的破坏和影响都比较小的产品。要做到这一点，就要求生产企业彻底转变观念，不仅要关心经济的持续发展，也要关心社会、环境的因素，在生产的各个环节，从新产品设计、开发，到原材料和生产技术的选用，都能采取有利于环境的选择。绿色产品的关键是绿色设计，即不仅考虑到产品的生产和使用，还要重视产品的使用功能完结之时的回收处理问题，尽量地使产品的零部件能够翻新和重新使用，或者能够安全容易地将这些零部件处理掉。因为在资源匮乏和废弃物不断增加的情况下，产品的易于销毁回收已经变得同易于制造一样重要。

为了把绿色产品与传统产品相区别，许多国家在绿色产品上贴有绿色标志，该标志不同于一般商标，用来表明该产品在制造、配置使用、处置全过程中符合特定环保要求。

我国于 1993 年实行绿色标志认证制度，并制定了严格的绿色标志产品标准，目前涉及七类产品，即家用制冷器具，气溶胶制品，可降解地膜，车用无铅汽油，水性涂料，卫生纸及无汞、镉、铅充电电池。绿色标志认证可以根据国际惯例保护我国的环境利益，同时也有利于促进企业提高产品在国际市场上的竞争力。因为越来越多的事实证明，谁拥有绿色产品，谁就拥有市场。

绿色产品除了常见的绿色食品外，还有绿色材料和绿色建筑两类。绿色材料是指可以通过生物降解或者光降解的有机高分子材料；绿色建筑是指在建筑的全寿命周期内，最大限度地节约资源（节能、节地、节水、节材）、保护环境和减少污染，为人们提供健康、适用和高效的使用空间，与自然和谐共生的建筑。

【阅读材料】 库布齐沙漠的治理

库布齐沙漠被称为“死亡之海”，是我国第七大沙漠，总面积 1.86 万平方公里，是京津冀地区三大风沙源之一。风沙肆虐、寸草不生。沙漠化的地区沦为贫困落后的地区，沙漠化的土地沦为未能利用地。

2005 年库布齐实施沙漠治理生态工程项目，通过“锁住四周、渗透腹部，以路划区、分割治理，丘间湿滩、点缀治理”的治沙措施，控制了沙尘，遏制了大面积的荒漠化。同时提高了该地区森林覆盖率和植被盖度，改善了生态环境。并且随着造林面积的扩大，地区内林沙产业、种植业、养殖业和旅游业的迅猛发展，形成了具有一定规模的地区支柱产业链，安置了大批剩余劳动力，使广大农牧民脱贫致富。库布齐的变化让人们看到，沙漠化土地可以治理、沙漠化土地可以变成绿洲、沙漠化土地拥有巨大的开发利用空间。

库布齐沙漠的治理并不限于防风固沙，还探索出了“政府政策性支持、企业产业化投资、贫困户市场化参与、生态持续化改善”的治沙生态产业，以及“治沙、生态、民生、经济”平衡驱动的可持续发展之路。

2017 年 9 月，联合国发布第一份生态财富报告，库布齐已修复绿化沙漠 6253 平方公里，创造 5000 多亿元生态财富，让当地 10 万农牧民脱困。作为全球唯一被整体治理的沙漠，库布齐沙漠化防治为世界树立了典范，向世界提供防治荒漠化的“中国方案”，成了“中国生态名片”。

复习思考题

1. 什么是可持续发展？如何理解其内涵？
2. 可持续发展的理念对你有什么启示？
3. 什么是清洁生产？清洁生产的最终目的是什么？
4. 何谓循环经济？发展循环经济遵循的原则是什么？
5. 举例说明生态工业园、生态农业园是如何运行的。

参 考 文 献

[1] 毕润成．土壤污染物概论 [M]. 北京：科学出版社，2018.
[2] 曾爱斌．环境监测技术与实训 [M]. 北京：中国人民大学出版社，2016.
[3] 邓仕槐．环境保护概论 [M]. 成都：四川大学出版社，2014.
[4] 杜祥琬．固体废物分类资源化利用战略研究（第三卷）[M]. 北京：科学出版社，2019.
[5] 方达达，曹小安，陈永亨．我国城市大气污染成因分析以及解决对策 [J]. 广东化工，2007，34（3)：73-75.
[6] 方淑荣，姚红．环境科学概论 [M]. 2 版．北京：清华大学出版社，2018.
[7] 高廷耀，顾国维．水污染控制工程（下册）[M]. 北京：高等教育出版社，1999.
[8] 韩德培．环境保护法教程 [M]. 北京：法律出版社，2015.
[9] 环境保护部环境工程评估中心．环境影响评价相关法律法规 [M]. 北京：中国环境出版社，2015.
[10] 环境保护工作全书编委会．环境保护工作全书 [M]. 北京：中国环境科学出版社，1997.
[11] 黄润华，贾振邦．环境学基础教程 [M]. 北京：高等教育出版社，1997.
[12] 解强，罗克洁，赵由才，等．固体废物处理与资源化丛书——城市固体废弃物能源化利用技术 [M]. 2 版．北京：化学工业出版社，2019.
[13] 鞠美庭．环境学基础 [M]. 2 版．北京：化学工业出版社，2010.
[14] 李干杰，黄润秋．推进生态文明 建设美丽中国 [M]. 北京：人民出版社，2019.
[15] 林育真，付荣恕．生态学 [M]. 2 版．北京：科学出版社，2015.
[16] 刘宏，肖思思．环境管理 [M]. 北京：中国石化出版社，2014.
[17] 刘景良．大气污染控制工程 [M]. 北京：中国轻工业出版社，2001.
[18] 刘利，潘伟斌，李雅．环境规划与管理 [M]. 2 版．北京：化学工业出版社，2013.
[19] 刘芃岩，郭玉凤，宁国辉，等．环境保护概论 [M]. 2 版．北京：化学工业出版社，2018.
[20] 刘芃岩．环境保护概论 [M]. 北京：化学工业出版社，2011.
[21] 柳知．环境影响评价 [M]. 北京：中国电力出版社，2017.
[22] 陆书玉．环境影响评价 [M]. 北京：高等教育出版社，2001.
[23] 马占青．水污染控制与废水生物处理 [M]. 北京：中国水利水电出版社，2004.
[24] 曲向荣．环境学概论 [M]. 2 版．北京：科学出版社，2015.
[25] 施维林．土壤污染与修复 [M]. 中国建材工业出版社，2018.
[26] 孙秀云，等．固体废物处理处置 [M]. 4 版．北京：北京航空航天大学出版社，2019.
[27] 唐雪娇，沈伯雄，王晋，等．固体废物处理与处置 [M]. 2 版．北京：化学工业出版社，2018.
[28] 唐玉斌．水污染控制工程 [M]. 哈尔滨：哈尔滨工业大学出版社，2006.
[29] 王红旗，许洁，吴枭雄，等．我国土壤修复产业的资金瓶颈及对策分析 [J]. 中国环境管理，2017，9（4)：25-30.
[30] 王艳伟，李书鹏，康绍果，等．中国工业污染场地修复发展状况分析 [J]. 环境工程，2017，35（10)：175-178.
[31] 王英健，杨永红．环境监测 [M]. 3 版．北京：化学工业出版社，2015.
[32] 王子东．水环境监测与分析技术 [M]. 北京：化学工业出版社，2016.
[33] 温路新，李大成．化工安全与环保 [M]. 北京：科学出版社，2014.
[34] 吴邦灿，费龙．现代环境监测技术 [M]. 北京：中国环境出版社，2014.
[35] 吴邦灿，齐文启．环境监测管理学 [M]. 北京：中国环境出版社，2004.
[36] 吴彩斌．环境学概论 [M]. 2 版．北京：中国环境出版社，2015.
[37] 奚旦立．环境监测 [M]. 5 版．北京：高等教育出版社，2019.
[38] 席北斗，杨天学，李鸣晓，等．城镇环境综合整治与生态修复丛书——农村固体废物处理及资源化 [M]. 北京：化学工业出版社，2019.
[39] 薛诚．污染土壤修复技术研究与发展趋势 [J]. 中国资源综合利用，2018，36（7)：109-111.
[40] 姚日生，边侠玲．制药过程安全与环保 [M]. 北京：化学工业出版社，2018.
[41] 叶文虎．环境管理学 [M]. 3 版．北京：高等教育出版社，2013.
[42] 袁霄梅，张俊，张华．环境保护概论 [M]. 北京：化学工业出版社，2014.
[43] 张文艺，赵兴青，毛林强，等．环境保护概论 [M]. 北京：清华大学出版社，2017.

[44] 张自杰．排水工程（下册）[M]. 北京：中国建筑工业出版社，1999.
[45] 张自杰．废水处理论与设计 [M]. 北京：中国建筑工业出版社，2003.
[46] 赵景联，史小妹．环境科学导论 [M]. 2版．北京：机械工业出版社，2017.
[47] 赵由才，牛冬杰，柴晓利，等．固体废物处理与资源化 [M]. 3版．北京：化学工业出版社，2019.
[48] 中国环境监测总站．环境监测质量管理技术 [M]. 北京：中国环境出版社，2014.
[49] 周凤霞．生态学 [M]. 北京：化学工业出版社，2005.
[50] 周富春，胡莺，祖波．环境保护基础 [M]. 北京：科学出版社，2008.
[51] 朱亦仁．环境污染治理技术 [M]. 北京：中国环境科学出版社，1996.
[52] 邹家庆．工业废水处理技术 [M]. 北京：化学工业出版社，2003.